"十二五"普通高等教育本科国家级规划教材

高等教育计算机学科"应用型"教材

C/C++程序设计教程——面向对象分册（第4版）

郑秋生　夏敏捷　主　编

张西广　罗　菁　副主编

徐　飞　王　璐

电子工业出版社.

Publishing House of Electronics Industry

北京·BEIJING

内 容 简 介

本书属于 C++程序设计系列教材，分为面向过程和面向对象两个分册。

面向对象分册详细阐述了 C++语言中面向对象程序设计的语法和思想。主要内容包括类与对象、继承与派生、虚函数与多态性、异常处理、模板和标准模板库（STL）等内容。书中通过流行的 UML 工具描述 C++类，内容讲解清晰，实例丰富，力避代码复杂冗长，注重程序设计思想。简短的实例和 UML 图特别有助于初学者更好地理解、把握解决问题的精髓，帮助读者快速掌握面向对象程序设计的基本方法。

本书的特点是实例丰富，重点突出，叙述深入浅出，分析问题透彻，既有完整的语法，又有大量的实例，突出程序设计的思想和方法，将 C 语言程序设计和 C++程序设计有机地统一起来。本书适合作为计算机学科各应用型本科、专科的 C 语言程序设计和 C++语言程序设计教材，也可作为其他理工科各专业的教材，还适合作为相关专业技术人员的自学参考书。

未经许可，不得以任何方式复制或抄袭本书之部分或全部内容。

版权所有，侵权必究。

图书在版编目（CIP）数据

C/C++程序设计教程. 面向对象分册/郑秋生，夏敏捷主编. —4 版. —北京：电子工业出版社，2023.6

ISBN 978-7-121-45752-4

Ⅰ. ①C… Ⅱ. ①郑… ②夏… Ⅲ. ①C 语言－程序设计－高等学校－教材 Ⅳ. ①TP312.8

中国国家版本馆 CIP 数据核字（2023）第 103799 号

责任编辑：仝赛赛 文字编辑：常魏巍
印 刷：涿州市京南印刷厂
装 订：涿州市京南印刷厂
出版发行：电子工业出版社
      北京市海淀区万寿路 173 信箱 邮编：100036
开 本：787×1092 1/16 印张：23 字数：588.8 千字
版 次：2008 年 2 月第 1 版
      2023 年 6 月第 4 版
印 次：2023 年 6 月第 1 次印刷
定 价：59.80 元

凡所购买电子工业出版社图书有缺损问题，请向购买书店调换。若书店售缺，请与本社发行部联系，联系及邮购电话：（010）88254888，88258888。

质量投诉请发邮件至 zlts@phei.com.cn，盗版侵权举报请发邮件至 dbqq@phei.com.cn。

本书咨询联系方式：（010）88254510；tongss@phei.com.cn。

前　　言

　　本书主要作者都是有着丰富教学经验的一线教师，从事 C/C++语言程序设计课程教学多年，深知学生在学习 C++语言程序设计这门课程后，对程序设计方法、算法设计、程序调试、习题解答的茫然和疑惑，因此本书在介绍理论知识、相关概念和语言语法时，始终强调其在程序设计中的作用，使语言语法与程序设计相结合。本书第 1～9 章后都附有针对性较强的应用实例分析，尽可能使初学者在学习每章的内容后，能够独立进行程序设计、解决实际问题，而不至于无从下手。本书有以下六个鲜明特点。

　　第一，改变了传统的教学模式：先讲 C 语言程序设计，再讲 C++对 C 语言的扩展、面向对象的程序设计。本书将 C/C++语言的学习很好地融在一起，让读者把面向过程和面向对象的程序设计方法有机地结合在一起，面向过程和面向对象两分册都统一使用 Visual Studio 2013 编译器编程。

　　第二，不同于以语言、语法学习为重点的传统教材，本书从基本的语言、语法学习上升到程序的"设计、算法、编程、调试"层次。为了让学生更好地掌握程序开发思想、方法和算法，书中提供了大量简短、精辟的代码，有助于初学者掌握解决问题的精髓，并且在每章都有一个或多个较大的程序，帮助读者更好地掌握程序设计方法，提高解决实际问题的能力。

　　第三，强调程序的设计方法。本书的大多数例题都包含流程图、N-S 图和 UML 图，突出程序的算法和设计而不仅仅是语法和编程，培养学生的程序设计能力和程序调试技能，养成良好的编程习惯。

　　第四，培养学生面向对象程序设计的能力，引导学生建立程序设计的大局观，帮助学生掌握从客观事物中抽象出 C++类的方法。通过系统地学习，使学生的编程能力上一个台阶，掌握解决复杂问题的程序设计能力。

　　第五，根据当前实际大型软件项目开发的需要，加强了异常处理、模板等内容，新增标准模板库（STL）、多线程和数据库开发的相关内容，并使用主流的 UML 工具设计 C++类。

　　第六，加强上机实践指导。本次修订，在第 1～8 章后面都增加了实验。

　　本书的编写充分考虑了目前应用型本科 C/C++语言程序设计课程教学的实际情况和存在的问题：

　　第一，学生在大一阶段的基础课程较多，不可能投入过多的精力来学习本课程。

　　第二，大学生对这门课的期望值很高，但对学习时可能遇到的困难估计不足。

　　第三，大学生现有的上机实践条件大大改善，特别有利于贯彻先进的精讲多练的教学思想。

　　第四，学生学会了语言、语法，但仍不具备解决实际问题的能力，学生的程序设计、算法设计、编程、调试能力相对较弱。

　　正是基于这些实际问题，编者精心编写了这套面向应用型本科的 C/C++语言程序设计教材，本套教材特别适合分两个学期系统讲授 C/C++语言程序设计。第一学期讲授面向过程分册，第二学期讲授面向对象分册。

本分册共分为 11 章。第 1～4 章主要阐述面向对象程序设计的重要概念——类和对象、继承与派生、虚函数与多态性；第 5 章介绍输入/输出流技术；第 6 章主要介绍异常的概念、异常的产生及异常的处理机制；第 7 章和第 8 章介绍模板和标准模板库（STL）；第 9 章介绍 C++语言新增的线程相关的类，编写并发的多线程程序；第 10 章介绍数据库知识和 SQL 基本语法，并以实例详细讲解了 C++连接 MySQL 数据库和对数据的各类操作；第 11 章主要讲述面向对象的分析与设计方法，并以实例形式详细介绍如何用 C++语言进行程序设计。

为了方便教师备课，我们还提供了配套的电子教案，公开放在网站上，供任课教师自由下载使用。相信我们多年的教学经验会对广大师生的教和学有所帮助。建议本分册的教学学时为 60 学时，其中理论教学 44 学时，课内上机实践 16 学时，课外上机实践不少于 32 学时。

本书的编写得到了河南省计算机学会的大力支持，学会组织河南多所高校编写了高等教育计算机学科"应用型"系列教材。参编本书的高校有中原工学院、郑州大学、河南科技大学、郑州轻工业大学。

本书由郑秋生和夏敏捷主编，第 1 章和第 2 章由张晓玲（河南科技大学）和夏敏捷编写，第 3 章由张西广编写，第 4 章由罗菁编写，第 5 章由王璐编写，第 6 章和第 7 章由宋宝卫（郑州轻工业大学）编写，第 8 章和第 9 章由李晓宇（郑州大学）和王文奇编写，第 10 章由徐飞编写，第 11 章由刘凤华编写，附录由中原工学院郑秋生教授编写。全书最终由郑秋生修改并统稿。郑州大学王黎明教授对本书提出了宝贵的改进意见，在此向王教授表示衷心的感谢。第 11 章、附录 A、附录 B、附录 C 见电子书，读者可登录华信教育资源网获取电子书及相关资料。

由于编者水平有限，书中难免有错，敬请广大读者批评指正，在此表示感谢。作者邮箱：xmj@zut.edu.cn。

编　者
2022 年 9 月

目　录

第 1 章

类和对象

C++ 是一种面向对象的程序设计语言，为面向对象技术提供了全面的支持。学习 C++ 首先要认识类和对象，掌握面向对象的特性和实现方法。类是构成面向对象程序设计的基础，也是 C++ 封装的基本单元，对象是类的实例。本章主要介绍类和对象的基本概念、类的定义和使用，以及类的一些特性。

通过对本章的学习，应该重点掌握以下内容：

➤ C++ 对 C 的扩充。

➤ 面向对象程序设计的基本特点。

➤ 类和对象的定义与使用。

➤ 构造函数和析构函数。

➤ 拷贝构造函数。

1.1　从 C 到 C++

1.1.1　C++语言的诞生

计算机诞生初期，人们要使用计算机，必须用机器语言或汇编语言编写程序。世界上第一种计算机高级语言诞生于 1954 年，它就是 FORTRAN 语言。之后出现了多种计算机高级语言，其中使用最广泛、影响最大的当属 BASIC 语言和 C 语言。

BASIC 语言是 1964 年在 FORTRAN 语言的基础上简化而成的，它是为初学者设计的小型高级语言。

C 语言是 1972 年由美国贝尔实验室的 D. M. Ritchie 研制成功的。它不是为初学者设计的，而是为计算机专业人员设计的。大多数系统软件和应用软件都是用 C 语言编写的。

但是随着软件规模的增大，用 C 语言编写程序渐渐显得有些吃力了。

1982 年，美国 AT&T 公司贝尔实验室的 Bjarne Stroustrup 博士在 C 语言的基础上引入并扩充了面向对象的概念，发明了一种新的程序设计语言。为了表达该语言与 C 语言的渊源，它被命名为 C++。此后 C++语言不断得到完善。1990 年，C++语言引入模板和异常处理的概念；1993 年，引入运行时类型识别（RTTI）和命名空间（Name Space）的概念；1997 年，C++语言成为美国国家标准（ANSI）。1998 年，C++语言又成为国际标准（ISO）。目前，C++语言已成为使用最广泛的面向对象程序设计语言之一。

C++语言是由 C 语言发展而来的，与 C 语言兼容。用 C 语言编写的程序基本上可以不加修改地用于 C++语言。

1.1.2　C++语言对 C 语言的扩充

C 语言是一种结构化语言，重点在于算法和数据结构。C 语言程序的设计首先要考虑的是如何通过一个过程，对输入（或环境条件）进行运算处理，得到输出（或实现过程控制）。而对于 C++语言，首先要考虑的是如何构造一个对象模型，让这个模型能够契合与之对应的问题域，这样就可以通过获取对象的状态信息，得到输出或实现过程控制。

所以 C 语言与 C++语言的最大区别在于它们用于解决问题的思想方法不一样。

C++语言是 C 语言的超集，与 C 语言具有良好的兼容性，使用 C 语言编写的程序几乎可以不加修改，直接在 C++语言编译环境下进行编译。C++语言对 C 语言在结构化方面做了一定程度的扩展。C++语言既可用于面向过程的结构化程序设计，也可用于面向对象的程序设计。在面向过程程序设计领域，C++语言继承了 C 语言的绝大部分功能和语法规定，并在此基础上做了不少扩充，主要有以下几个方面。

1．输入/输出

为了方便使用，除可以利用 printf 和 scanf 函数进行输入和输出外，还增加了标准输入流/输出流，即 cin 和 cout。它们是在头文件 iostream 中定义的，标准流是不需要打开文件和关闭文件就能直接操作的流式文件，而标准输入流是指从键盘上输入的数据，标准输出流是指向屏幕输出的数据流。

1）用 cout 进行输出

输出操作使用的是输出流对象 cout。采取的运算符是"<<"，称作"输出运算符"或"插入运算符"。

可以在一个输出语句中使用多个"<<"运算符将多个输出项插入输出流 cout 中，"<<"运算符的结合方向为自左至右，因此将多个输出项按自左至右的顺序插入输出流中。可以使用多个"<<"将一大堆数据像糖葫芦一样串起来，然后用 cout 输出。

格式：cout <<表达式 1[<<后跟一个表达式]

用 cout 和"<<"可以输出任何类型的数据，例如：

```
int a;
float b;
char name[10];
cout<<a<<b<<name<<"\n";
```

也可以不用"\n"控制换行，在头文件 iostream 中定义了控制符 endl，代表回车换行操作，其作用与"\n"相同。endl 的含义是 end of line，表示结束一行。

可以看到输出时并未指定数据的类型（如整型、浮点型等），系统会自动按数据的类型进行输出。这比用 printf 函数方便，在 printf 函数中，要指定输出格式符（如%d, %f, %c 等）。

2）用 cin 进行输入

在 C++语言中，输入操作使用的是输入流对象 cin，右移运算符">>"的含义被重写，称作"输入运算符"或"提取运算符"。

格式：cin>>变量 1>>变量 2……

">>"是 C++语言中的提取运算符，表示从标准输入设备取得数据，赋予其后的变量。从键盘输入数值数据时，两个数据之间用空格、Tab 键或回车键分隔。

```
int a;
float b;
cin>>a>>b;
```

可以从键盘输入"60、88.99"或输入"60 88.99"，a 和 b 分别获得值 60 和 88.99。用 cin 和">>"输入数据的同样不需要在本语句中指定变量的格式控制符。

2. const 修饰符与#define 命令

用#define 命令定义符号常量是 C 语言中所采用的方法，在 C++语言中把它保留下来是为了和 C 语言兼容。使用 C++语言的程序员一般用 const 定义常量。虽然二者的实现方法不同，但从使用的角度看，可以认为都是用一个标识符代表一个常量。

#define 与 const 的不同之处在于用#define 命令定义的符号常量只是用一个符号代替一个字符串，在预编译时把所有的符号常量替换为所指定的字符串，它没有类型，在内存中并不存在以符号常量命名的存储单元；而用 const 定义的常量具有变量的特征，它具有类型，在内存中存在以它命名的存储单元，可以用 sizeof 运算符测出其长度。它与一般变量唯一的不同之处是指定的值不能改变。

在 C++语言中推荐使用 const 修饰符，因为 const 定义的常量具有数据类型，而宏常量没有，编译器可以对 const 常量进行类型安全检查，而对宏变量只是进行字符替换，这就可能导致出现预料不到的错误。

3. 运算符 new 与 delete

在内存管理上，常常需要动态地分配和撤销内存空间。malloc()/free()是 C/C++语言的标准库函数，而 new/delete 是 C++语言中的运算符。在 C++语言中推荐使用 new/delete，不仅是因为 new 能够自动分配空间大小，更为重要的一点在于，对于用户自定义的对象而言，用 malloc()/free()无法满足动态管理对象的要求。对象在创建的同时要自动执行构造函数，对象在消亡之前要自动执行析构函数。由于 malloc()/free()是库函数而不是运算符，不在编译器控制权限之内，不能把执行构造函数和析构函数的任务强加于 malloc()/free()，因此在 C++语言中需要一个能对对象完成动态内存分配和初始化工作的运算符 new，以及一个能对对象完成清理与释放内存工作的运算符 delete。简而言之，new/delete 能对对象进行构造函数和析构函数的调用，进而对内存进行更加详细的操作，而 malloc()/free()不能。

new 运算符使用的一般格式为：

  new 类型[初值];

用 new 分配数组空间时不能指定初值。

例如：

  new int;   //开辟一个存放整数的空间，返回一个整型数据的指针

  new int(80);   //开辟一个存放整数的空间，并指定该整数的初值为 80

  new char[10];   //开辟一个存放字符数组的空间，该数组有 10 个元素

            //返回一个字符数据的指针

  new int[3][4];   //开辟一个存放二维整型数组的空间，该数组大小为 3*4

  float *p=new float(3.14159); //开辟一个存放实数的空间，该实数的初值为 3.14159

delete 运算符使用的一般格式为：

  delete [ ]指针变量;

如果要撤销上面用 new 开辟的存放实数的空间，应该用：

  delete p;

前面用 new char[10]开辟的空间，如果把返回的指针赋给了指针变量 pt，则应该用以下形式的 delete 运算符撤销所开辟的空间：

  delete[ ] pt;

4. 函数的重载

在前面的程序中用到了插入运算符"<<"和提取运算符">>"。这两个运算符本来是 C 和 C++语言中位运算中的左移运算符和右移运算符。在 C++语言中又把它作为输入/输出运算符，即一个运算符用于不同场合时有不同含义，这就叫运算符的重载（overloading），即重新赋予它新的含义，其实就是"一物多用"。

在 C++语言中，允许用一个函数名定义多个函数，这些函数的参数个数、参数类型或参数顺序有所不同。用一个函数名实现不同的功能，就是函数的重载。编译器在编译时可以根据实参的类型或个数来选择应该调用的函数。

参数的个数和类型也可以不同。重载函数的参数个数或类型必须至少有一个不同，函数的返回值类型可以相同，也可以不同。

注意： 函数的参数个数、参数类型都相同，只是函数返回值类型不同，这种情况是不允许的，因为系统无法从调用形式上判断该函数名应与哪个函数相匹配。

5．默认参数

一般情况下，在函数调用时形参从实参那里取得值，因此实参的个数应与形参相同。但是有时多次调用同一个函数时用的是同样的实参值。在 C++语言中，允许为函数的参数设置默认值，调用函数时，如果没有实参，就以默认值作为形参的值。

格式：形参类型　形参变量名　=　常数

功能：调用函数时，如果没有实参，就以常数作为该形参的值；如果有实参，则仍以实参的值作为该形参的值。

例如，编写计算圆柱体体积的函数 float volume (float h, float r = 12.5)，可以采用以下任何一种形式调用该函数：

```
volume(45.6);           //相当于 volume(45.6,12.5)
volume(32.5, 10.5);     //h 的值为 32.5，r 的值为 10.5
```

用第一种形式调用时，只有一个实参，圆半径的值取默认值 12.5；用第二种形式调用时，有两个实参，圆半径的值取实参的值 10.5。

注意：

（1）如果用函数原型声明，只需在函数原型声明中定义形参的默认值即可。

（2）有默认值的形参必须放在形参表的右边，不允许无默认参数值和有默认参数值的形参交错排列。例如：

```
int f1(float a,int b=0,int c,char d='a');        //不正确
int f2(float a,int c,int b=0,char d='a');        //正确
```

如果要调用上面的 f2 函数，则可以采取下面的形式：

```
f2(3.6,6,9, 'x')        //形参的值全部从实参取得
f2(3.6,6,9)             //最后一个形参的值取默认值'a'
f2(3.6,6)               //最后两个形参的值取默认值，b=0，d='a'
```

（3）一个函数名不能同时用于重载函数和带默认形参值的函数。当调用函数时，如少写一个参数，则系统无法判断是利用重载函数还是利用带默认参数值的函数，会出现二义性。

6．作用域运算符

在 C++语言中增加了作用域运算符（或称为名字解析运算符）"::"，用于解决局部变量与全局变量的同名问题。在局部变量的作用域内可用作用域运算符对被其隐藏的同名全局变量进行访问。下面是一个简单的例子：

```
int x=0;
int test(int x)
{
    x=5;    //此处引用局部变量
```

```
    ::x=9;    //此处引用全局变量
}
```

7. 字符串变量

除可以使用字符数组处理字符串外，C++语言还提供了字符串类型 string，实际上它不是 C++语言的基本类型，是在 C++语言标准库中声明的一个字符串类，程序可以用它定义对象。

定义字符串变量的格式如下：

string 变量名表;

可以在定义变量时用字符串常量为变量赋初值：

```
string 变量名=字符串常量
string string1;              //定义 string1 为字符串变量
string string2="china";       //定义 string2 为字符串变量，同时对其初始化
```

注意：如用字符串变量，则在程序开始处要用包含语句把 C++标准库的 string 头文件包含进来，即应加上#include<string>。字符串变量的具体使用方法见第 2 章中的 string 类。

8. 变量的引用

在 C++语言中，提供了为变量取别名的功能，这就是变量的引用（reference）。引用是 C++语言对 C 语言的一个重要扩充内容。

1）引用的概念和简单使用

格式：类型 &变量 1 = 变量 2

变量 2 是在此之前已经定义过的变量，且与变量 1 的类型相同。这里为变量 2 定义一个别名——变量 1，在程序里，变量 1 和变量 2 就是同一个变量。

注意：两个变量不能用同一个别名。

例如：

```
int a = 3,b =4;
int &c = a;            // c 是 a 的别名
int &c = b;            // 错误的用法
```

一个变量可以有多个别名。

例如：

```
int a = 3;
int &b= a;
int &c= b;            //变量 a 有两个别名 b 和 c
```

2）关于引用的几点说明

（1）引用并不是一种独立的数据类型，它必须与某一种类型的数据相联系。声明引用时必须指定它代表的是哪个变量，即对它进行初始化。例如：

```
int a;
int &b=a;            //正确，指定 b 是整型变量 a 的别名
```

```
    int &b;                  //错误，没有指定 b 是哪个变量的别名
    float c;
    int &d=c;                //错误，声明 d 是整型变量的别名，而 c 不是整型变量
```

注意：不要把声明语句"int &b=a;"理解为"将变量 a 的值赋给引用 b"，它的作用是使 b 成为 a 的引用，即 a 的别名。

（2）引用与其所代表的变量共享同一个内存单元，系统并不为引用额外分配存储空间。实际上，编译系统使引用和其代表的变量具有相同的地址。

（3）当看到&a 这样的形式时，怎样区别是声明引用变量还是取地址的操作呢？请记住，当&a 的前面有类型符时（如 int &a），它必然是对引用的声明；如果前面没有类型符（如 p=&a），此时的&是取地址运算符。

（4）对引用进行初始化，可以用一个变量名，也可以用另一个引用。例如：

```
    int a=3;
    int &b=a;                //声明 b 是整型变量 a 的别名
    int &c=b;                //声明 c 是整型引用变量 b 的别名
```

这是合法的，这样，整型变量 a 就有两个别名 b 和 c。

（5）引用初始化后不能再被重新声明为另一个变量的别名。例如：

```
    int a=3,b=4;
    int &c=a;                //正确，声明 c 为整型变量 a 的别名
    int &c=b;                //错误，企图重新声明 c 为整型变量 b 的别名
```

9. 内联函数

C++语言提供了一种机制，在编译时，将被调用的函数代码嵌入调用函数代码中，在执行函数时省去了调用环节，提高了函数的执行速度。这种机制称为内置函数，也称内联函数。

格式：

```
    inline 函数类型 函数名(形参表)
    {函数体}
```

inline 是 C++语言中的关键字，在编译时，编译程序会把这个函数嵌入主调函数的函数体中。

调用格式：函数名(实参表)

【例 1.1】 计算 3 个整数中的最大数。

```
    #include<iostream>
    using namespace std;
    inline int max(int a,int b,int c)     //这是一个内联函数，求 3 个整数中的最大数
    {
        if (b>a) a=b;
        if (c>a) a=c;
        return a;
    }
    int main()
```

```
{
    int i=7,j=10,k=25,m;
    m=max(i,j,k);
    cout<<"max="<<m<<endl;
    return 0;
}
```

程序运行结果为：

```
max=25
```

由于在定义函数时指定它是内联函数，因此编译系统在遇到函数调用 max(i,j,k)时就用 max 函数体的代码代替 max(i,j,k)，同时用实参代替形参。

调用语句 m= max(i,j,k);就被置换成：

```
{
    a=i; b=j; c=k;
    if (b>a) a=b;
    if (c>a) a=c;
    m=a;
}
```

使用内联函数可以节省程序的运行时间，但增加了目标程序的长度。假设要调用 10 次 max 函数，则在编译时需先后 10 次将 max 的代码复制并插入 main 函数，大大增加了 main 函数的长度，所以在使用时要衡量时间和空间上的得失。内联函数只用于规模很小而使用频繁的函数，可大大提高运行效率。

1.1.3　面向对象和面向过程的区别

1. 面向对象和面向过程的具体区别

面向过程就是分析出解决问题所需要的步骤，然后用函数把这些步骤一步步实现，使用的时候依次调用就可以了。

面向对象是把构成问题的事务分解成各个对象，建立对象的目的不是完成一个步骤，而是描述某个事务在整个解决问题步骤中的行为。

例如，五子棋，面向过程的设计思路就是首先分析问题的步骤：

（1）开始游戏；

（2）黑子先走；

（3）绘制画面；

（4）判断输赢；

（5）轮到白子；

（6）绘制画面；

（7）判断输赢；

（8）返回步骤（2）；

（9）输出最后结果。

把上面每个步骤用各自的函数来实现，问题就解决了。而面向对象的设计则是从另外的思路来解决问题。整个五子棋可以分为：

（1）黑白双方，这两方的行为是一模一样的。

（2）棋盘系统，负责绘制画面。

（3）规则系统，负责判定诸如犯规、输赢等。

第一类对象（玩家对象）负责接收用户输入，并告知第二类对象（棋盘系统）棋子布局的变化，棋盘对象接收到了棋子的变化，就要负责在屏幕上显示出这种变化，同时利用第三类对象（规则系统）来对棋局进行判定。

可以明显地看出，面向对象以功能来划分问题，而不是步骤。同样是绘制棋局，这样的行为在面向过程的设计中分散在多个步骤中，很可能出现不同的绘制版本，因为通常设计人员会考虑到实际情况，进行各种各样的简化。而在面向对象的设计中，绘图只可能在棋盘对象中出现，从而保证绘图的统一。

功能上的统一保证了面向对象设计的可扩展性。比如，要加入悔棋的功能，如果要改动面向过程的设计，那么从输入到判断再到显示这一连串的步骤都要改动，甚至步骤之间的顺序都要进行大规模调整。如果是面向对象的设计，只改动棋盘系统就行了，棋盘系统保存了黑白双方的棋谱，简单回溯就可以了，而显示和规则判断不用顾及，同时整个对对象功能的调用顺序都没有变化，改动只是局部的。

再如，要把这个五子棋游戏改为围棋游戏，如果是面向过程的设计，那么五子棋的规则就分布在了程序的每一个角落，要改动还不如重写。但是如果当初就是面向对象的设计，那么只需要改动规则系统就可以了，五子棋和围棋的区别不就是规则吗？（当然棋盘大小好像也不一样，但这不是一个难题，直接在棋盘系统中进行一番小改动就可以了。）而下棋的大致步骤从面向对象的角度来看没有任何变化。

当然，要达到改动目的需要设计人员有足够的经验，使用对象不能保证程序就是面向对象的，初学者或者低水平的程序员很可能以面向对象之虚而行面向过程之实，这样设计出来的所谓面向对象的程序就很难有良好的可移植性和可扩展性。

2．程序举例

上面的例子实现起来太复杂，接下来举一个比较简单的例子来比较面向对象与面向过程的区别。

问题：输入圆的半径，求圆的周长和面积。

1）用面向过程的编程方法实现上述问题。

【例1.2】用面向过程的编程方法实现输入圆的半径，求圆的周长和面积。

数据描述：

    半径、周长、面积均用实型数表示。

数据处理：

    输入半径 r；

    计算周长 $= 2*\pi*r$；

    计算面积 $= \pi*r*r$；

    输出半径、周长、面积；

    #include<iostream>

```
using namespace std;
void f(double r)
{
    cout<<"the radius is: "<<r<<endl;
    cout<<"the area is: "<<r*r*3.14<<endl;
    cout<<"the girth is: "<<2*r*3.14<<endl;
}
int main()
{
    double r;
    cout<<"input the radius:";
    cin>>r;
    f(r);
    return 0;
}
```

程序运行结果为：

```
input the radius:
the radius is: 5
the area is: 78.5
the girth is: 31.4
```

2）用面向对象的编程方法实现上述问题。

【例1.3】 用面向对象的编程方法实现输入圆的半径，求圆的周长和面积。

```
#include<iostream>                          //包含输入/输出头文件
using namespace std;                        //使用标准命名空间 std
class Circle
{
public:
    void setRadius(double r)
    { radius=r;   }
    void getRadius()
    { cout<<"the radius is: "<<radius<<endl; }
    void getGirth()
    { cout<<"the girth is: "<<radius*2*3.14<<endl;}
    void getArea()
    { cout<<"the area is: "<<3.14*radius*radius<<endl; }
private:
    double radius;
};
int main()
{
    Circle c;
    c.setRadius(3);
    c.getRadius();
```

```
        c.getGirth();
        c.getArea();
        return 0;
    }
```

程序运行结果为：

```
the radius is:3
the girth is:18.84
the area is:28.26
```

如今，面向对象的概念和应用不仅存在于程序设计和软件开发中，而且在数据库系统、交互式界面、应用结构、应用平台、分布式系统、网络管理结构、CAD 技术、人工智能等诸多领域都有所渗透。

1.1.4　命名空间

命名空间，就是在程序的不同模块中使用相同的名字表示不同的事物（实体），目的是提供一种机制，使大程序的各个部分因出现重名而导致冲突的可能性降到最低。

命名空间的名称有点像姓氏，在大多数家庭中，每个家庭成员都有一个唯一的名字。例如，在 Smith 家中，有 Jack、Jill、Jean 和 Jonah。在家庭成员之间，用名字来指代每个人，不用加姓氏。但是，其他家庭的成员可能与 Smith 家的成员有相同的名字。例如，在 Jones 家中，有 John、Jean、Jeremiah 和 Jonah。Jeremiah Jones 在称呼 Jean 时，显然是指 Jean Jones，如果他想指代 Smith 家中的 Jean，就要使用全名 Jean Smith。非这两个家庭的成员只能使用全名来表示要指代的成员，如 Jack Smith 或 Jonah Jones。

如果两个或多个程序员为同一个大型软件工程的不同部分工作，负责不同的程序模块，就会有潜在的名称冲突。有了命名空间，就可以解决这个问题。在命名空间内部，可以使用其成员的名字。在命名空间的外部，就只能把某个实体的名字和命名空间的名字组合起来，表示该命名空间中的实体。

一般情况下，一个程序中可以包含几个不同的命名空间。在本章的例子中用到 C++标准库命名空间 std。标准库中的所有实体名都用 std 来限定。使用命名空间 std 的方法是在程序中加入 "using namespace std;" 语句。

在实际开发过程中，经常需要引入对象、函数、类、类型或其他全局实体。在同一个项目中，这些全局实体也必须有一个唯一的名字，否则将会产生编译错误。为了解决这个问题，在 C++语言中引入了命名空间机制。

1. 命名空间的定义

定义命名空间的语法格式如下：

```
namespace 命名空间名 {
声明序列
}
```

命名空间的定义以关键字 namespace 开头，后面是命名空间名。命名空间名必须是它被定义的作用域中唯一的名字，否则会产生错误。在命名空间名后用一对花括号 "{}" 括起来的是声明序列，所有可以出现在全局作用域的定义或声明都可以放在其中。在命名空间中声明的实体并不会改变其原来的意义，但是这些实体包含在命名空间中，它们需要和命名空间结合起来使用以标志相应的实体。

定义或使用一个命名空间需要注意以下几个方面。

（1）namespace 只能在全局范畴定义，但它们之间可以互相嵌套，即在命名空间的定义内容中定义一个新的命名空间，如下面命名空间的定义。

```
namespace myNameSpace1{
    string myStr1 = "myStr1";
    namespace myNameSpace2{
        string myStr2 = "myStr2";
    }
}
```

（2）可以通过多次声明和定义同一个命名空间，把新的成员名称加入已有的命名空间中，即使多次在不同的头文件中声明，也属于同一个命名空间体。例如，项目中包含以下两个头文件时，将会产生编译错误。

```
//myClass1.h
namespace myNameSpace3{
    void myFunc();
    int myCount = 0;
}
//myClass2.h
namespace myNameSpace3{
    void myFunc();
    int myCount = 0;
}
```

（3）一个 namespace 的名字可以用另一个名字作为别名。例如，上面的 myNameSpace3可以使用下面的代码另取一个别名。

```
namespace myNS = myNameSpace3;
```

（4）可以在命名空间之外定义命名空间的成员（如函数的定义），这时成员的名字必须被命名空间限定修饰。如果在命名空间之外定义，则必须在命名空间之内声明。

对上述函数 myFunc 在命名空间之外的定义为：

```
void myNameSpace3:: myFunc()
{
    …;          //函数实现
}
```

2．命名空间的使用

对命名空间中成员的引用，需要使用命名空间的域操作符。下面的例子中使用了自定义的命名空间。

【例1.4】 使用命名空间的例子。

程序如下：

```cpp
#include <iostream>
#include <string>
using namespace std;
//两个在不同命名空间中定义的名字相同的变量
namespace mySpace1{//自定义命名空间
    string myStr = "myStr1";
}
namespace mySpace2{
    string myStr = "myStr2";
}
int main()
{
    /用命名空间域操作符 mySpace1::访问变量 myStr
    cout<<"Hello, "<< mySpace1::myStr<< "…   goodbye! "<<endl;
    //用命名空间域操作符 mySpace2::访问变量 myStr
    cout<<"Hello, "<< mySpace2::myStr<< "…   goodbye! "<<endl;
    return 0;
}
```

程序运行结果：

```
Hello, myStr1…   goodbye!
Hello, myStr2…   goodbye!
```

上面的例子中定义了两个命名空间 mySpace1 和 mySpace2，每个命名空间中都定义了一个字符串 myStr。在 main()函数中，通过命名空间的域操作符"::"访问两个同名的字符串 myStr 不会引起错误，但是每次使用 myStr 时都要使用域操作符以限制要访问的实体。为了避免这种麻烦，可以使用 C++语言中的 using 编译指令来简化对命名空间中名称的使用。

如果想直接使用命名空间中的某一个成员，而不使用命名空间的域操作符，则可以采用 using 声明。using 格式如下：

using 命名空间[::命名空间…]::成员名称

上述例子中如果有以下 using 声明：

using mySpace1::myStr;

则在随后的程序中，myStr 变量指的是命名空间 mySpace1 中的成员 myStr。

using 声明需要注意下几点：

（1）using 声明的作用域就是 using 所处位置的作用域，即全局域中是从 using 使用开始到文件结束，若在局部域内使用，则其作用域是局部的。与普通变量一样，局部变量将隐藏全局变量。

（2）using 声明的名字在该域内必须是唯一的，不能重复声明。

【例 1.5】 using 声明指定命名空间成员。

程序如下：

```
#include <iostream>
#include <string>
using namespace std;
namespace myNameSpace1{ //自定义命名空间 myNameSpace1
    int a=1,b=2,c=3;
}
int b;
int main()
{
    {
        using myNameSpace1::a;
        a++;      //a 为 myNameSpace1::a
        int a;    //错误，重复声明
        using myNameSpace1::c;      //c 为 myNameSpace1::c，注意其作用域
    }
    c++;  //错误，c 在这里不可见
    using myNameSpace1::b;    //隐藏全局变量 b
    b++;  //myNameSpace1::b，不是全局变量 b
    return 0;
}
```

using 声明用于直接指定命名空间成员，也可以使用 using 指定整个命名空间，语法格式为：

```
using namespace  命名空间名[::命名空间名…];
```

其中括号内的可选部分是嵌套的命名空间名。使用 using 指令后，在编写程序时可以直接使用该命名空间的成员，而不用每次都使用命名空间名来限定要访问的实体。

【例 1.6】 用 using 指令使用命名空间的例子。

程序如下：

```
using namespace std;
#include <iostream>
#include <string>
using namespace std;
namespace myNameSpace1{ //自定义命名空间 myNameSpace1
        string myStr1 = "myStr1";
        //在 myNameSpace1 中嵌套定义命名空间 myNameSpace2
        namespace myNameSpace2{
            string myStr2 = "myStr2";
        }
}
using namespace myNameSpace1;        //using 指令使用命名空间 myNameSpace1
// using 指令使用命名空间 myNameSpace1 的子命名空间 myNameSpace2
using namespace myNameSpace1::myNameSpace2;
```

```
int main()
{
    cout<<"Hello, "<<myStr1<< "…    goodbye! "<<endl;
                                    // myNameSpace1:: myStr1
    cout<<"Hello, "<<myStr2<< "…    goodbye! "<<endl;
                                    // myNameSpace1::myNameSpace2:: myStr2
    return 0;
}
```

程序运行结果：

```
Hello, myStr1…    goodbye!
Hello, myStr2…    goodbye!
```

使用 using 指令指定命名空间需要注意的问题是当指定两个命名空间时，如果两个命名空间有相同的成员，会引起二义性问题。编译器不能直接发现二义性的成员变量，而是当使用引起二义性的成员变量时，才能检查出编译错误。

3．标准命名空间 std

标准 C++库中的所有组件都定义在一个叫作 std 的命名空间中，标准头文件，如<iostream.h><string.h><exception.h><vector.h><list.h><algorithm.h>等，其中声明的函数对象和类模板都在命名空间 std 中，因此 std 又被称为标准命名空间。

编写程序时，如果需要使用标准 C++库的组件，则在包含相应的标准 C++头文件后，可以采用以下几种方法使用头文件中声明的函数对象、类模板等：

（1）使用域操作符 std::。

（2）使用编译指令 using namespace std;。

（3）使用编译指令 using namespace std::进行更具体的限制，如 using namespace std:: string。

实际上由于本书的大部分例子都使用了标准命名空间的输入/输出，因此大部分都使用了"using namespace std;"语句。

4．无名命名空间

有时，所定义的对象、函数、类、类型或其他全局实体只在程序的一小段代码中使用，在其他地方不会使用。为了保证这些全局实体不和项目其他地方的全局实体冲突，可以使用无名命名空间。声明无名命名空间的语法格式如下：

```
namespace {
声明序列
}
```

namespace 后不加命名空间的名字，直接用一对"{}"括住声明序列，就定义了一个无名命名空间。下面看一个使用无名命名空间的例子。

【例 1.7】 使用无名命名空间的例子。

程序如下：

```
#include <iostream>
using namespace std;
namespace {
    void func1(){cout<<"调用了 func1()"<<endl;}
    void func2(){cout<<"调用了 func2()"<<endl;}
}
int main()
{
    cout<<"测试无名命名空间的例子! "<<endl;
    func1();      //无名命名空间中定义的函数
    func2();      //无名命名空间中定义的函数
    return 0;
}
```

程序运行结果：

```
测试无名命名空间的例子!
调用了 func1()
调用了 func2()
```

无名命名空间只在定义它的文件中有效，在其他文件中都不可见。另外，一个文件最多只能定义一个无名命名空间。

1.2 面向对象程序设计的基本概念

面向对象（Object Oriented，OO）方法学的出发点和基本原则是尽可能模拟人类的思维方式，使开发软件的方法与过程尽可能接近人类认识世界、解决问题的方法与过程，也就是使描述问题的问题空间（也称为问题域）与实现解法的解空间（也称为求解域）在结构上尽可能一致。

面向对象程序设计（Object Oriented Programming，OOP）是软件系统设计与实现的方法，这种方法既吸取了结构化程序设计的绝大部分优点，又考虑了现实世界与面向对象空间的映射关系，所追求的目标是将现实世界的问题求解尽可能简单化。在自然界和社会生活中，一个复杂的事物总是由很多部分组成。例如，一个人由姓名、性别、年龄、身高、体重等特征描述；一个自行车由车轮、车身、车把等部件组成；一台计算机由主机、显示器、键盘、鼠标等部件组成。当人们生产一台计算机时，并不是先生产主机，然后生产显示器，最后生产键盘、鼠标，即不是顺序执行的，而是分别生产主机、显示器、键盘、鼠标等，最后把它们组装起来。这些部件通过事先设计好的接口连接，以便协调工作，例如，通过键盘输入可以在显示器上显示字或图形。这就是面向对象程序设计的基本思路。

面向对象程序设计方法提出了一些全新的概念，如类、对象、封装、继承、多态性和消息，下面分别讨论这几个概念。

1.2.1 类

类是面向对象程序设计语言的基本概念。在现实生活中，人们常把众多事物归纳并划分为若干种类型，这是认识客观世界常用的思维方式。例如，人们把载人数量为 5～7 人的、各种品牌、使用汽油或柴油的、四个轮子的汽车统称为小轿车，也就是说，从众多的具体车辆中抽象出小轿车类。再如，一所高校所有在校的、各个班级和各个专业的本科生、研究生统称为学生，可以从众多的具体在校人员中抽象出学生类。

对事物进行分类时，依据的原则是抽象，将注意力集中在与目标有关的本质特征上，而忽略事物的非本质特征，进而找出这些事物的所有共同点，把具有共同特征的事物划分为一类，得到一个抽象的概念。日常生活中的汽车、房子、人、衣服等概念都是人们在长期生产和生活实践中抽象出来的概念。

面向对象方法中的"类"，是具有相同属性和行为的一组对象的集合，它为属于该类的全部对象提供了抽象的描述，其内部包括属性和行为两个主要部分。

1.2.2　对象

对象是现实世界中实际存在的事物，可以是看得见、摸得到的物体（如一本书），也可以是无形的（如一份报告）。对象是构成现实世界的一个独立单位，它具有自己的静态特征（可以用某种数据来描述）和动态特征（对象所表现出来的行为或具有的功能）。例如，张三是现实世界中一个具体的人，他有身高和体重（静态特征），能够思考及做运动（动态特征）。

面向对象方法中的对象，是描述系统中某一客观事物的一个实体，它是构成系统的一个基本单位。对象由一组属性和一组行为构成。属性是用来描述对象静态特征的数据项，而行为是用来描述对象动态特征的操作序列。类和对象的关系就像模具和用这个模具制作出来的物品之间的关系，一个属于某类的对象称为该类的一个实例，如张三就是人这个类的一个实例，或是这个类的具体表现。

1.2.3　封装

封装是指将数据和代码捆绑在一起，从而避免外界的干扰和不确定性。在 C++语言中，封装是通过类来实现的。类是描述具有相同属性和方法的对象的集合，定义了该集合中每个对象所共有的属性和方法。封装也是面向对象方法中的一个重要原则，它把对象的属性和行为结合成一个独立的系统单位，并且尽可能地隐藏对象的内部细节。这里有两层含义：一是把对象的全部属性和全部行为结合在一起，形成一个不可分割的独立单元；二是信息隐蔽，也就是尽可能隐蔽对象的内部细节，对外部世界形成一个边界或屏障，只保留有限的、公用的对外接口，使之与外部世界发生联系。

1.2.4　继承

继承是面向对象程序设计提高软件开发效率的重要原因之一，也是软件规模化的一个重要手段。特殊类的对象拥有其一般类的全部属性和行为，称为特殊类对一般类的继承。

继承具有重要的现实意义，它简化了人们对于现实世界客观事物的认识和描述。例如，人们认识了汽车的特征之后，再考虑小轿车时，因为知道小轿车也是汽车，于是认为小轿车具有汽车的全部一般特征，从而可以把精力用于发现和描述小轿车不同于一般汽车的独有的那些特征。

软件的规模化生产是影响软件产业发展的重要因素，它强调软件的复用性，也就是程序不加修改或进行少许修改就可以用在不同的地方。继承对于软件的复用具有重要意义，特殊类继承一般类，本身就是软件复用。不仅如此，如果将开发好的类作为构件放到构件库中，那么在开发新系统时就可以直接使用或继承使用。

1.2.5　多态性

面向对象的通信机制是消息，面向对象技术通过向未知对象发送消息来进行程序设计。当一个对象发出消息时，对于相同的消息，不同的对象具有不同的反应能力。这样，一个消息可以产生不同的响应效果，这种现象称为多态性。

在操作计算机时，"双击鼠标左键"这个操作可以很形象地说明多态性的概念。如果发送消息"双击鼠标左键"，不同的对象会有不同的反应。例如，"文件夹"对象收到双击消息后，其产生的操作是打开这个文件夹；而"可执行文件"对象收到双击消息后，其产生的操作是执行这个文件。如果是音乐文件，则会播放这个音乐；如果是图形文件，则会使用相关工具软件打开这个图形。显然，打开文件夹、播放音乐、打开图形文件需要不同的函数体，但是在这里，它们可以被同一条消息"双击鼠标左键"来引发，这就是多态性。面向对象程序设计通过继承和重载两种机制来实现多态性。

多态性是面向对象程序设计的一个重要特征。它减轻了程序员的记忆负担，使程序的设计和修改更加灵活，程序员只需要记住有限的接口就可以完成各种所需要的操作。

1.2.6　消息

面向对象技术的封装使对象相互独立，各个对象要相互协作，实现系统的功能则需要对象之间的消息传递机制。消息是一个对象向另一个对象发出的服务请求，进行对象之间的通信，也可以说，是一个对象调用另一个对象的方法，或称为函数。

通常，把发送消息的对象称为发送者，把接收消息的对象称为接收者。在对象传递消息中只包含发送者的要求，它指示接收者要完成哪些操作，但并不告诉接收者应该如何完成这些操作。接收者接收到消息后要独立决定采用什么方式完成所需的操作。同一对象可接收不同形式的多个消息，产生不同的响应；相同形式的消息可发送给不同对象，不同对象对于形式相同的消息可以有不同解释，做出不同响应。

在面向对象设计中，对象是节点，消息是纽带。应注意的是，不要过度关注如何构建对象及对象间的各种关系，而忽略对消息（对象间的通信机制）的设计。

1.3　类和对象的定义

前面介绍了类与对象的概念：类是对象的抽象，而对象是类的具体实例。C++语言提供了对数据和方法的封装与抽象，称为类（class）。类是 C++封装的基本单元，可以将类理解成一种新的数据类型，这种数据类型中封装了数据的内容和对数据内容的操作。在使用结构体类型时，先定义一个结构体类型，再定义这种结构体类型的变量。类和对象的使用情况与结构体类型相同，先定义一个类类型，然后用这个类去定义若干个该类类型的对象，也就是说，对象是一种类类型对应的变量。

1.3.1 类的定义

类是用户自己定义的新类型。如果在程序中用到类类型，那么必须先根据自己的需要进行定义。类定义包含两部分：数据成员和成员函数（又称为函数成员）。数据成员说明类的属性，成员函数是对类数据成员操作的类内函数，又称为方法。

类定义的一般格式为：

```
class  类名
{
public:
      数据成员和成员函数实现
protected:
      数据成员和成员函数实现
private:
      数据成员和成员函数实现
};
```

说明：

（1）定义一个类时，使用关键字 class；类名必须是一个合法的变量名，C++语言中习惯用 C 或 T 开头，如 Cstudent。

（2）一个类包括类头（class head）和类体（class body）两部分。class<类名>称为类头。

（3）大括号中定义的是类的数据成员和成员函数，称为类体。类定义使用符号 ";" 表示结束。

（4）关键字 public（公有）、protected（保护）和 private（私有）称为访问限定符（member access specifier）。用访问限定符声明各个数据成员和成员函数的访问权限。

在类声明中，三种访问限定符可以按任意次序出现，也就是说，可以先声明私有成员，再声明公有成员；也可以先声明公有成员，再声明私有成员。三种访问限定符也可以多次出现，但是一个成员只能有一种访问权限。在书写时通常习惯将公有类型放在最前面，这样便于阅读，因为它们是外部访问时所要了解的。

被声明为公有（public）的成员提供了与外界的接口功能。公有成员可以被本类中的成员使用和访问，也可以被类作用域外的其他函数使用。

被声明为私有（private）的成员是封装在类内部的，只能被该类的成员和该类友元函数或友元类访问，任何类以外的函数对私有成员的访问都是非法的。

被声明为保护（protected）的成员，访问权限介于私有和公有之间，类的成员可以访问保护成员，而类以外的其他函数不能访问保护成员，但该类的继承类可以访问。

不同访问权限关系图如图 1.1 所示。

关于访问权限，举例说明如下：一个家庭住宅，客厅是公有的，家庭成员和外面的客人都可以进入；卧室是私有的，只有主人能进入自己的卧室，但如果主人有一个好朋友（友元），这个好朋友也被允许进入主人的卧室（友元可以访问私有成员）。这个家庭的存款可以定义为保护权限的成员，主人自己可以使用，外人不得使用，但主人的子女（主人的继承类）也可以使用这些存款（继承类可访问保护成员）。

一般情况下，一个类的数据成员应该声明为私有成员，这样封装性较好。一个类应该有一些公有的成员函数，作为对外接口，否则其他代码无法访问类。

根据上述类定义的规则，编制一个求方程 $ax^2+bx+c=0$ 根的程序。假设这个类的名字为 CFindRoot，至少需要将方程的系数作为 CFindRoot 类的数据成员，可以将它们设计成 float 型。

除了将方程系数设为类的数据成员，还将方程的根 x1 和 x2，以及用来作为判定条件的 delta 设计成类的数据成员，并且将方程的两个根设为 double 型，将 delta 设为 float 型。

成员函数 SetData 用来设置方程系数的值，并且计算出 delta 的值。求 delta 需要使用库函数 sqrt，该函数在头文件 cmath.h 中定义，只要包含它即可。

成员函数 Find 用来求方程的根，Display 函数则用来输出结果。

按以上描述画出 CFindRoot 类图，如图 1.2 所示。

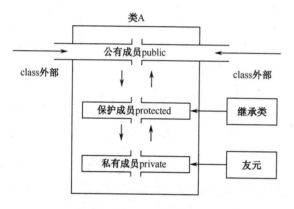

图 1.1　访问权限关系图

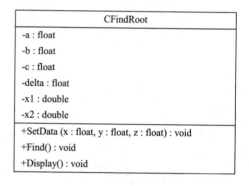

图 1.2　CFindRoot 类图

根据以上描述，CFindRoot 类的定义如下：

```cpp
#include<iostream>
#include<cmath>
using namespace std;
class CFindRoot                        //使用关键字 class 声明一个类，类名为 CFindRoot
{
public:                                //以下是公有成员函数
    void SetData(float x,float y,float z)    //设置一元二次方程的系数
    {
        a=x;b=y;c=z;
        delta=b*b-4*a*c;
    }
    void Find()                        //求方程的根
    {
        if(delta>0)
        {
```

· 20 ·

```
            x1=(-b+sqrt(delta))/(2*a);
            x2=(-b-sqrt(delta))/(2*a);
            return;
        }
        else if(delta==0)
        {
            x1=x2=(-b)/(2*a);
            return;
        }
        else
        {
            x1=(-b)/(2*a);
            x2=sqrt(-delta)/(2*a);
        }
    }
    void Display()                        //输出方程的根
    {
        if(delta>0)
        {
            cout<<"x1="<<x1<<"\nx2="<<x2<<endl;
        }
        else if(delta==0)
        {   cout<<"x1=x2="<<x1<<endl;
        }
        else
        {
            cout<<"x1="<<x1<<"+"<<x2<<"i"<<endl;
            cout<<"x1="<<x1<<"−"<<x2<<"i"<<endl;
        }
    }
private:                                  //以下是私有成员
    float a,b,c,delta;                    //a,b,c 表示一元二次方程的系数, delta 用来判断方程根的情况
    double x1,x2;                         //x1,x2 表示方程的根
};
```

以上声明了一个新的类类型——CFindRoot 类，在类头用 class 说明一个新类 CFindRoot。类体包括类的数据成员和成员函数的声明与实现。void SetData(float x, float y, float z)函数用 3 个参数初始化 CFindRoot 类的 3 个数据成员 a, b, c。void Find()函数用来求一元二次方程的根，并保存到数据成员 x1 和 x2 中。void Display()函数将 CFindRoot 类的数据成员 x1 和 x2 显示出来。如果类外部的函数要访问这个类，不能直接访问这个类的私有成员，只能通过调用定义为公有访问权限的成员函数来访问该类。

说明： 一般情况下，一个程序中可以包含几个不同的命名空间。命名空间就是在程序的不同模块中使用相同的名字表示不同的事物（实体）。目的是提供一种机制，使大程序的各个

部分因出现重名而导致冲突的可能性降到最低。本书的例子中用到了 C++标准库命名空间 std，使用命名空间 std 的方法：using namespace std;。

1.3.2 成员函数的定义

类的成员函数也是函数的一种，它与以前介绍的普通函数用法基本相同。成员函数由函数头和函数体组成，函数头包括函数名、函数的参数及函数的类型；函数体主要说明函数实现的功能。成员函数与一般函数的区别在于：它属于类的成员，出现在类体中，是类的一部分。使用类的成员函数时，要考虑类成员函数的访问权限。如果成员函数被定义为私有的，只能被本类的其他函数或友元访问；如果被定义为公有的，则可以被外部的其他函数访问。类的成员函数非常重要，类的每一项操作都是通过成员函数实现的，使用某些操作则表明一个成员函数的调用。如果一个类中没有了成员函数，则这个类就没有什么实际意义。

类的成员函数可以在类体中定义，也可以在类体中声明，在类外定义。

1. 在类内定义成员函数

将类成员函数的定义和实现一起写在类体中，如在 1.3.1 节中定义的 CFindRoot 类。

在类内定义的成员函数默认是内联函数（inline 函数）。这是因为在 C++语言中一般将类定义放在头文件中，因此这些在类内定义的函数也伴随着写入头文件。函数的声明一般在头文件中，而定义是不允许在头文件中的，因为它们要被编译多次。如果是内联函数，则允许包含在头文件中。因为内联函数在源文件中不是调用，而是按原样展开的，所以在类内定义的函数，C++会自动将它们作为内联函数来处理。

内联函数一般规模比较小，在程序调用这些成员函数时，并不真正执行函数的调用过程（如保留返回地址等），而是把函数代码嵌入程序的调用点，从而可以大大减少调用成员函数的时间。

2. 在类外定义成员函数

通常情况下，C++程序员习惯在类体中只定义数据成员及成员函数的声明，而将成员函数的实现写在类外，因此类的定义可以分为两部分：声明部分和实现部分。声明部分声明类的数据成员类型和成员函数的参数类型、个数及返回值类型；实现部分是对声明类成员函数的具体实现。这种类定义的格式如下：

```
//类声明部分
class  类名
{
[public:][ private: ][ protected:]
     数据成员类型    数据成员名;
     数据成员类型    数据成员名;
     ......
     函数类型    成员函数名(参数表);
     函数类型    成员函数名(参数表);
     ......
};
```

```
//类成员函数实现部分
函数类型 类名::成员函数名(参数表)
{
……   //实现
}
```

说明：

（1）类声明部分包括数据成员的定义和成员函数的声明。

（2）成员函数的声明主要说明函数的类型、函数的参数个数及类型，并用";"结束。

（3）函数实现部分是对在类中定义的成员函数功能的实现，包括函数头和函数体。在类体中直接定义函数时，不需要在函数名前面加上类名，因为函数属于哪一个类是不言而喻的。但成员函数在类外定义时，必须在函数名前面加上类名，加以限定（qualified）。如果函数名前面无类名和作用域运算符"::"，则表示成员函数不属于任何类，该函数就不是成员函数，而是全局函数，即非成员函数的一般普通函数。

CFindRoot 类在类外定义成员函数如下：

```
// CFindRoot 类声明部分
class CFindRoot
{
public:
    void SetData(float x,float y,float z);        //成员函数声明
    void Find();
    void Display();
private:
    float a,b,c,delta;
    double x1,x2;
};
// CFindRoot 类成员函数的实现
void CFindRoot::SetData(float x,float y,float z)
{
    a=x;b=y;c=z;
    delta=b*b-4*a*c;
}
void CFindRoot::Find()
{
    if(delta>0)
    {
        x1=(-b+sqrt(delta))/(2*a);
        x2=(-b-sqrt(delta))/(2*a);
        return;
    }
    else if(delta==0)
    {
        x1=x2=(-b)/(2*a);
        return;
```

```
        }
        else
        {
            x1=(−b)/(2*a);
            x2=sqrt(−delta)/(2*a);
        }
    }
    void CFindRoot::Display()
    {
        if(delta>0)
        {
            cout<<"x1="<<x1<<"\nx2="<<x2<<endl;
            return;
        }
        else if(delta==0)
        {
            cout<<"x1=x2="<<x1<<endl;
            return;
        }
        else
        {
            cout<<"x1="<<x1<<"+"<<x2<<"i"<<endl;
            cout<<"x1="<<x1<<"−"<<x2<<"i"<<endl;
        }
    }
```

CFindRoot 类分为两部分：类的声明和类成员函数实现。在类声明中，类的成员函数只做了声明，没有具体实现的代码，在类外定义了成员函数实现。成员函数在类外定义时，必须在函数名前加上作用域运算符"::"和类名，以说明该函数不是普通函数，而是类的成员函数。void CFindRoot::SetData(float x,float y,float z)表示 SetData(float x,float y,float z)属于类 CFindRoot 的成员函数。

成员函数的返回类型和参数的个数与类型一定要与函数声明的一致。在类内声明成员函数时，只需要给出参数的类型即可，可以不给出具体的参数名称。例如，void SetData(float x,float y,float z)可以写成 void SetData(float ,float ,float)，这是因为这些参数的生存期只是在该声明语句中，语句结束后，变量的生存期也就结束了。但在定义成员函数时，仅说明函数参数的类型是不够的，还需要指出参数名。

在类外定义的成员函数与在类内定义的成员函数不同，在类内定义的成员函数默认为内联函数，而在类外定义的成员函数默认不是内联函数。如果需要将类外定义的成员函数说明为内联函数，则需要显式地在最前面加上关键字"inline"，如 inline void CFindRoot::SetData(float x,float y,float z)。

类是抽象的，因此以上类的声明只是定义了一种新的数据类型，不分配任何内存空间。就像前面说的整型（int）类型一样，只有定义了一个整型变量，这个整型类型的变量才会被分配内存空间。现已经定义好了一个新的类（CFindRoot 类），接下来就可以定义这种类的对象了。对象是具体的，需要分配内存空间。下面介绍如何定义类对象。

1.3.3 类对象的定义

定义类对象的方法与定义结构类型变量一样，有多种。

1．先声明类类型，然后定义类对象

```
class 类名
{
    数据成员和成员函数实现
};
[class ]类名  对象列表;
```

说明：

（1）[class]是可选的，可以写，也可以省略。

（2）类名是定义好的类。

（3）对象列表的格式为[对象名,对象名,对象名,…]。定义多个对象时，各对象名中间用逗号隔开。

如果已经定义了 1.3.1 节中的 CFindRoot 类，则按这种方法定义对象为：

```
class CFindRoot obj1,obj2,obj3;            //CFindRoot 是已经声明的类类型
```

或

```
CFindRoot obj1,obj2,obj3;                 //CFindRoot 是已经声明的类类型
```

第一种方法是从 C 语言继承过来的，第二种是 C++语言的特色，显然第二种更简洁，也是建议使用的方法。

2．在声明类类型的同时定义对象

```
class 类名
{
    数据成员和成员函数实现
} 对象列表;
```

在类定义的"}"后紧跟着对象列表，如果是多个对象，则中间用","号隔开。例如：

```
#include<iostream>
#include<cmath>
using namespace std;
class CFindRoot                      //使用关键字 class 声明一个类，类名为 CFindRoot
{
public:                              //以下是公有成员函数
    void SetData(float x,float y,float z)    //设置一元二次方程的系数
    {    …    }
     void Find()                     //求方程的根
    {    …    }
```

```
        void Display()                          //输出方程的根
        {    ...    }
    private:                                     //以下是私有成员函数
        float a,b,c,delta;                       //a,b,c 表示一元二次方程的系数，delta 用来判断方程根的情况
        double x1,x2;                            //x1,x2 表示方程的根
    } obj1,obj2,obj3;                            //定义类对象
```

3．不写类名，直接定义类对象

```
    class
    {
        数据成员和成员函数实现
    } 对象列表;
```

定义类时，关键字 class 后没有类名，对象列表紧跟在类定义后。例如：

```
    class                    //没有类名
    {
    public:
        ...
    private:
        ...
    } obj1,obj2,obj3;        //声明类类型的同时定义了 3 个对象
```

这种定义方法在 C++中不提倡使用，因为只能定义这一次对象，以后要想再定义这种类类型的对象，就需要把整个类定义再写一遍。在 C++面向对象程序的实际开发过程中，类的声明和类的使用是分开的，通常把类的声明放在类库中，因此多使用第一种方法。对于小型程序或声明的类只用于本程序时，可以使用第二种方法。不提倡使用第三种方法。

1.3.4　对象成员的访问

在程序中经常需要访问对象中的成员，访问对象中的成员可以有以下 3 种方法：
- 通过对象名和成员运算符访问对象中的成员；
- 通过指向对象的指针和指针运算符访问对象中的成员；
- 通过对象的引用变量访问对象中的成员。

（1）通过对象名和成员运算符访问对象中成员的一般格式为：

```
    对象名.数据成员名
    对象名.成员函数名
```

其中“.”是成员运算符，用来对成员进行限定，指明所访问的是哪一个对象中的成员。注意：不能只写成员名而忽略对象名，否则将是一个普通的变量。

例如：

```
    CFindRoot obj;          //定义一个 CFindRoot 类的对象 obj
    obj.Display();          //通过对象名和成员运算符访问对象中的公有成员
```

（2）通过指向对象的指针和指向运算符访问对象中成员的一般格式为：

```
对象指针名 -> 数据成员名
对象指针名 -> 成员函数名
```

其中，指针运算符"->"用来对成员进行限定，指明所访问的是对象指针所指对象中的哪一个成员。

例如：

```
CFindRoot obj,*p;              //定义对象 obj 和对象指针变量 p
p=&obj;                       //初始化对象指针 p
p->Display();                 //通过指向对象的指针和指针运算符访问对象中的成员
```

（3）通过对象的引用变量访问对象中的成员。如果为一个对象定义了一个引用变量，那么它们会共占同一段存储单元，实际上它们是同一个对象，只是用不同的名字表示而已，因此完全可以通过引用变量来访问该对象中的成员。通过对象的引用变量访问该对象中成员的格式与通过对象名访问对象中成员的格式一样。

例如：

```
CFindRoot obj1;               //定义对象 obj1
CFindRoot &obj2=obj1;         //定义引用变量 obj2，并将其初始化为 obj1
obj2.Print();                 //引用变量访问对象中的成员，输出方程的根
```

【例 1.8】 一个完整的 CFindRoot 类应用程序。

程序如下：

```
// FindRoot.h 在头文件中声明一元二次方程类
class CFindRoot
{
public:
    void SetData(float x,float y,float z);
    void Find();
    void Display();
private:
    float a,b,c,delta;
    double x1,x2;
};

// FindRoot.cpp 在与类定义头文件同名的".cpp"文件中定义成员函数实现部分
#include<iostream>
#include<cmath>
#include "FindRoot.h"
using namespace std;
void CFindRoot::SetData(float x,float y,float z)
{
    a=x;b=y;c=z;
    delta=b*b-4*a*c;
}
```

```cpp
void CFindRoot::Find()
{
    if(delta>0)
    {
        x1=(−b+sqrt(delta))/(2*a);
        x2=(−b−sqrt(delta))/(2*a);
        return;
    }
    else if(delta==0)
    {
        x1=x2=(−b)/(2*a);
        return;
    }
    else
    {
        x1=(−b)/(2*a);
        x2=sqrt(−delta)/(2*a);
    }
}
void CFindRoot::Display()
{
    if(delta>0)
    {
        cout<<"x1="<<x1<<"\nx2="<<x2<<endl;
    }
    else if(delta==0)
    {
        cout<<"x1=x2="<<x1<<endl;
    }
    else
    {
        cout<<"x1="<<x1<<"+"<<x2<<"i"<<endl;
        cout<<"x2="<<x1<<"-"<<x2<<"i"<<endl;
    }
}
//main.cpp 主函数
#include<iostream>
#include "FindRoot.h"
using namespace std;
int main()
{
    CFindRoot obj1,obj2,obj3,*p;
```

```
        CFindRoot &obj4=obj3;
        p=&obj2;
        obj1.SetData(1,3,2);      obj1.Find();      obj1.Display();
        p->SetData(1,4,−5);       p->Find();        p->Display();
        obj4.SetData(1,2,5);      obj3.Find();      obj3.Display();
        return 0;
    }
```

程序运行结果：

```
    x1=−1
    x2=−2
    x1=1
    x2=−5
    x1=−1+2i
    x2=−1−2i
```

可以将类的声明和实现写在一个文件中，但 C++通常将类的声明放在一个 ".h" 头文件中，将类的成员函数定义写在一个同名的 ".cpp" 文件中。例如，1.8 中可以将 CFindRoot 类的声明部分写在 FindRoot.h 文件中，将成员函数的实现代码写在 FindRoot.cpp 中。在 C++语言中，把类定义（头文件）看成类的外部接口，把类成员函数的实现看成类的内部实现。当编写程序使用到该类时，只需要用#include 命令包含类的头文件即可。

main()函数中分别定义了对象变量、对象指针和对象引用，调用了类的成员函数。main()函数属于一般函数，不是类的成员函数，因此在 main()函数中只能调用类的公有（public）成员，而不能调用类的私有（private）和保护（protected）成员。在 main()函数中出现以下语句是错误的：

        obj1.a=2;   //a 是私有成员，不能被外界访问

下面分析程序的运行过程。首先，程序从 main()函数开始执行，main()函数前 3 行定义了类对象、对象指针和对象引用，并为这些变量分配空间。对象 obj1、obj2、obj3 的数据成员占不同的内存空间，指针 p 指向 obj2；obj4 是 obj3 的引用，所以 obj4 与 obj3 占同样的内存空间。接着，分别使用对象、对象指针、对象引用调用类的公有成员函数 SetData()，给对象的数据成员初始化。然后，调用类的公有函数 Find()，求出方程的根。最后，调用公有函数 Dispaly()将方程的根输出。

下面举一个简单的例子来说明类和对象的应用。

【例 1.9】 封装一个学生类，学生的信息包括学生的姓名、学号、性别、年龄和 3 门课的成绩。可以设置学生的各类信息，统计该学生的平均成绩并输出学生信息。

分析：依题意定义一个学生类 CStudent，数据成员包括学生的姓名（name）、学号（id）、性别（sex）、年龄（age）和 3 门课的成绩（grade[3]）；成员函数 setinfo()设置学生基本信息；成员函数 setgrad()设置学生成绩；成员函数 avg()统计学生平均年龄；成员函数 dispaly()输出学生信息。数据成员应该定义为私有成员；成员函数应该是公有的，作为类与外部的接口。对应的类图如图 1.3 所示。

CStudent
-name : string
-id : int
-sex : char
-age : int
-grade[3] : float
+setinfo(string, int, char, int) : void
+setgrad(float , float , float) : void
+avg() : float
+display() : void

图 1.3　CStudent 类图

程序如下：

```
//CStudent.h 是头文件，在此文件中进行类的声明
#include <string>
using namespace std;
class CStudent                                    //类声明
{
public:
    void setinfo(string, int, char, int);
    void setgrad(float, float, float);
    float avg();
    void display();
private:
    string name;
    int id ;
    char sex;
    int age;
    float grade[3];
};
//CStudent.cpp，在此文件中进行函数的定义
#include <iostream>
using namespace std;
#include"CStudent.h"
void CStudent::setinfo(string na, int i, char s, int a)
{
    name=na;
    id=i;
    sex=s;
    age=a;
}
void CStudent::setgrad(float a, float b, float c)
{
    grade[0]=a;
```

```
            grade[1]=b;
            grade[2]=c;
    }
    float CStudent::avg()
    {
            return (grade[0]+ grade[1] +grade[2])/3;
    }
    void CStudent::display()
    {
            cout<<"id："<<id<<endl;
            cout<<"name："<<name<<endl;
            cout<<"sex："<<sex<<endl;
            cout<<"age："<<age<<endl;
    }
    //main.cpp 为主函数模块
    #include <iostream>
    #include "CStudent.h"                                    //将类声明头文件包含进来
    int main()
    {
            CStudent stud1;                                  //定义对象
            stud1.setinfo("张三",2016102,'m',18);
            stud1.setgrad(79,98,87);
            stud1.display();
            cout <<"平均成绩："<<stud1.avg();
            return 0;
    }
```

程序运行结果：

```
    id：2016102
    name：张三
    sex：m
    age：18
    平均成绩：88
```

1.3.5 类对象的内存分配

定义类对象时，需要给类对象分配内存空间来存储类对象的数据成员和成员函数。每个对象都要为自己的数据成员和成员函数分配内存空间，如图 1.4 所示。同一个类不同对象的数据成员是不同的，但它们的成员函数却是相同的，如果为每一个对象都分配存储数据成员和成员函数的空间，势必浪费资源。因此，在 C++语言中用同一内存空间来存放这个同种类对象的成员函数代码，当调用某个对象的成员函数时，都去调用这个公用的函数代码，如图 1.5 所示。C++语言中用 this 指针来区分是哪个对象调用成员函数。

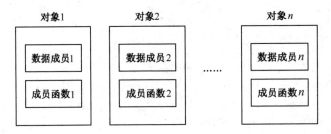

图 1.4　类对象的内存分配方案

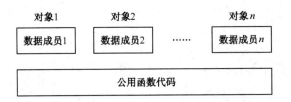

图 1.5　同种类对象的公用函数代码

1.3.6　this 指针

　　每个对象中的数据成员都分别占有存储空间，而成员函数都是同一代码段。如果对同一个类定义了 n 个对象，那么当不同对象的成员函数访问数据成员时，怎样保证访问的数据成员属于某个对象呢？原来在调用成员函数时，C++语言除接收原有的参数外，还隐含地接收了一个特殊的指针参数，这个指针称为 this 指针。它是指向本类对象的指针，它的值是当前被调用成员函数所在对象的起始地址，即 this 指针指向当前对象。

　　【例 1.10】　设计矩形类 CRect，说明 this 指针的用法。

　　分析：矩形类数据成员包括左上角坐标（left 和 top）、矩形的长（length）和宽（width）。定义成员函数 set()设置矩形，成员函数 area()计算矩形的面积。

　　程序如下：

```
#include <iostream>
using namespace std;
class CRect
{
public:
    void set(double t, double lef, double len, double wid);
    double area();
private:
    double left;
    double top;
    double length;
    double width;
};
void CRect::set(double t, double lef, double len, double wid)
{
    top = t;                        //相当于 this->top=t
```

```
        left = lef;
        length = len;
        width = wid;
    }
    double CRect::area()
    {
        return length*width;
    }
    int main()
    {
        CRect r1,r2;
        r1.set (10,10,10,10);
        r2.set (200,200,15,25);
        cout<<"第一矩形的面积是"<<r1.area()<<endl;
        cout<<"第二矩形的面积是"<<r2.area()<<endl;
        return 0;
    }
```

程序运行结果：

第一矩形的面积是 100
第二矩形的面积是 375

例 1.10 中定义的 CRect 类定义了两个同类对象 r1 和 r2，分别调用它们的成员函数 set()、area()设置和计算每个矩形的面积。r1.set()应该是访问对象 r1 中的 left、top、width 和 length，设置矩形 r1 的数据成员。r2.set()应该是访问对象 r2 中的 left、top、width 和 length，设置矩形 r2 的数据成员。而现在都用同一个函数段，系统怎样使它分别访问 r1 或 r2 中的数据成员呢？

原来，在对象调用 r1.area()时，成员函数除接收 4 个参数外，还接收到一个对象 r1 的地址。这个地址被一个隐含的形参 this 指针获取，相当于执行了 this=&r1。所以，对数据成员的访问都隐含地加上了前缀 this->，即

```
        void CRect::set(double t, double lef, double len, double wid)
        {
            top = t;            //等价于 this->top=t;
            left = lef;         //等价于 this-> left = lef;
            length = len;       //等价于 this-> length = len;
            width = wid;        //等价于 this-> width = wid;
        }
```

因此，无论访问哪个对象，在该对象成员函数访问数据成员时，按照 this 的指向找到当前对象的数据成员，设置数据成员的值。

this 指针是隐式使用的，它是作为参数传递给成员函数的。成员函数 area()的定义如下：

```
        double CRect::area()
        {
            return length*width;
        }
```

在 C++语言中把它处理为：

```
double CRect::area(CRect*this)
{
    return (this->length)*(this-> width);
}
```

需要说明的是，以上 this 指针都是编译系统自动实现的，编程人员不必再人为地增加 this 指针，但在程序需要时也可以显式地使用 this 指针。例如，将 void CRect::set(double, double, double, double)改为如下形式将会产生歧义，因为参数名与类数据成员名相同，不知道哪个是参数，哪个是类的数据成员，这时必须加 this 指针来区分：

```
void CRect::set(double top, double left, double length, double width)
{
    top = top;              //有歧义，应该为 this->top = top;
    left = left;            //有歧义，应该为 this->left = left;
    length = length;        //有歧义，应该为 this->length = length;
    width = width;          //有歧义，应该为 this->width = width;
}
```

1.4　构造函数和析构函数

C++语言的构造（constructor）函数和析构（destructor）函数是类的两种特殊的成员函数。构造函数的作用是在创建对象时，系统自动调用它来初始化数据成员；析构函数的作用是在对象生存期结束时，系统自动调用它来释放该对象。在 C++语言中，使用构造函数和析构函数能够灵活地创建和撤销对象，以便充分地展示 C++语言的类机制。

1.4.1　构造函数的定义

当建立一个对象时，对象表达了现实世界的实体。例如，一旦定义了一个学生对象，那么这个学生就是实实在在存在的，应该有名字、年龄等。如果定义了学生对象，但没有给它的数据成员初始化，该学生的名字、年龄等数据成员的值将是随机数或 0（根据对象的存储属性决定），那么这个对象就没有任何意义！因此，创建对象时，经常需要自动地做某些初始化工作，如初始化类的数据成员。C++语言自动初始化对象的工作专门由该类的构造函数来完成。

构造函数的定义格式为：

```
class 类名
{
public:
构造函数函数名(参数表);
...
};
```

构造函数属于类的成员函数，除了具有一般成员函数的特点，还有自己独有的特征：

（1）构造函数是类的一个特殊的成员函数：函数名与类名相同。

（2）构造函数的访问属性应该是公有访问属性。

（3）构造函数的功能是对对象进行初始化，因此在构造函数中只能对数据成员做初始化。这些数据成员一般为私有成员，在构造函数中一般不做初始化以外的事情。

（4）构造函数可以在类内定义，也可以在类外定义。

（5）构造函数无函数返回类型。注意：什么也不写，也不可以写 void。

（6）程序运行，当新的对象被创建时，该对象所属的类的构造函数自动被调用，在该对象生存期中也只调用这一次。

（7）构造函数可以重载。类中可以有多个构造函数，它们由不同的参数表区分，系统在自动调用时按一般函数重载的规则选一个执行。

【例 1.11】 定义日期类 CDate，并定义一个不带参数的构造函数。

分析：希望创建一个日期对象，将该日期自动初始化为 2010 年 1 月 1 日。因此，可定义一个不带参数的构造函数。

程序如下：

```cpp
#include <iostream>
using namespace std;
class CDate                    //定义一个日期类
{
public:                        //公有数据成员
    CDate()                    //定义构造函数
    {
        year=2010;             //初始化数据成员
        month=1;
        day=1;
    }
    void Print()               //一般成员函数
    {
        cout<<year<<"-"<< month <<"-"<<day<<endl;
    }
private:
    int year,month,day;
};
int main()
{
    CDate d1;                  //自动调用构造函数，初始化数据成员
    d1.Print();
    return 0;
}
```

程序运行结果：

2010-1-1

在类中定义了构造函数 CDate()，它与类同名。程序在 main()函数第一行创建一个日期对

象 d1，这时会自动调用构造函数 CDate()，将该对象的数据成员 year、month 和 day 初始化为 2010 年 1 月 1 日。第二行执行 d1.Print()函数，将该日期输出为 2010-1-1。如果没有构造函数 CDate()，则数据成员未被赋值，程序运行结果年、月、日都为随机数，无意义，由此可以看出构造函数的作用。

【例 1.12】 定义 CDate 类，并定义 CDate 类为带参数的构造函数。

分析：例 1.11 定义的 CDate 类的构造函数没有参数，当创建每一个日期对象时，都千篇一律地将该日期初始化为 2010 年 1 月 1 日。但在实际应用中，希望将定义的日期对象初始化为用户自己需要的日期，那么就需要定义一个带参数的构造函数，用参数初始化日期的年、月、日。

程序如下：

```cpp
#include <iostream>
using namespace std;
class CDate
{
public:
    CDate(int y, int m,int d);
    void Print();
private:
    int year,month,day;
};
CDate::CDate(int y, int m,int d)
{
    year=y;
    month=m;
    day=d;
}
void CDate::Print()
{
    cout<<year<<"-"<< month <<"-"<<day<<endl;
}
int main()
{
    CDate d1(2008,8,8),d2(2011,3,11);
    d1.Print();
    d2.Print();
    return 0;
}
```

程序运行结果：

```
2008-8-8
2011-3-11
```

main()函数的第一行定义了对象 d1(2008,8,8)和 d2(2011,3,11)，系统自动调用类的带 3 个参数的构造函数，初始化对象 d1 和 d2 的数据成员。由此可见，使用带参数的构造函数可将对象的数据成员初始化为不同的值，使初始化一步到位。

如果将类定义语句改为 CDate d1(2008,8);，那么系统将会报错。这是因为该语句要调用类的有两个参数的构造函数，而类中未定义有两个参数的构造函数，没有匹配的构造函数，系统就会报错，这点请读者注意。

前面介绍的构造函数是在函数体内通过赋值语句对数据成员实现初始化工作的。C++语言还提供了另一种初始化数据成员的方式——初始化表。这种方式不是在函数体内初始化数据成员，而是在函数首部实现。使用初始化表的构造函数的定义格式为：

> 类名::构造函数名(参数列表):初始化表
> {
> 构造函数其他实现代码
> }

初始化表的格式为：

> 对象成员 1(参数名或常量),对象成员 2(参数名或常量),…,对象成员 n(参数名或常量)

例如，例 1.12 定义的构造函数可以改用以下形式：

> CDate::CDate(int y, int m,int d):year(y), month(m),day(d){ }

使用初始化表对数据成员进行初始化时，在函数头末尾加一个冒号，然后列出参数的初始化表。需要初始化多个参数时，中间用“,”隔开，这种写法方便、简洁。许多 C++程序员喜欢用这种方式初始化所有的数据成员。除可以使用初始化表构造函数外，类的其他成员函数也可以根据需要使用初始化表。

1.4.2 构造函数的重载

程序中需要以不同的方式初始化类对象时，可以在一个类中定义多个构造函数，即可以重载构造函数。在 C++语言中定义对象时，根据声明中的参数个数和类型选择相应的构造函数初始化对象。

【例 1.13】 CDate 类中的重载构造函数。

程序如下：

```
#include <iostream>
using namespace std;
class CDate
{
public:
    CDate();                      //不带参数的构造函数，又称默认构造函数
    CDate(int y);                 //带 1 个参数的构造函数
    CDate(int y,int m);           //带 2 个参数的构造函数
    CDate(int y,int m,int d);     //带 3 个参数的构造函数
    void Print();
private:
    int year,month,day;
```

```cpp
    };
    CDate::CDate()                          //构造函数的定义
    {
        year=2011;
        month=1;
        day=1;
    }
    CDate::CDate(int y)
    {
        year=y;
        month=1;
        day=1;
    }
    CDate:: CDate(int y, int m)
    {
        year=y;
        month=m;
        day=1;
    }
    CDate::CDate(int y, int m,int d)
    {
        year=y;
        month=m;
        day=d;
    }
    void CDate::Print()
    {
        cout<<year<<"-"<< month <<"-"<<day<<endl;
    }
    int main()
    {
        CDate day1;
        CDate day2(2011);
        CDate day3(2011,2);
        CDate day4(2010,12,16);
        day1.Print();
        day2.Print();
        day3.Print();
        day4.Print();
        return 0;
    }
```

程序运行结果：

```
2011-1-1
2011-1-1
```

因为main()函数中定义的对象day1以无参数的形式给出，所以调用无参构造函数CDate()来构造它，无参构造函数又称为默认的构造函数（default constructor）。后面定义的3个对象day2、day3和day4分别调用3个与之相匹配的构造函数初始化。

关于构造函数，C++语言规定：

（1）每个类必须有一个构造函数，如果没有，则不能创建任何对象。

（2）若没有定义任何一个构造函数，则C++提供一个默认的构造函数，该构造函数没有参数，不做任何工作，相当于一个空函数。例如：

```
CDate::CDate()
{
}
```

所以，在讲构造函数前也可以定义一个对象，这是因为系统提供默认的构造函数。

（3）只要提供一个构造函数（不一定是没有参数的），C++语言则不再提供默认的构造函数。也就是说，为类定义了一个带参数的构造函数，还想创建无参数的对象时，需要自己定义一个默认的构造函数。

1.4.3 带默认参数的构造函数

前面介绍的带参数的构造函数，在定义对象时必须给其传递相应的参数，这时，构造函数才被执行。在现实世界中，对象常有一些这样的默认值：大一学生的年龄一般默认为19岁，护士的性别一般默认为"女"，一个点坐标默认为(0,0)等。在C++语言中允许使用带默认参数的构造函数，没有特殊说明时，对象的数据成员为默认值；当实际情况不是默认值时，由用户另行指定。

【例1.14】 设计CPoint类，并定义带默认参数的构造函数。

分析：一个点包括横坐标x和纵坐标y两个数据成员，默认初始值为(0,0)。也可以根据用户需要，将点初始化为其他坐标，因此需要定义一个带默认参数的构造函数。定义成员函数print()输出该点。CPoint类图如图1.6所示。

程序如下：

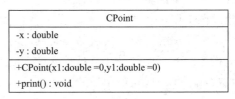

图1.6 CPoint类图

```
#include <iostream>
using namespace std;
class CPoint
{
public:
    CPoint (double x1=0,double y1=0)          //带默认参数的构造函数
    {
        x=x1;
        y=y1;
```

```
        }
        void print ()
        {
            cout<<"("<<x<<","<<y<<")"<<endl;
        }
    private:
        double x,y;
    };
    int main()
    {
        CPoint point1;                    //自动调用带默认参数的构造函数，(0,0)
        CPoint point2(10);                //自动调用带默认参数的构造函数，(10,0)
        CPoint point3(20,30);             //自动调用带默认参数的构造函数，(20,30)
        point1.print();
        point2.print();
        point3.print();
        return 0;
    }
```

程序运行结果：

```
    (0,0)
    (10,0)
    (20,30)
```

　　虽然程序在类内部只定义了一个带默认参数的构造函数 CPoint(double x1=0,double y1= 0)，但主函数却用 3 种不同个数的参数来创建对象。语句 CPoint point1;，使用了带默认参数构造函数的两个默认值 0 来构造对象 point1，point1 为点(0,0)。语句 CPoint point2(10)，依然使用这个带默认参数的构造函数，但第一个参数是 10，第二个参数是默认值 0，因此 point2 初始化为(10,0)。语句 CPoint point3(20,30)的两个参数为 20、30，未采用默认值 0。由此可见，当定义一个带默认参数的构造函数时，可以使用多种方法来创建对象，简单灵活。请读者自己修改例 1.13 中的 CDate 类，使用一个带默认参数的构造函数创建不同的日期。

　　需要注意的是，构造函数是创建对象时自动调用的，不能显式调用。一个类可以包括多个构造函数，但对每一个对象来说，创建对象时只能执行其中一个与对象参数相匹配的构造函数。下面的代码存在二义性问题：

```
    #include <iostream>
    using namespace std;
    class CPoint
    {
    public:
        CPoint (double x1=0,double y1=0)          //带默认参数的构造函数
        {
            x=x1;
            y=y1;
        }
        CPoint (double x1)                        //带一个参数的构造函数
```

```
        {
            x=x1;
            y=100;
        }
    private:
        double x,y;
    };
    int main()
    {
        CPoint point1(10);                    //错误，不确定匹配哪个构造函数
        point1.print();
        return 0;
    }
```

1.4.4 析构函数

析构函数是一个特殊类成员函数，它的作用与构造函数相反。析构函数的作用是在对象生存期结束之前自动执行，做清理工作。例如，一个类可能在构造函数中分配资源，这些资源要在对象的生存期结束以前释放，释放资源的工作就是通过自动调用类的析构函数来完成的。析构函数的特点：

（1）析构函数的名字比较特别，在类名前加"~"字符，表明它与构造函数相反。

（2）析构函数没有参数，不能指定返回值类型。

（3）一个类中只能定义一个析构函数，所以析构函数不能重载。

（4）在对象生存期结束时，系统自动调用析构函数。

定义析构函数的格式为：

```
    类名:: ~析构函数名()
    {
    //实现代码
    }
```

例如：

```
    CDate::~CDate(){ … }                    //定义日期类的析构函数
```

一般情况下，在定义类时同时定义析构函数，以指定如何完成"清理"工作。如果用户没有定义析构函数，编译系统会自动提供一个默认的析构函数，但它什么也不做。

【例 1.15】 设计一个包含析构函数的 CTeacher 类。CTeacher 类图如图 1.7 所示。

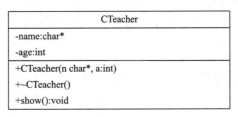

CTeacher
-name:char*
-age:int
+CTeacher(n char*, a:int)
+~CTeacher()
+show():void

图 1.7 CTeacher 类图

程序如下：

```
#include <iostream>
#include <cstring>
using namespace std;
class CTeacher
{
public:
    CTeacher(char *n,int a)
    {
        name=new char[strlen(n)+1];
        strcpy(name,n);
        age=a;
        cout<<"执行 CTeacher 类的构造函数"<<endl;
    }
    ~CTeacher()
    {
        delete name;
        cout<<"执行 CTeacher 类的析构函数"<<endl;
    }
    void Show()
    {
        cout<<"姓名："<<name<<",年龄："<<age<<endl;
    }
private:
    char* name;
    int age;
};
int main()
{
    CTeacher T1("王勇",35);
    T1.Show();
    return 0;
}
```

程序运行结果：

> 执行 CTeacher 类的构造函数
> 姓名：王勇，年龄：35
> 执行 CTeacher 类的析构函数

CTeacher 类的数据成员 name 是字符指针，在初始化该成员时，用 new 动态分配了内存空间，因此在类对象生存期结束时应该撤销此空间。析构函数 CTeacher:: ~CTeacher()用 delete 清除为成员 name 分配的空间。

1.4.5　拷贝构造函数和默认拷贝构造函数

在 C++语言中允许同类型变量之间的赋值，如 int a=100;int b;b=a;。对象是一种复杂的类类型，程序中有时需要用一个已知对象去创建另一个对象，或将一个对象赋值给另一个对象，就好像简单类型变量之间赋值一样。

例如：

```
CDate day1(1999,1,1),day2;
CDate day3(day1);              //用一个对象初始化另一个对象
fun(CDate day);               //函数声明，函数的参数是一个类对象
fun(day1);                    //函数调用，对象作为函数的参数
```

对象之间的初始化是由类的拷贝构造函数完成的。拷贝构造函数是一种特殊的构造函数，它的作用是用一个已知的对象来初始化另一个对象。拷贝构造函数与类同名，没有返回类型，只有一个参数，参数为该类对象的引用。定义拷贝构造函数的格式为：

```
类名::拷贝构造函数名(类名&引用名)
```

例如：

```
CDate::CDate(CDate&d);              //形参是一个对象的引用
CString(const CString&stringSrc);   //形参是一个 const 对象的引用
```

通常在下述三种情况中，需要使用拷贝构造函数：

（1）明确表示由一个对象初始化另一个对象时，如 CDate day3(d1);。

（2）当对象作为函数实参传递给函数形参时，如 fun(CDate day);。

（3）当对象作为函数的返回值，创建一个临时对象时。

【例 1.16】 设计一个复数类，两个数据成员分别表示复数的实部（real）和虚部（imag），两个构造函数分别在不同的情况下初始化对象，函数 Print()用于输出复数。

程序如下：

```
#include <iostream>
using namespace std;
class CComplex
{
public:
    CComplex(double, double);
    CComplex(CComplex&c);              //复数类的拷贝构造函数声明
    CComplex add(CComplex&x);          //复数相加，函数返回值为两个复数的和
    void Print();
private:
    double real;
    double imag;
};
CComplex::CComplex (double r=0.0, double i=0.0)
{
    real = r;
    imag = i;
    cout<<"调用两个参数的构造函数"<<endl;
}
CComplex::CComplex (CComplex&c)        //复数类的拷贝构造函数定义
```

```
{
    real = c.real;
    imag = c.imag;
    cout<<"调用拷贝构造函数"<<endl;
}
void CComplex::Print()                          //显示复数值
{
    cout << "(" << real << "," << imag << ")" << endl;
}
void f(CComplex n)                              //对象作为函数参数
{
    cout<<"n=";
    n.Print();
}
CComplex CComplex::add(CComplex&x)              //函数的返回值为对象
{
    CComplex y(real+x.real,imag+x.imag);        //调用两个参数的构造函数
    return y;                                   //调用复数类的拷贝构造函数
}
int main()
{
    CComplex a(3.0,4.0), b(5.6,7.9);
    CComplex c(a);                              //调用复数类的拷贝构造函数
    cout << "a = ";
    a.Print();
    cout << "c = ";
    c.Print();
    f(b);                                       //对象作为函数实参传递给函数形参, 调用拷贝
                                                //构造函数
    c=a.add(b);                                 //对象作为函数的返回值, 调用拷贝构造函数
    c.Print ();
    return 0;
}
```

程序运行结果：

```
调用两个参数的构造函数
调用拷贝构造函数
a = (3,4)
c = (3,4)
调用拷贝构造函数
n=(5.6,7.9)
调用两个参数的构造函数
调用拷贝构造函数
(8.6,11.9)
```

程序开始执行时，为对象 a 和 b 的数据成员分配不同的内存空间，并分别调用两个参数的构造函数对它们进行初始化，输出第 1～2 行；执行语句 CComplex c(a);时，用一个已知的对象初始化另一个对象，系统自动调用拷贝构造函数，将复数 a 数据成员的值对应赋给复数 c 的数据成员，输出第 3 行。执行语句 f(b)时，将实参 b 传递给形参 n，也调用拷贝构造函数。执行语句 c=a.add(b);时，成员函数 add 的返回值是一个对象，系统会建立一个临时对象，将局部对象 y 的值赋给临时对象，这时也要调用拷贝构造函数。各对象数据成员的变化如图 1.8 所示。

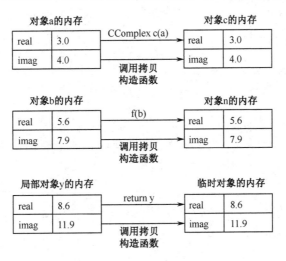

图 1.8　拷贝构造函数的对象数据成员变化

例 1.16 中用户自定义了拷贝构造函数，所以用一个对象创建另一个对象时，系统自动调用用户自定义的拷贝构造函数。如果用户没有自己定义拷贝构造函数，编译系统会自动提供一个默认的拷贝构造函数。默认的拷贝构造函数所做的工作是将一个对象的全部数据成员赋值给另一个对象的数据成员。也就是说，如果例 1.16 中用户未定义拷贝构造函数，程序也能运行，完成同样的功能。这种只进行对象数据成员简单赋值的复制操作，称为"浅拷贝"。那么什么时候一定要用户自己定义拷贝构造函数呢？下面通过例子进行说明。

【例 1.17】　设计一个班级类 CClass，用两个数据成员 pname 和 num 分别表示班级的名称和人数。用函数 Print()输出班级名称和班级人数。

程序如下：

```
#include <iostream>
#include <cstring>
using namespace std;
class CClass
{
public:
    CClass (char *cName="",int snum=0);
    ~ CClass ()
    {
        cout<<"析构班级： "<<pname<<endl;
        delete pname;
    }
    void Print();
private:
```

```
          char * pname;
          int num;
      };
      CClass::CClass (char *cName,int snum)
      {
          int length = strlen(cName);
          pname = new char[length+1];
          if (pname!=0)                              //或 pname!=NULL
                strcpy(pname,cName);
          num=snum;
          cout<<"创建班级："<<pname<<endl;
      }
      void CClass::Print()
      {
          cout<<pname<<"班级的人数为："<<num<<endl;
      }
      int main()
      {
          CClass c1("计算机 111 班",56);
          CClass c2 (c1);
          c1.Print();
          c2.Print();
          return 0;
      }
```

运行程序时会出现错误。程序开始运行时，创建对象 c1，调用对象 c1 的构造函数分配堆空间给数据成员 pname。执行 CClass c2 (c1);时，因为未定义拷贝构造函数，于是执行默认的拷贝构造函数，只进行对象数据成员的简单赋值，即 c2.pname=c1.pname，并未给 c2.pname 分配新的空间，c2.pname 和 c1.pname 指向同一资源（堆内存空间），资源的归属权不清楚，内存分配情况如图 1.9 所示。程序结束前依次调用 c2、c1 的析构函数，堆资源被删除两次，引起错误。这就是"浅拷贝"引起的运行错误。

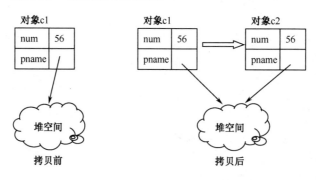

图 1.9　对象 c1、c2 内存的分配情况（浅拷贝）

因此，当类的数据成员中包括动态分配的资源时，如果只做数据成员之间的简单赋值（浅拷贝）则会出现问题，用户必须自己定义拷贝构造函数。在例 1.17 中添加了如下拷贝构造函数，问题得到了解决。

```
CClass (CClass &p)
{
    pname = new char[strlen(p.pname )+1];
    if (pname!=0)
        strcpy(pname,p.pname);
    num=p.num ;
    cout<<"创建班级的拷贝： "<<pname<<endl;
}
```

程序运行结果：

　　　创建班级：计算机 111 班
　　　创建班级的拷贝：计算机 111 班
　　　计算机 111 班的人数为：56
　　　计算机 111 班的人数为：56
　　　析构班级：计算机 111 班
　　　析构班级：计算机 111 班

　　程序开始运行时，创建对象 c1，调用带有两个参数的构造函数，产生第一行输出。然后用 c1 构造 c2，调用的是自定义的拷贝构造函数，产生第二行输出。拷贝构造函数不是简单地赋值，而是给 c2.pname 也分配了堆空间。当主函数结束时，先后析构 c2 和 c1，因为它们有各自的资源，不会出错，如图 1.10 所示。

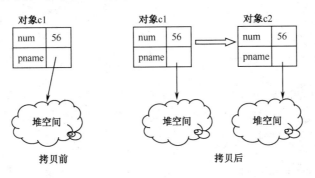

图 1.10　对象 c1、c2 内存的分配情况（深拷贝）

1.5　综合应用实例

　　【例 1.18】 这是一个银行账户管理系统，用户可以操作自己的银行账户。银行账户管理系统，顾名思义就是对银行账户的信息进行操作，实现账户信息管理、客户信息管理等功能模块。随着课程的深入，这个项目将趋于完整，我们会随着知识点的深入，完成每一个阶段的项目要求。

　　本章要求实现银行账户 Account 类，这个类需要完成以下功能：

（1）提供私有属性 balance：用于保存当前账户余额。

（2）一个默认构造方法和一个带参构造方法。

（3）公有方法 getBalance：用于取得当前账户余额。

（4）公有方法 deposit：用于把数量为 amount 的现金存储到当前账户中。

（5）公有方法 withdraw：用于从当前账户中提取数量为 amount 的现金，返回值是 int 类型的值，1 对应取款成功，0 对应取款失败。

类图如下。

Account
- balance:double
+ getBalance():double + deposit(sv:double):void + withdraw(sv:double):int

参考代码：

```
#include<iostream>
using namespace std;
class Account
{
private:
    double balance;
public:
    Account()
    {
    balance=0;
    }
    Account(double bl):balance(bl)
    {}
    double getBalance()
    {
        return balance;
    }
    void deposit(double sv)
    {
        balance=balance+sv;
    }
    int withdraw(double sv)
    {
        if (sv<balance)
        {
            balance=balance-sv;
            return 1;
        }
        else
            return 0;
    }
};
```

```
int main()
{
    double money;
    Account acct(1000);
    cout<<"输入存款金额："<<endl;
    cin>>money;
    acct.deposit(money);
    cout<<"存款成功！账户余额："<<acct. getBalance()<< endl;
    cout<<"输入取款金额："<<endl;
    cin>>money;
    if(acct.withdraw(money))
        cout<<"取款成功，取款后余额为："<<acct.getBalance()<<endl;
    else
        cout<<"账户余额不足！余额为："<<acct.getBalance()<<endl;
    return 0;
}
```

习题 1

一、选择题

1．下列有关类和对象的说法不正确的有_____。

（A）对象是类的一个实例 　　　　　（B）任何一个对象只能属于一个具体的类

（C）一个类只能有一个对象 　　　　（D）类与对象的关系和数据类型与变量的关系相似

2．在类的定义体外定义成员函数时，需要在函数名前加上_____。

（A）类名 　　　　　　　　　　　　（B）类名及作用域运算符

（C）类对象 　　　　　　　　　　　（D）作用域运算符

3．_____的功能是对对象进行初始化。

（A）析构函数 　　　　　　　　　　（B）数据成员

（C）构造函数 　　　　　　　　　　（D）静态成员函数

4．面向对象程序设计将数据与_____放在一起，作为一个相互依存、不可分割的整体来处理。

（A）对数据的操作 　　　　　　　　（B）信息

（C）数据隐藏 　　　　　　　　　　（D）数据抽象

5．下列关于构造函数的描述中，错误的是_____。

（A）构造函数可以设置默认参数 　　（B）构造函数在定义类对象时自动执行

（C）构造函数可以是内联函数 　　　（D）构造函数不可以重载

6．下列有关析构函数的说法不正确的是_____。

（A）析构函数的名字是类名 　　　　（B）类中只有一个析构函数

（C）析构函数绝对不能有参数 　　　（D）析构函数无函数类型

7. 假定一个类是 Student，那么该类的拷贝构造函数是_____。

（A）Student(Student s)　　　　　　（B）Student(Student *s)

（C）Student(Student &s)　　　　　　（D）Student*(Student s)

8. 在类作用域中能够通过直接使用该类的_____成员名进行访问。

（A）私有　　　　（B）公用　　　　（C）保护　　　　（D）任何

9. 假定 AA 为一个类，a 为该类公有的数据成员，x 为该类的一个对象，则访问 x 对象中数据成员 a 的格式为_____。

（A）x(a)　　　　（B）x[a]　　　　（C）x->a　　　　（D）x.a

10. 有关拷贝构造函数的说法不正确的是_____。

（A）拷贝构造函数的名字和类名是一样的　　（B）类中只有一个拷贝构造函数

（C）拷贝构造函数可以有多个参数　　　　　（D）拷贝构造函数无任何函数类型

11. 假定 AA 为一个类，a()为该类公有的函数成员，x 为该类的一个对象，则访问 x 对象中函数成员 a()的格式为_____。

（A）x.a　　　　（B）x.a()　　　　（C）x->a　　　　（D）x->a()

12. 假定 AA 为一个类，a 为该类私有的数据成员，GetValue()为该类公有函数成员，它返回 a 的值，x 为该类的一个对象，则访问 x 对象中数据成员 a 的格式为_____。

（A）x.a　　　　（B）x.a()　　　　（C）x->GetValue()　　（D）x.GetValue()

13. 假定 AA 为一个类，int a()为该类的一个成员函数，若该成员函数在类定义体外定义，则函数头为_____。

（A）int AA::a()　　　　　　（B）int AA:a()

（C）AA::a()　　　　　　　　（D）AA::int a()

14. 类中定义的成员默认为_____访问属性。

（A）public　　　　（B）private　　　　（C）protected　　　　（D）不确定

15. 在 C++中，对象之间的相互通信通过_____。

（A）继承实现　　　　　　　　（B）调用成员函数实现

（C）封装实现　　　　　　　　（D）函数重载实现

二、阅读程序题

1. 分析以下程序的执行结果。

```
#include <iostream>
using namespace std;
class Sample
{
    int x,y;
public:
    Sample(){x=y=0;}
    Sample(int a,int b){x=a;y=b;}
    void disp() {cout<<"x="<<x<<",y="<<y<<endl;}
};
int main()
{
```

```
        Sample s(2,3), *p=&s;
        p->disp();
        return 0;
    }
```

2．分析以下程序的执行结果。

```
#include <iostream>
using namespace std;
class Sample
{
    int x,y;
public:
    Sample(){x=y=0;}
    Sample(int a,int b){x=a;y=b;}
    ~Sample()
    {
        if(x==y)    cout<<"x=y"<<endl;
        else        cout<<"x!=y"<<endl;
    }
    void disp() {cout<<"x="<<x<<",y="<<y<<endl;}
};
int main()
{
    Sample s1(2,3);
    s1.disp();
    return 0;
}
```

三、简答题

1．什么是面向对象技术？面向对象与面向过程程序设计有什么不同？
2．如何理解面向对象技术中的封装性、继承和多态性？
3．简述构造函数、析构函数和拷贝构造函数的特点与用途。
4．简述 C++语言中 this 指针的特点。

四、改错题

1．分析以下程序是否有错误并改正。

```
#include <iostream>
using namespace std;
class person
{
public:
    void person(int n,char* nam,char s)
    {
```

```cpp
            num=n;
            name=nam;
            sex=s;
            cout<<"Constructor called."<<endl;
        }
        ~person1()
        {
            cout<<"Destructor called."<<endl;
        }
        void display()
        {
            cout<<"num: "<<num<<endl;
            cout<<"name: "<<name<<endl;
            cout<<"sex: "<<sex<<endl<<endl;
        }
    private:
        int num;
        char name[10];
        char sex;
};
int main()
{
    person s1(10010,'Wang_li','f');
    s1.display();
    person s2(10011,"Zhang_fun");
    s2.display();
    return 0;
}
```

2. 分析以下程序是否有错误并改正。

```cpp
#include <iostream>
using namespace std;
class A
{ public:
    A(int a){x=a;}
    int getx(){return x;}
  protected:
    int x;
};
int main()
{   A temp(8);
    int x = temp.x;
    cout<< x<<endl;
    return 0;
}
```

五、编程题

1. 设计一个立方体类 Box，它能计算并输出立方体的体积和表面积。

2. 设计一个时间类，其中有 3 个数据成员、若干个成员函数，编程实现时间的显示和设置。

3. 设计一个复数类，编写一个函数，求两个复数的和。

4. 定义一个字符串类及在类上的各种操作，包括求串的长度，判断串是否为空，将串置空，字符串的比较、赋值及查找等。

5. 设计点类 Point，并求两个点之间的距离。

6. 定义一个表示学生信息的类 Student，要求如下：

（1）类 Student 的数据成员变量：

sNO 表示学号；sName 表示姓名；sSex 表示性别；sAge 表示年龄；sGrade 表示 C++课程成绩。

（2）类 Student 中带参数的构造函数：

在构造函数中通过形参完成对成员变量的赋值操作。

（3）类 Student 的成员函数：

> getNo.():获得学号；
> getName():获得姓名；
> getSex():获得性别；
> getAge():获得年龄；
> getGrade():获得 C++课程成绩
> Print():输出每个学生的信息

根据类 Student 的定义，创建 5 个该类的对象，输出每个学生的信息，计算并输出这 5 个学生 C++语言成绩的平均值。

实验 1　类和对象的应用

一、实验目的

通过本实验，掌握类的概念和定义，根据具体需求设计类。深入理解C++语言中类的封装性，在程序设计中运用类解决实际问题，从而进一步体会C++语言中类的封装性。

二、实验要求

1. 掌握类的定义方式；

2. 会根据类创建对象，掌握对象的各种成员的使用方法；

3. 为类设计合适的构造函数，实现对象初始化。

三、实验内容与步骤

1. 设计一个矩形类 Crectangle，要求有下述成员函数。

（1）Move()：改变矩形位置，使其从一个位置移动到另一个位置。

（2）Size()：改变矩形的大小。

（3）Where()：返回矩形左上角的坐标值。

（4）Area()：计算矩形面积。

```cpp
#include <iostream>
using namespace std;
class Crectangle
{
private:
    double leftx;                   //矩形坐标位置
    double lefty;
    double width, height;           //矩形宽度和高度
public:
    Crectangle() { }                //无参构造函数
    Crectangle(double w, double h)  //构造函数
    {
        this->width = w;
        this->height = h;
    }
    void Move(int x, int y)         //改变矩形位置
    {
        this->leftx = x;
        this->lefty = y;
    }
    void Size(int w, int h)         //改变矩形的大小
    {
        this->width = w;
        this->height = h;
    }
    void Where()                    //返回矩形左上角的坐标值
    {
        cout<<"输出矩形左上角的坐标值："<<leftx<<","<<lefty<<endl;
    }
    double Area()                   //计算矩形面积
    {
        return width * height;
    }
};
int main()
{
    Crectangle s1(2,8);
    Crectangle s2(10,8);
    s1.Move(1,2);
    cout<<"矩形面积："<<s1.Area()<<endl;
    s1.Where();
```

```
        s2.Move(10,10);
        cout<<"矩形面积："<<s2.Area()<<endl;
        s2.Where();
        return 0;
    }
```

思考：如果设计正方形类，如何修改程序？

2．编写扑克牌程序。设计一个扑克类Card和测试程序，实现创建某张扑克牌，例如梅花2。

```
#include <iostream>
#include <cstring>
using namespace std;
class Card                              //扑克类
{
public:
    Card(char *c, char *n)              //构造函数
    {
        strcpy(color, c);
        strcpy(num, n);
    }
    //实现返回扑克牌花色和牌面大小
    char * toString()
    {
        return strcat(color,num);
    }
private:
    char color[5];                      //牌面花色
    char num[3];                        //牌面大小
};
int main()
{
    Card c1("梅花","2");
    Card c2("梅花","10");
    cout<<c1.toString();
    cout<<c2.toString();
    return 0;
}
```

思考：如何创建一副扑克牌？

四、编程并上机调试

1．设计一个立方体类Curb，计算并输出立方体的体积和表面积。

2．设计一个CStudent类，用来描述学生的属性和行为。

具体要求如下：

（1）包含学生姓名、籍贯、学号、年龄、成绩5个成员数据；

（2）编写构造函数，同时编写Display()方法显示学生的信息；

（3）编写测试CStudent类的main()函数，其中定义两个CStudent类对象（初始化值任意确定），调用Display()分别显示两个对象的学生信息。

3．创建一个职工类（Employee）。类中有分别表示姓名、年龄和工资的三个数据成员name、age和pay，其中pay为私有（private）字段。类中还有一个用于返回税后工资的方法ShowPay()。其中工资大于5000元且小于或等于8000元的需要扣除3%的个人所得税，工资大于8000元的部分需要扣除10%的个人所得税。设计应用程序，输入员工的姓名和工资，输出扣税后的工资。

第2章

类和对象的进一步应用

C++ 是面向对象程序设计语言，为面向对象技术提供了全面的支持。本章进一步学习类和对象的相关概念、友元函数、类的特殊成员。

通过对本章的学习，应该重点掌握以下内容：

➤ 堆对象、对象数组。

➤ 友元函数和友元类。

➤ 类的静态成员。

➤ string 类对象。

2.1 对象的进一步应用

2.1.1 堆对象

在 C++语言中，动态分配堆空间的概念得到了扩展。C++语言允许使用 malloc()函数和 free()函数分配堆对象，也允许使用 C++语言的关键字 new 和 delete 分配堆对象。但使用 malloc() 函数分配空间时不调用对象的构造函数，而通过 new 建立对象时自动调用构造函数，通过 delete 删除对象时调用析构函数。在面向对象程序设计中，如果用户定义堆对象，则为该对象分配内存的同时，也希望初始化这些内存空间，因此大多数 C++编程者使用 new 和 delete 来定义堆对象。

用 new 和 delete 运算符定义堆对象的格式为：

```
类名*p
p=new 类名;
    …
delete p;
```

例如：（CDate 类定义见例 1.13）

```
int main()
{
    CDate *dp1,*dp2;               //定义两个对象指针
    dp1=new CDate;                 //分配堆内存，调用默认的构造函数，初始化堆对象的数据成员
    dp2=new CDate(2016,12,1);      //调用带 3 个参数的构造函数，初始化堆对象的数据成员
    dp1-> Print();                 //通过指针访问对象成员，输出日期 2011-1-1
    (*dp2).Print();                //通过指针指向的对象访问对象成员，输出日期 2016-12-1
    …
    delete dp1;                    //调用 dp1 的析构函数
    delete dp2;                    //调用 dp2 的析构函数
    return 0;
}
```

当用户希望用到对象时才创建一个对象，不需要使用该对象时就撤销它所占的内存空间，则可以使用 new 和 delete 创建和撤销堆对象。这样做的好处是提高内存的利用率。用 new 分配堆对象时，参数的个数要与该类定义的构造函数参数相匹配。将分配的堆对象赋值给一个对象指针，可以通过对象指针访问该堆对象。注意，以前用到的非动态定义的对象，生存期结束是由程序自动控制的，调用析构函数的顺序与创建对象的顺序相反；而堆对象是动态创建和撤销的，调用析构函数的顺序与用户使用 delete 撤销堆对象的顺序相关。

2.1.2 对象数组

数组不仅可以由简单变量组成（如整型数组、字符数组），也可以由对象组成（对象数组的每一个元素都是同类的对象）。

在现实世界中，同类实体的属性都是相同的，只是属性的具体内容不同。例如，一个班有 50 个学生，每个学生的属性包括姓名、性别、年龄和成绩等。如果为每一个学生建立一个对象，需要分别定义 50 个对象名，程序处理起来很不方便。这时，可以定义一个学生类"对象数组"，每一个数组元素是一个"学生类"对象。例如：

    CStudent stud[50];   //假设 CStudent 类已定义，定义 stud 数组有 50 个元素

对象数组中的每一个元素都是类的对象。声明一个一维对象数组的语法格式为：

    类名 数组名[常量表达式];

访问对象数组元素的公有成员：

    数组名[下标].成员名;

在建立数组时，同样要调用构造函数初始化每个数组元素。如果有 50 个元素，则需要调用 50 次构造函数。语句 CStudent stud[50]调用了 50 次默认的构造函数。如果定义类时提供了带参数的构造函数，则定义数组对象时可以根据需要提供实参以实现初始化。每一个元素的实参分别用括号括起来，对应构造函数的一组形参，不会混淆。例如：

```
CStudent s[3] = {CStudent("张三",2006001,19),        //初始化第 1 个数组元素
                 CStudent("李四",2006002,18),        //初始化第 2 个数组元素
                 CStudent("王五",2006003,20)         //初始化第 3 个数组元素
                };
```

【例 2.1】 设计一个学生类，假设一个班有 5 个学生，计算该班学生的平均年龄。

分析：可以定义一个学生对象数组，表示 5 个学生对象，为了计算学生的平均年龄，学生类中需要有一个获取学生年龄的成员函数 GetAge()。

程序如下：

```
#include <iostream>
#include<string>
using namespace std;
class CStudent
{
public:
    CStudent(string na,int i,int a);
    int GetAge();
private:
    string name;
    int id;
    int age;
};
CStudent::CStudent(string na,int i,int a)
{
    name=na;id=i;age = a;
}
int CStudent::GetAge()
```

```
    {
        return age;
    }
    int main()
    {
        int sum=0;
        CStudent s[5] = {CStudent("张三",10001, 20),
                        CStudent("李四",10002, 22),
                        CStudent("王五",10003, 24),
                        CStudent("赵六",10004, 26),
                        CStudent("孙六",10005, 28)};               //将对象数组初始化
        for(int i=0; i<5; i++)
        {
            sum += s[i].GetAge();                                  //将每个学生的年龄累加
        }
        cout << sum/5 << endl;
        return 0;
    }
```

程序运行结果：

24

2.1.3 将类对象作为成员

在类定义中，所定义的数据成员一般是基本数据类型，但有时还需要用抽象的数据类型作为数据成员，称为组合类。这一节所要讨论的内容是将类对象作为成员。例如，一个学生类的数据成员（包括学生的姓名、年龄等信息）可以用简单的数据类型表示，学生信息还有出生日期，这个数据成员可以用一个日期类表示。使用类对象作为成员要注意的问题是该类内嵌对象的初始化。内嵌对象是该类对象的组成部分，当创建该对象时，其内嵌对象也被自动创建。

在 C++语言中通过构造函数的初始化表为内嵌对象初始化。组合类带有初始化表的构造函数的定义格式为：

    类名::构造函数(参数表):内嵌对象 1(参数表 1),内嵌对象2(参数表2),…
    {
        构造函数体
    }

组合类构造函数的执行顺序为：
（1）按内嵌对象的声明顺序依次调用内嵌对象的构造函数。
（2）执行组合类本身的构造函数。

【例2.2】 设计一个学生类。数据成员包括学生的姓名、学号、性别和出生日期。

分析：学生的姓名、性别可以用简单的数据类型表示，学生的学号和出生日期可以用类对象表示。定义 3 个类：学生类、日期类和学号类。学生类是一个组合类，类的数据成员包

括其他类对象，因此学生类的构造函数中使用初始化表初始化类对象数据成员。类结构如图 2.1 所示。

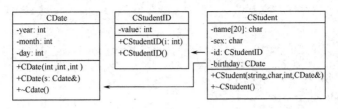

图 2.1 例 2.2 的类结构

程序如下：

```cpp
#include <iostream>
#include <string>
using namespace std;
class CDate         //日期类声明
{
public:
    CDate(int y=1985, int m=1,int d=1)          //日期类的构造函数
    {
        year=y;month=m;day=d;
        cout<<"调用日期类的构造函数"<<endl;
    }
    CDate(CDate &s)                     //日期类的拷贝构造函数
    {
        year=s.year;month=s.month;day=s.day;
        cout<<"调用日期类的拷贝构造函数"<<endl;
    }
    ~ CDate()                           //析构函数
    {
        cout<<"调用日期类的析构函数"<<endl;
    }
private:
    int year,month ,day;                //定义 3 个整型变量，分别表示日期中的年、月、日
};
//学号类声明
class CStudentID
{
public :
    CStudentID(int i)
    {
        value=i;
        cout<<"构造学号"<<value<<endl;
    }
    ~CStudentID()
```

```
                {
                        cout<<"析构学号"<<value<<endl;
                }
        private:
                int value;
        };
        //学生类声明
        class CStudent
        {
        public:
                CStudent (string,char,int, CDate &);
                ~ CStudent ();
        private:
                string name;
                char sex;
                CStudentID id ;
                CDate birthday;
        };
        CStudent:: CStudent (string na,char s, int i, CDate &d):id(i),birthday(d)
        {
                name=na;        sex=s;
                cout<<"调用学生" <<name<< "的构造函数"<<endl;
        }
        CStudent::~ CStudent ()
        {
                cout<<"调用学生" <<name<<"的析构函数"<<endl;
        }
        int main( )
        {
                CDate day1(1989,3,1);
                CStudent stud1("张三",'m',2011102,day1);               //定义学生对象
                return 0;
        }
```

程序运行结果：

```
调用日期类的构造函数
构造学号 2011102
调用日期类的拷贝构造函数
调用学生张三的构造函数
调用学生张三的析构函数
调用日期类的析构函数
析构学号 2011102
调用日期类的析构函数
```

主程序运行时，执行 CDate day1(1989,3,1);，调用 CDate 类的带 3 个参数的构造函数，在第一行输出。执行 CStudent stud1("张三",'m',2011102,day1);，CStudent 类是一个组合类，它

有两个类对象数据成员：CDate 类对象和 CStudentID 类对象，先调用成员对象的构造函数，再调用 CStudent 类自己的构造函数。那么，两个类对象中先调用谁的构造函数呢？成员对象的调用顺序与类对象的定义顺序一致。因此根据初始化表 id(i),birthday(d)，先调用 CStudentID 的构造函数，在第二行输出。然后调用 CDate 类的拷贝构造函数，在第三行输出。最后，调用学生类自己的构造函数，在第四行输出。调用过程如图 2.2 所示，析构函数的调用顺序与构造函数的调用顺序相反。

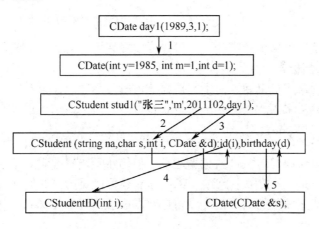

图 2.2　例 2.2 类的调用过程

2.1.4　面向对象程序中的常量

C++虽然采取了数据封装（如设成员为 private 或 protected）以增加数据的安全性，但有些数据往往是可以共享的，用户可以在不同场合通过不同的途径访问类的同一个数据对象。有时，无意之中的误操作会改变相关数据的状况，而这是人们所不希望出现的。如果数据能在一定范围内共享，又不能被任意修改，这时可以使用 const，即把有关数据定义为常量。

1．常对象

如果希望某个对象的所有成员在程序中都不能被修改，则可以将此对象定义为常对象。定义常对象的一般格式为：

　　　类名　const　对象名[(实参列表)];

也可以把 const 写在最左面：

　　　const　类名　对象名[(实参列表)];

修饰符 const 可以放在类名后面，也可以放在类名前面，二者等价。
例如，一个日期对象始终表示 2008 年 8 月 8 日，可以定义为：

　　　CDate const d1(2008,8,8);　　　　　　　　//d1 是常对象

d1 是常对象，在所有场合，对象 d1 中所有成员的值都不能被修改。定义常对象必须要有初值。以下语句是错误的：

　　　CDate d1(2008,8,8);　　　　　　　　　　//一般对象

| CDate const d2; | //d2 是常对象 |
| d2=d1; | //错误，常对象必须在定义的时候赋初值 |

如果一个对象被声明为常对象，则不能调用该对象非 const 型的成员函数（由系统自动调用的隐式的构造函数和析构函数除外）。这是为了防止这些函数修改常对象中数据成员的值。例如例 1.13 中已定义的 CDate 类：

| const CDate d1(2001,5,1); | //定义常对象 d1 |
| d1.Print(); | //企图调用常对象 d1 中的非 const 型成员函数，非法 |

因为调用时编译系统检查函数的声明，所以只要发现调用了常对象的成员函数，且该函数未被声明为 const，就会报错。

常对象只能访问常成员函数，而不能访问非常成员函数。如果希望成员函数可访问常对象中的数据成员，只需将该成员函数声明为 const 即可。例如：

| void Print() const; | //将函数声明为 const，即常成员函数 |

常成员函数可以访问常对象中的数据成员，但仍然不能修改常对象中数据成员的值。例如，在 void Print() const 函数中不允许改变 year 等数据成员的值。实际编程时，如果一定要修改常对象中某个数据成员的值，则可以将该数据成员声明为 mutable，例如：

| mutable int count; |

把 count 声明为可变的数据成员，这样就可以用声明为 const 的成员函数来修改它的值。

2．常数据成员

使用 const 关键字进行说明的数据成员，称为常数据成员。其作用和用法与一般常变量（const 变量）相似，但常数据成员的值是不能改变的。有一点要注意：只能通过构造函数的参数初始化表对常数据成员进行初始化，而不能采用在构造函数中对常数据成员赋初值的方法。例如，在类体中定义了常数据成员 age：

| const int age; | //声明 age 为常数据成员 |

在类外定义构造函数，应写成以下形式：

| CStudent::CStudent(int a):age (a){…} | //通过参数初始化表对常数据成员 age 进行初始化 |
| CStudent::CStudent(int a){age=a;} | //错误，不能在函数体中初始化常数据成员 |

3．常成员函数

使用 const 关键字进行说明的成员函数，称为常成员函数。常成员函数只能访问本类中的数据成员（非 const 数据成员和 const 数据成员），而不能修改它们的值。只有常成员函数才有资格操作常量或常对象，没有使用 const 关键字说明的成员函数不能用来操作常对象。常成员函数说明格式如下：

类型标识符 函数名 (参数表) const;

其中，const 是加在函数说明后面的类型修饰符，它是函数类型的一个组成部分，因此在函数实现部分也要加 const 关键字，在调用时不必加 const。下面举例说明常成员函数的特征。

【例 2.3】 常成员函数的使用。

程序如下：

```cpp
#include <iostream>
using namespace std;
class R
{
public:
    R(int r1,int r2,int r3):R3(r3)             //用初始化表初始化常数据成员 R3
    {
        R1=r1;R2=r2;                           //初始化一般数据成员
    }
    void change();                             //一般成员函数声明
    void print();                              //一般成员函数声明
    void print() const;                        //const 成员函数声明
private:
    int R1, R2;
    const int R3;                              //const 数据成员
};
void R::change()
{
    R1=100;
    R2=R1+R3;                                  //非 const 成员函数可以访问 const 数据成员（R3）
    //R3=400;                                  //错误！非 const 成员函数不可以改变 const 数据成员
}
void R::print()                                //非 const 成员函数
{
    cout<<"调用非 const 成员函数 print()"<<endl;
    cout<<R1<<","<<R2<<","<<R3<<endl;
}
void R::print() const                          //const 成员函数
{
    cout<<"调用 const 成员函数 print()"<<endl;
    //const 成员函数可以访问非 const 和 const 数据成员，但不能改变它们的值
    //出现 R1=100 或 R3=100 都是错误的
    cout<<R1<<","<<R2<<","<<R3<<endl;
}
int main()
{
    R a(5, 4,3);
    a.print();                                 //调用非 const 成员函数 print()
    const R b(20, 52,70);
    b.print();                                 //调用 const 成员函数 print()
    a.change();
    //b.change();                              //错误，不能调用常对象的非 const 成员函数 change()
    a.print();
    return 0;
}
```

程序运行结果：

调用非 const 成员函数 print()

5,4,3

调用 const 成员函数 print()

20,52,70

调用非 const 成员函数 print()

100,103,3

该程序的类声明了两个 print()成员函数，其类型是不同的（其实就是重载成员函数）。常对象只能调用带 const 修饰符的成员函数。

怎样利用常成员函数呢？

（1）如果在一个类中，有些数据成员的值允许改变，而另一些数据成员的值不允许改变，则可以将一部分数据成员声明为 const，以保证其值不被改变，可以用非 const 的成员函数访问这些数据成员的值，并修改非 const 数据成员的值。

（2）如果所有数据成员的值都不允许改变，则可以将所有数据成员声明为 const，或将对象声明为 const（常对象），然后用 const 成员函数访问数据成员，从而起到"双保险"的作用，切实保证了数据成员不被修改。

（3）如果已定义了一个常对象，则只能调用其中的 const 成员函数，而不能调用非 const 成员函数（无论这些函数是否会修改对象中的数据）。这是为了保证数据的安全。如果需要访问对象中的数据成员，则可将常对象中所有的成员函数都声明为 const 成员函数，但应确保在函数中不修改对象中的数据成员。

2.2 静态成员

类是类型而不是具体的数据对象，类的对象都是该类的实例，每个类对象都有自己的数据成员，且相互独立，各占一定的内存空间。然而，程序中往往需要让类的所有对象在类的范围内共享某个数据。声明为 static 的类成员能够在类的范围中共享，称为静态成员。静态成员包括静态数据成员和静态成员函数。

2.2.1 静态数据成员

如果希望实现数据共享，很多人会想到可以使用全局变量，那么为什么不使用全局变量实现数据的共享呢？面向对象程序设计的一个特点就是封装，而全局变量不符合这一思想，破坏了封装性，且可以在多个函数中改变全局变量的值，使数据的安全性得不到保证。所以，要在同类的多个对象之间实现数据共享，可以用静态数据成员。使用静态数据成员不会破坏隐藏的原则，保证了安全性。

静态数据成员的特点：在每个类中只有一个副本，由该类的所有对象共同维护和使用，从而实现了同一类不同对象之间的数据共享。静态数据成员的值对每个对象来说都是一样的，但它的值是可以更新的。只要对静态数据成员的值更新一次，就可保证所有对象存取更新后有相同的值，从而可以提高时间效率。

静态数据成员的定义格式为：

static 类型标识符 静态数据成员名;

在类中声明静态数据成员，仅仅说明了静态数据成员是类中的成员，即使声明了该类的对象，也不会为静态数据成员分配内存空间。静态数据成员的内存空间被该类的所有对象共享，只能分配一次，不能通过创建类对象的方式来分配，必须在类的外部进行实际定义并初始化，这样才能被所有对象共享。其初始化格式如下：

类型标识符 类名:: 静态数据成员名 = 初始值;

说明：

（1）静态数据成员为类所有的对象共有，占一份内存空间。

（2）静态数据成员是静态存储的，是静态生存期。它在程序开始运行时就分配空间，而不是在某个对象创建时分配。不随对象的撤销而释放，在程序结束后才释放空间。

（3）初始化在类体外进行，且前面不加 static，以免与一般静态变量相混淆。

（4）初始化时不加该成员的访问权限修饰符，如 private、public 等。

（5）初始化时使用作用域运算符来标明它所属的类，因此静态数据成员是类的成员，而不是对象的成员。

静态数据成员不属于任何一个对象，可以通过类名直接对它进行访问，一般用法如下：

类名::静态数据成员名

下面举例说明静态数据成员的应用。

【例 2.4】 在 CStudent 类中添加静态数据成员，保存学生的总数。

程序如下：

```cpp
#include <iostream>
#include <string>
using namespace std;
class CStudent
{
public:
    CStudent(int, string);
    ~CStudent();
    void Print();
    static int noofStds;                    //静态数据成员
private:
    int id;
    string name;
};
CStudent::CStudent(int i, string na)
{
    id = i; name=na;
    noofStds ++;                            //创建一个学生，学生数加 1
}
CStudent::~CStudent()
{
    noofStds --;                            //学生对象撤销时，学生数减 1
}
```

```
        void CStudent::Print()
        {
            cout<<"姓名："<<name<<","<<"学号："<<id <<endl;
        }
        int CStudent::noofStds = 0;              //静态数据成员初始化
        void func();                             //普通函数声明
        int main()
        {
            cout <<"学生数为："<< CStudent::noofStds << endl;
            CStudent s1(11101, "张三");
            s1.Print();
            cout <<"学生数为："<< CStudent:: noofStds << endl;          //通过类名引用静态数据成员
            CStudent s2(11102, "李四");
            s2.Print();
            cout << "学生数为："<< CStudent::noofStds << endl;
            func();
            cout << "学生数为："<< CStudent::noofStds << endl;
            return 0;
        }
        void func()
        {
            CStudent s3(11103, "王五");
            s3.Print();
            cout << "学生数为："<< CStudent::GetTotal() << endl;
        }
```

程序运行结果：

```
    学生数为：0
    姓名：张三，学号：11101
    学生数为：1
    姓名：李四，学号：11102
    学生数为：2
    姓名：王五，学号：11103
    学生数为：3
    学生数为：2
```

  学生类中定义了一个静态变量 noofStds，表示学生的总数。程序开始运行，创建学生对象 s1，静态变量 noofStds 加 1。创建学生对象 s2，静态变量 noofStds 又加 1，值为 2。调用函数 func()，创建学生对象 s3，noofStds 的值变为 3。函数 func()调用结束，对象 s3 撤销，调用析构函数，noofStds 的值减 1，值为 2。通过类名引用静态数据成员和通过对象名引用静态成员的值是一样的，由此可见，静态成员 noofStds 是被所有对象共享的。

2.2.2　静态成员函数

  静态成员函数和静态数据成员一样，都属于类的静态成员，都不是对象成员。
  静态成员函数的定义格式为：

```
static 函数类型 静态成员函数名(参数表);
```

静态成员函数是在成员函数声明的前面加上关键字 static。

调用静态成员函数使用如下格式:

```
类名:: 静态成员函数名(参数表);
```

静态成员函数的特点:

（1）对于公有的静态成员函数，可以通过类名或对象名来调用，而一般的非静态成员函数只能通过对象名调用。静态成员函数可以由类名通过符号 "::" 直接调用。

（2）静态成员函数可以直接访问该类的静态数据成员和静态成员函数，不能直接访问非静态数据成员和非静态成员函数。如果静态成员函数中要引用非静态成员，则可通过对象来引用。下面通过举例来说明这一点。

【例 2.5】 静态成员函数访问非静态数据成员的解决方法。

程序如下:

```cpp
#include <iostream>
using namespace std;
class CMystring                        //定义一个字符串类
{
public:
    CMystring(char * s)                //定义构造函数，初始化字符串
    {
        len=strlen(s);
        contents=new char[len+1];
        strcpy(contents,s);
    }
    CMystring(CMystring & str)         //拷贝构造函数
    {
        len=str.len;
        contents=new char[len+1];
        strcpy(contents,str.contents);
    }
    static int set_total_len()         //求字符串的总长度
    {
        total_len+= len;
        return total_len;
    }
    ~CMystring()                       //析构函数
    {
        delete []contents;
    }
private:
    static int total_len;              //定义一个静态变量，用来存放字符串的总长度
    int len;                           //字符串长度
    char * contents;                   //字符串的内容
};
```

```
int CMystring:: total_len=0;                    //静态数据成员初始化
int main()
{
    CMystring str1("this is the first string");    //创建对象 str1，并初始化
    cout<<str1. set_total_len()<<"\n";             //计算总长度，并输出
    CMystring str2("this is the second string");   //创建对象 str2，并初始化
    cout<<str1. set_total_len()<<"\n";             //计算总长度，并输出
    return 0;
}
```

一般成员函数中都有一个 this 指针，用来指向对象自身，而静态成员函数是所有对象所共享的，不需要判定执行它的究竟是哪一个对象，所以静态成员函数没有 this 指针。在上面的程序中，set_total_len()是一个静态成员函数，函数体中的下列语句存在问题：

```
        total_len+= len;
```

其中，total_len 是静态成员，是所有对象所共享的，只有一个副本，在这里没有任何问题，但 len 是一个一般的数据成员，每个对象都具有自己的 len，而静态成员函数 set_total_len() 没有 this 指针，它无法判断当前是哪个对象，也就无法判断 len 属于哪个对象，因而无法取值，出现错误。要想解决上述问题，可以采用传递对象参数的方式实现，将上述静态成员函数修改如下：

```
        static int set_total_len(CMystring str)
        {
            total_len+= str.len;
            return total_len;
        }
```

要想将某个对象的长度叠加到总长度上，只需通过 str 传递对象给静态函数，然后执行即可，所以将主函数修改如下：

```
        int main()
        {
            CMystring str1("this is the first string");
            cout<<str1.set_total_len(str1)<<"\n";          //或 cout<<CMystring::set_total_len(str1)<< "\n";
            CMystring str2("this is the second string");
            cout<<str2.set_total_len(str2)<<"\n";          //或 cout<<CMystring::set_total_len(str2)<< "\n";
            return 0;
        }
```

从上例中可以看出，可以让静态成员函数访问类中的非静态成员。一般来讲，在静态成员函数中访问的基本上是静态数据成员或全局变量。下面的例子给出了静态成员函数访问静态数据成员的方法。

【例 2.6】 静态成员函数的使用。

程序如下：

```
        #include <iostream>
        #include <string>
```

```cpp
using namespace std;
class CStudent
{
public:
    CStudent(int, string);
    ~CStudent();
    static int GetTotal();          //静态成员函数声明
    void Print();
private:
    int id;
    string name;
    static int noofStds;            //静态数据成员
};
CStudent::CStudent(int i, string na)
{
    id = i;name=na;
    noofStds ++;                    //创建一个学生，学生数加 1
}
CStudent::~CStudent()
{
    noofStds —;                     //学生对象撤销时，学生数减 1
}
static int CStudent::GetTotal()     //静态成员函数定义
{
    return noofStds;                //静态成员函数引用类的静态数据成员
}
void CStudent::Print()
{
    cout<<"姓名："<<name<< " ,"<<"学号："<<id <<endl;
}
int CStudent::noofStds = 0;         //静态数据成员初始化
void func();                        //普通函数声明
int main()
{
    //可通过类名直接访问静态成员函数，这样即使未定义 CStudent 类的对象
    //也可以访问静态数据成员
    cout <<"学生数为："<< CStudent::GetTotal() << endl;
    CStudent    s1(11101, "张三" );      s1.Print();
    cout <<"学生数为："<< CStudent::GetTotal() << endl;         //通过类名引用静态函数
    CStudent    s2(11102, "李四" );      s2.Print();
    cout << "学生数为："<< CStudent::GetTotal()<< endl;
    func();
    cout << "学生数为："<< CStudent::GetTotal() << endl;
    return 0;
}
```

```
        void func()
        {
            CStudent s3(11103, "王五"); s3.Print();
            cout << "学生数为: "<< CStudent::GetTotal() << endl;
        }
```

程序运行结果:

```
        学生数为: 0
        姓名: 张三, 学号: 11101
        学生数为: 1
        姓名: 李四, 学号: 11102
        学生数为: 2
        姓名: 王五, 学号: 11103
        学生数为: 3
        学生数为: 2
```

读者可以自行分析其结果。

2.3 友元函数和友元类

类具有封装和数据隐藏的特性,因此只有类的成员函数才能访问类的保护和私有成员,程序中的其他函数是无权访问的。如果将数据成员都定义为公有的,则非成员函数可以访问类中的公有成员,但这又破坏了隐藏的特性。另外,应该看到在某些情况下,特别是在对某些成员函数多次调用时,由于参数传递、类型检查和安全性检查等都需要时间,从而影响程序的运行效率。

为了解决上述问题,提出友元(friend)概念。可以将友元理解为类的"朋友",它可以访问类的保护和私有成员。友元的作用在于提高程序的运行效率,但是它破坏了类的封装性和隐藏性,使非成员函数可以访问类的私有成员。友元可以是一个函数,该函数被称为友元函数;友元也可以是一个类,该类被称为友元类。

2.3.1 友元函数

友元函数是在类外定义的一个函数,不是类的成员函数。这个函数可以是普通的 C++ 函数,或者是其他类的成员函数,即普通友元函数和友元成员函数。

友元函数定义在类外部,但需要在类体内进行声明,为了与该类的成员函数加以区别,在声明时前面加关键字 friend。友元函数可以访问类中的保护和私有成员。

声明友元函数时,只要在函数原型前加入关键字 friend,并将函数原型放在类中即可。

普通友元函数的声明:

    friend 类型标识符 友元函数名(参数列表);

友元成员函数的声明(即将其他类的成员函数声明为该类的友元函数):

    friend 类型标识符 其他类名::友元函数名(参数列表);

友元函数与类之间的关系如图 2.3 所示。

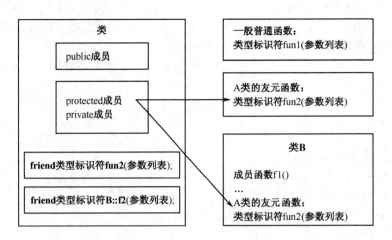

图 2.3 友元函数与类之间的关系

下面举例说明友元函数的使用方法和性质。

【例 2.7】 设计点类 CPoint，编写一个函数计算两点之间的距离。

分析：点类 CPoint 私有数据成员 X 和 Y 表示点的坐标，定义成员函数 GetX() 和 GetY() 分别得到点的横坐标和纵坐标；定义一个普通函数获取两点的坐标值，并计算两点间的距离。

程序如下：

```
#include <iostream>
#include <cmath>
using namespace std;
class CPoint
{
public:
    CPoint(int x=0, int y=0);
    double GetX();
    double GetY();
private:
    double X,Y;
};
CPoint::CPoint(int x, int y)
{
    X=x; Y=y;
}
double CPoint::GetX()
{    return X;        }
double CPoint::GetY()
{    return Y;        }
double GetDistance(CPoint start, CPoint end)       //普通函数，求两点之间的距离
{
    double x1,y1,x2,y2;
```

```
        double d;
        x1 = start.GetX();                                              //通过成员函数得到私有成员 X
        y1 = start.GetY();                                              //通过成员函数得到私有成员 Y
        x2 = end.GetX();                    y2 = end.GetY();
        d = sqrt( (x2-x1)*(x2-x1) + (y2-y1)*(y2-y1) );                  //计算两点之间的距离
        return d;
    }
    int main()
    {
        CPoint p1(1,1), p2(4,5);
        double d;
        d = GetDistance(p1,p2);
        cout << "两点之间的距离： " << d << endl;
        return 0;
    }
```

程序运行结果：

两点之间的距离：5

由上述程序可以看出，在普通函数 GetDistance()中不能直接访问类的私有数据成员 X、Y，而是通过公有成员函数得到 X、Y 的值。在计算两点之间的距离时，要多次调用公有成员函数，效率低。如果将普通函数 GetDistance()声明为点类的友元函数，则可以直接访问类的私有数据成员，程序简单，效率得到提高。将程序修改如下：

```
    #include <iostream>
    #include <cmath>
    using namespace std;
    class CPoint
    {
    public:
        CPoint(int x=0, int y=0);
        double GetX();
        double GetY();
        //声明普通函数为类的友元函数
        friend double GetDistance(CPoint start, CPoint end);
    private:
        double X,Y;
    };
    CPoint::CPoint(int x, int y)
    {
        X=x; Y=y;
    }
    double CPoint::GetX()
    {
        return X;
```

```
        }
        double CPoint::GetY()
        {
            return Y;
        }
        double GetDistance(CPoint start, CPoint end)    //友元函数，求两点之间的距离
        {
            double d;
            //友元函数可以访问类的私有成员
            d = sqrt( (end.X-start.X) *(end.X-start.X) + (end.Y-start.Y)*(end.Y-start.Y) );
            return d;
        }
        int main()
        {
            CPoint p1(1,1), p2(4,5);
            double d;
            d = GetDistance(p1,p2);
            cout << "两点之间的距离是" << d << endl;
            return 0;
        }
```

一个类的成员函数可以是另一个类的友元。

例如，教师可以修改学生的成绩（即访问学生类的私有成员），将教师类的成员函数 ChangeGrades()声明为学生类的友元：

```
        class CStudent;                         //类的提前使用声明
        class CTeacher
        {
        public:
            void ChangeGrades(CStudent &s);     //教师的成员函数，修改某学生的成绩
        private：
            ...
        };
        void CTeacher ::ChangeGrades(CStudent &s)
        {
            s. Grade[0]=78;                     //友元成员函数访问私有成员
        }
        class CStudent
        {
        public:
            ...
            //将教师类的成员函数说明为学生类的友元函数
            friend void CTeacher::ChangeGrades(CStudent &s);
        private：
            int Grade[3];
            ...
        };
```

在教师类的声明中，成员函数 ChangeGrades(CStudent &s)要修改某个学生的成绩，即需要访问学生类的私有成员。因此，将教师的成员函数声明为学生类的友元函数，就可以访问学生类的私有成员。请读者注意，程序第 5 行中用到了 CStudent 类，而此前 CStudent 类并未声明。为避免错误，添加程序第 1 行的语句：class CStudent，称为提前引用声明。它只包括类名，不包括类体。让编译系统知道 CStudent 类的名字已经登记在册，后面可以引用这个名字。

2.3.2　友元类

除前面讲过的函数外，友元还可以是类，即一个类可以作为另一个类的友元。当一个类作为另一个类的友元时，意味着这个类的所有成员函数都是另一个类的友元函数。例如，如果一个类（如 A 类）的很多成员函数都需要经常访问另一个类（如 B 类）的私有成员，则可以将 A 类声明为 B 类的友元类。若 A 类为 B 类的友元类，则 A 类的所有成员函数都是 B 类的友元函数，都可以访问 B 类的私有成员。

声明友元类的语法格式为：

friend class 类名；

例如，将 A 类声明为 B 类的友元类：

```
class B
{
    ...
    friend class A;                    //声明 A 为 B 的友元类
    ...
};
```

【例 2.8】 定义一个日期类，包括年、月、日和时、分、秒。

分析：首先定义一个时间类 CTime，而日期类 CDate 的数据成员包括年（year）、月（month）、日（day）和一个 CTime 的类对象。日期类 CDate 的成员函数 disaplayDateandtime()显示日期和时间，要访问 CTime 类的私有成员，需要将日期类 CDate 声明为时间类 CTime 的友元类。

```
#include <iostream>
using namespace std;
class CTime
{
public:
    CTime(int h=0,int m=0,int s=0);
    //声明 CDate 类为 CTime 类的友元类，则 Cdate 类中的所有成员函数都是 Ctime 类的
    //友元函数，可以访问 CTime 类的私有成员或保护成员
    friend class CDate;                    //声明友元类
private:
    int hour;
    int minute;
```

```cpp
        int sec;
};
CTime::CTime(int h,int m,int s)
{
        hour=h;minute=m;sec=s;
}
class CDate
{
public:
        CDate(int y=1990,int m=1,int d=1,int h=0,int mi=0,int s=0);
        void disaplayDateandtime();
private:
        int month;
        int day;
        int year;
        CTime t;
};
CDate::CDate(int y,int m,int d,int h,int mi,int s) :t(h,mi,s)
//初始化 CTime 类成员
{
        month=m;day=d;year=y;
}
void CDate::disaplayDateandtime()    //CDate 类的成员函数都是 CTime 类的友元函数
{
        cout<<year<<"-"<<month<<"-"<<day<<endl;
        cout<<t.hour<<":"<<t.minute<<":"<<t.sec<<endl;    //访问 CTime 类的私有成员
}
int main()
{
        CDate d1(2010,12,30,10,13,56);
        d1.disaplayDateandtime();
        return 0;
}
```

程序运行结果：

```
2010-12-30
10:13:56
```

注意：

友元关系不具有交换性，即是单向的。例如，A 类是 B 类的友元，A 类的成员函数都是 B 类的友元函数，可以访问 B 类的私有成员，但 B 类不是 A 类的友元，所以 B 类的成员函数不能访问 A 类的私有成员。

友元关系不具有传递性，如果 A 类是 B 类的友元，B 类是 C 类的友元，并不能推断出 A 类是 C 类的友元。

2.4　string 类

很多应用程序都需要处理字符串。字符串（string）是由 0 个或多个字符组成的有限序列。在 C 语言中，对字符串的处理是以"\0"字符结尾的 char 型字符串，头文件是<string.h>，它是用字符型数组来保存的。在面向对象的 C++语言中，对 char 型字符串的操作通过兼容 C 语言的函数库定义的函数（如 strcpy、strcat）来处理。由于这些函数只是单纯地对字符串进行处理，同时因为 C 语言风格的字符串太复杂，难以掌握，不适合大型程序的开发，也不能满足 C++语言面向对象的需求，所以在 C++语言中出现了一种 C++风格的字符串，它就是 string 类，定义在头文件<string>中。

在给出 string 类对象的定义之前，先简单回顾一下 C 语言中的 char 型字符串。

2.4.1　char 型字符串

C 语言的字符串用 char*实现，头文件是<string.h>。由于 char 占用 1 字节的内存空间，为了让 char 能够存储更多的字符，在 C 语言中使用数组方式来存储字符。例如：

　　　　char fruit[6]={'o','r','a','n','g','e'};

需要注意的是，上面的字符型数组 fruit 其实并不是一个字符串。C 语言中规定：在每一个字符串的结尾加一个"字符串结束标志"，以便系统据此判断字符串是否结束。C 语言以字符"\0"作为字符串结束标志。因此，对于字符型数组 fruit 来说，只有人们在其最后添加"\0"这个结束标志后，这个 char 型数组才能转化为字符串，例如：

　　　　char fruit[7]={'o','r','a','n','g','e','\0'};

也就是说，如果有一个字符串是"orange"，则实际在内存中的为：

o	r	a	n	g	e	\0

它的长度不是 6 个字符，而是 7 个字符，最后一个字符为'\0'，但在输出时不输出'\0'。'\0'是一个空字符标志，它的 ASCII 码值为 0。

2.4.2　定义 string 型字符串

char 型字符串是 C 语言风格的字符串，它是用数组来保存字符串的。在 C++语言中，由于类的引入，出现了 C++风格的字符串，也就是 string 型字符串。为什么要在 C++语言中新引入 string 型字符串呢？

在 C 语言中，最简单的字符型数组可以这样定义：

　　　　char name [20];

该语句声明了一个包含 20 个元素的字符数组。在此可以看到，在内存缓冲区可存储一个长度有限的字符串，如果试图存储的字符数组超出限制，将会发生溢出，因此不能调整静态数组的长度。为了绕过这种限制，在 C++语言中新增了支持动态分配内存的功能，可以这样定义动态的字符数组：

  char * name = new char [n];

这里定义了一个动态分配的字符数组，其长度由变量 n 的值指定，而这个值是在运行阶段确定的，因此该数组的长度是可以变化的。问题是，如果要在运行阶段改变数组的长度，则必须释放以前分配给它的内存，然后重新分配内存来存储数据。

进一步设想，如果以字符数组方式表示的字符串是类的数据成员（在面向对象的程序设计语言中这种情况应该是再普遍不过的了），否则情况将会更复杂。将对象赋值给另一个对象时，如果编写的拷贝构造函数和赋值操作符不够完善，可能导致复制对象时，复制的是成员字符串的地址，也就是前面讲过的"浅拷贝"。当两个对象的字符串指针指向相同的内存地址时，如果源对象被销毁，则目标对象中的指针将是非法的。为了解决这个问题，在 C++语言中提供了字符串（string）类，目的是不使用或尽可能少地使用字符数组或字符指针。在 C++语言中使用 string 类时，必须在程序开头添加头文件<string>，它提供了一个用模板实现的 string 类。

2.4.3　string 类构造函数

引入 string 类后，就可以定义 string 类对象了。string 类在定义时隐藏了字符串的数组性质，因此在使用 string 类定义 string 类对象时不必考虑如何将字符串存放在数组中。原因很简单，既然 string 类是一种类，那么 string 类也必然包括构造函数和析构函数，string 类的构造函数已经替人们自动做好了字符串在数组中的存放工作，编程人员要做的就是像定义一个简单变量那样定义它。例如：

  string str;

这里定义了一个 C++风格的 string 类对象 str。str 没有任何参数，实际上定义的是一个空字符串。如果在定义一个 string 类对象的同时对其赋初值，就必须使用带参数的构造函数。string 类的构造函数如表 2.1 所示。

表 2.1　string 类的构造函数

构　造　函　数	功　能　描　述
string ( )	默认构造函数，创建空字符串
string (const char * s)	用字符串常量或字符数组来构造新字符串
string (const char * s , unsigned n)	用字符串常量或字符数组的前 n 个字符来构造新字符串
string (const string & str)	用 str 复制构造新字符串
string (const string & str, unsigned pos, unsigned n)	用 str 以 pos 位置开始的 n 个字符构造新字符串，注意起始位置从 0 开始
string (unsigned n, char c)	将字符 c 重复 n 次，来构造新字符串
template < class Iter > string (Iter begin, Iter end)	用序列［begin, end）中的内容构造新字符串，其中 begin 和 end 的行为就像指针，用于指定位置，范围将 begin 包括在内，但不包括 end

【例 2.9】　string 类对象的多种定义方式。
程序如下：

  #include <iostream>

```
#include<string>
using namespace std;
int main()
{
    char city[]="BEIJING";
    string s1,s2("123456");        //字符串常量构造新字符串 s2
    cout<<"s2="<<s2<<endl;
    string s3(s2);                 //用 s2 复制构造新字符串 s3
    cout<<"s3="<<s3<<endl;
    string s4(city,5);             //用字符数组 city 的前 5 个字符来构造新字符串 s4
    cout<<"s4="<<s4<<endl;
    string s5(s2,2,3);             //用从 s2 字符串第 2 个位置字符"3"开始的 3 个字符构造新字符串 s5
    cout<<"s5="<<s5<<endl;
    string s6(5,'t');              //将字符"t"重复 5 次来构造新字符串 s6
    cout<<"s6="<<s6<<endl;
    return 0;
}
```

程序运行结果：

```
s2=123456
s3=123456
s4=BEIJI
s5=345
s6=ttttt
```

该例给出了 5 种 string 类对象的定义和初始化方式。

2.4.4 string 类成员函数

作为面向对象程序设计语言中的类，string 类除构造函数外，还有许多成员函数，用于对其数据成员进行操作。这其中包括反映其大小的 size()成员函数、反映字符串长度的 length()成员函数、反映其字符串序列访问位置的 at()成员函数，以及访问子串的 substr()成员函数等。常用的 string 类成员函数如表 2.2 所示。

表 2.2　常用的 string 类成员函数

构 造 函 数	功 能 描 述
append	增加一个字符串到 string 类变量的末尾
assign	给 string 类变量赋予一个新的字符串，覆盖掉原来的值
at	返回字符串中某个位置处的字符，类似于数组的操作
begin	返回 string 类变量中第一个元素的迭代器地址
c_str	将 string 类变量转换为 C 语言风格的字符串
capacity	返回当前容量（即 string 类中不必增加内存即可存放的元素个数）
clear	删除全部字符
compare	对两个字符串进行比较

构 造 函 数	功 能 描 述
copy	从索引位置开始复制若干个字符给一个 C 语言风格的字符串
data	将 string 转换为字符数组并返回
empty	测试字符串是否为空并返回
end	指向字符串结尾的迭代器
erase	删除字符串中从索引位置开始的后继字符
find	从指定位置开始查找特定的字符串
find_first_not_of	从当前字符串中查找第一个不匹配子串中字符的位置
find_first_of	查找当前字符串中指定第一次出现的位置
find_last_not_of	与 find _ first _not_of 类似，但是从反方向开始搜索
find_last_of	与 find_first_of 类似，但是从反方向开始搜索
insert	从指定位置开始插入字符
length	返回当前字符串的长度
max_size	返回 string 对象中可存放的最大字符串长度
size	返回当前字符串的大小，与 length 等效
substr	取子字符串
replace	替换原字符串中的一个子串
reserve	设置字符串大小的最小值
swap	和指定字符串交换内容
resize	重新分配空间
rflnd	从指定位置开始由后向前查找某字符串在当前字符串中的位置

说明：C++字符串并不像 C 语言风格的字符串那样以"\0"结尾。上述 string 类的成员函数中，data()、c_str()和 copy()都可以将 string 转换为 C 语言风格的字符串。其中 data()以字符数组的形式返回字符串内容，但并不添加"\0"结尾符。c_str()返回一个以"\0"结尾的字符数组，而 copy()则把字符串的内容复制或写入已有的 c_string 或字符数组内。下面是部分string 类成员函数的操作示例。

【**例 2.10**】 部分 string 类成员函数的操作示例。

程序如下：

```
#include <iostream>
#include<string>
using namespace std;
void MemberFun(string&str)
{
    cout<<"capacity:"<<str.capacity()<<",max_size:"<<str.max_size();
    cout<<",size:"<<str.size()<<",length:"<<str.length()<<endl;
}
int main()
{
    string s1("12345");
    cout<<"s1,";
    MemberFun(s1);
```

```
        s1.resize(10,'A');
        cout<<"s1="<<s1<<endl;
        s1.at(6)='B';
        s1[7]='C';
        cout<<"s1="<<s1<<endl;
        char str2[]={'A','B','C','D','E','F'};
        string s2(str2);
        cout<<"s2,";
        MemberFun(s2);
        const char* p=s2.data();
        string s3(p);
        s3.resize(5);
        cout<<"s3,";
        MemberFun(s3);
        cout<<"s3="<<s3<<endl;
        return 0;
    }
```

程序运行结果：

```
    s1,capacity:31,max_size:4294967293,size:5,length:5
    s1=12345AAAAA
    s1=12345ABCAA
    s2,capacity:31,max_size:4294967293,size:15,length:15
    s3,capacity:31,max_size:4294967293,size:5,length:5
    s3=ABCDE
```

说明：一个 C++字符串有 3 种大小：①现有的字符数，函数是 size()和 length()，它们等效。②max_size()是指当前 C++字符串最多能包含的字符数，很可能和机器本身的限制或字符串所在位置连续内存的大小有关。一般情况下不用关心它，大小应该足够用，如果不够用，会显示 length_error 异常。③capacity()指 string 中增加内存之前所能包含的最大字符数。这里另一个需要指出的是 resize()函数，这个函数为 string 重新分配内存，重新分配的内存大小由其参数决定，默认参数为 0，这时会对 string 进行非强制性缩减。

【例 2.11】 string 类 insert 成员函数的使用。

程序如下：

```
    #include <iostream>
    #include<string>
    using namespace std;
    int main()
    {
        string str="comscience";
        string str1="puter";
        str.insert(3,str1,0,5);
        cout<<str<<endl;
        return 0;
    }
```

程序运行结果：

computerscience

说明：insert 函数的原型之一为：

string&insert (int p0, const string&s, int pos, int n) ; //在 p0 位置插入字符串 s 中 pos 开始的前 n 个
//字符

str.insert (3, str1, 0, 5)表示将 str1 字符串中编号从 0 开始的字符往后依次读取 5 个字符，插入 str 中，位置是从 str 字符串开头往后数 3 个字符，也就是在字母 m 和 s 之间。

【例 2.12】 string 类的 erase 成员函数使用。

程序如下：

```
#include <iostream>
#include<string>
using namespace std;
int main()
{
        string str("zhong yuan");
        cout<<"原始字符串为："<<str<<endl;
        str.erase(2,3);
        cout<<"现在字符串为："<<str<<endl;
        str.erase(2);
        cout<<"现在字符串为："<<str<<endl;
        str.erase();
        cout<<"现在字符串为："<<str<<endl;
        return 0;
}
```

程序运行结果：

```
原始字符串为：zhong yuan
现在字符串为：zh yuan
现在字符串为：zh
现在字符串为：
```

说明：程序中的第一个 erase 函数 str.erase(2,3)带有两个参数，第一个参数表示从哪个位置开始删除，第二个参数表示要删除几个字符，删除执行后，原始字符串 zhong yuan 变为 zh yuan。第二个 erase 函数 str.erase(2)带有一个参数，它表示从指定位置开始删除直至结尾，由于这里是 2，因此将字符串 str 中从 0 开始的第二个字符，也就是 str[1]后面的字符全部删除。第三次调用的默认 erase 函数不带参数，由于参数默认值为 0，从 0 开始往后的字符全部删除，相当于将字符串 str 清空了。

2.5 综合应用实例

【例 2.13】 在第 1 章综合应用实例的基础上，以 Account 类对象为成员，实现 Customer 类；以 Customer 类对象为成员，实现 Bank 类。Bank 类对象只是简单地记住它和它的客户之

间的联系。通过一个 Customer 数组来实现一对多的聚合关系，还需要为其设置一个整型的属性来存放当前银行中客户的数目。

（1）Customer 类的成员。

① 私有属性：name 和 account 对象。

② 适当的构造方法。

③ 公有的成员方法 getName：返回 name 的属性。

④ 公有的成员方法 setAccount：对对象成员 account 进行设置。

⑤ 公有的成员方法 getAccount：取得对象成员 account 的值。

（2）Bank 类的成员。

① 私有属性。

customers：一个 Customer 类的对象数组。

numberOfCustomers：银行当前客户的数量，每增加一个客户，其值加 1。

② 适当的构造方法。

③ 公有的成员方法 addCustomer：通过参数(name)创建一个新的 Customer 对象，并把它存放在 customers 对象数组中。同时，它必须增加 numberOfCustomers 的值。

④ 公有的成员方法 getNumOfCustomers：返回 numberOfCustomers 属性的值。

⑤ 公有的成员方法 getCustomer：返回对象数组中指定下标为 index 的 customer 对象。

参考代码：

```cpp
#include<iostream>
#include<string>
using namespace std;
class Account
{
private:
    double balance;
public:
    Account(double bl):balance(bl){}
    Account()
    {
        balance=0;
    }
    double getBalance()
    {
        return balance;
    }
    void deposit(double sv)
    {
        balance=balance+sv;
    }
    bool withdraw(double sv)
    {
        if (sv<balance)
        {
```

```cpp
                balance=balance-sv;
                return true;
            }
            else
                return false;
        }
};
class Customer
{
private:
    string name;
    Account account;
public:
    Customer() {}
    Customer(string name)
    {
        this->name=name;
    }
    string getName()
    {
        return name;
    }
    void setAccount(Account account)
    {
        this->account=account;
    }
    double getAccount()
    {
        return account.getBalance();
    }
};
class Bank
{
private:
    Customer customers[200];
    int numberOfCustomers;
public:
    Bank()
    {
        numberOfCustomers=0;
    }
    void addCustomer(string name)
    {
        Customer c1(name);
        customers[numberOfCustomers]=c1;
```

```cpp
                numberOfCustomers++;
        }
        int getNumOfCustomers()
        {
                return numberOfCustomers;
        }
        Customer & getCustomer(int index)
        {
                return customers[index];
        }
};
int main()
{
        double money;
        Bank bank;
        bank.addCustomer("Simms");
        bank.addCustomer("Bryant");
        bank.addCustomer("Soley");
        bank.addCustomer("Soley");
        bank.getCustomer(0).setAccount(Account(500));
        bank.getCustomer(1).setAccount(Account(500));
        bank.getCustomer(2).setAccount(Account(500));
        bank.getCustomer(3).setAccount(Account(500));
        for(int i=0;i<bank.getNumOfCustomers();i++)
        {
                Customer c=bank.getCustomer(i);
                cout<<"Customer ["<<i+1<<"] is "<<c.getName()<<endl;
        }
        cout<<"Testing Customer's Account ...\n";
        Customer c=bank.getCustomer(0);
        Account acct=c.getAccount();
        cout<<c.getName()<<" input withdraw money:"<<endl;
        cin>>money;
        acct.withdraw(money);
        cout<<"input deposit money:"<<endl;
        cin>>money;
        acct.deposit(money);
        cout<<"input withdraw money:"<<endl;
        cin>>money;
        acct.withdraw(money);
        cout<<"Customer ["<<c.getName()<<"] has a balance of "<<acct.getBalance()<<endl;
        system("pause");
        return 0;
}
```

程序运行结果：

```
Customer [1] is Simms
Customer [2] is Bryant
Customer [3] is Soley
Customer [4] is Soley
Testing Customer's Account ...
Simms input withdraw money:
100
input deposit money:
50
input withdraw money:
200
Customer [Simms] has a balance of 250
请按任意键继续. . .
```

习题 2

一、选择题

1．下列各类函数中，_____不是类的成员函数。

（A）构造函数 （B）析构函数

（C）友元函数 （D）拷贝初始化构造函数

2．友元的作用是_____。

（A）提高程序的运行效率 （B）加强类的封装性

（C）实现数据的隐藏性 （D）增加成员函数的种类

3．下面对于友元函数描述正确的是_____。

（A）友元函数的实现必须在类的内部定义

（B）友元函数是类的成员函数

（C）友元函数破坏了类的封装性和隐藏性

（D）友元函数不能访问类的私有成员

4．设 A 类将其他类对象作为成员，则建立 A 类对象时，下列描述正确的是_____。

（A）A 类构造函数先执行 （B）成员构造函数先执行

（C）两者并行执行 （D）不能确定

5．下列静态数据成员的特性中，错误的是_____。

（A）静态数据成员的声明以关键字 static 开头

（B）静态数据成员必须在文件作用域内初始化

（C）引导数据成员时，要在静态数据成员前加（类名）和作用域运算符

（D）静态数据成员不是类所有对象共享的

6．下列有关静态成员函数的描述中，正确的是_____。

（A）在静态成员函数中可以使用 this 指针

（B）在建立对象前，就可以为静态数据成员赋值

（C）静态成员函数在类外定义时，要用 static 前缀

（D）静态成员函数只能在类外定义

7．下列有关友元函数的描述中，正确的说法是_____。

（A）友元函数是独立于当前类的外部函数

（B）一个友元函数不可以同时定义为两个类的友元函数

（C）友元函数必须在类的外部进行定义

（D）在类的外部定义友元函数时必须加上 friend 关键字

8．下列对友元的描述错误的是_____。

（A）关键字 friend 用于声明友元

（B）一个类的成员函数可以是另一个类的友元

（C）友元函数访问对象的成员不受访问特性影响

（D）友元函数通过 this 指针访问对象成员

二、阅读程序题

1．分析以下程序的执行结果。

```cpp
#include<iostream>
using namespace std;
class Sample
{
    int n;
public:
    Sample(int i){n=i;}
    friend int add(Sample &s1,Sample &s2);
};
int add(Sample &s1,Sample &s2)
{
    return s1.n+s2.n;
}
int main()
{
    Sample s1(10),s2(20);
    cout<<add(s1,s2)<<endl;
}
```

2．分析以下程序的执行结果。

```cpp
#include <iostream>
using namespace std;
class CStatic
{
public:
    CStatic(){val++;}
    static int val;
};
int CStatic::val=0;
```

```
int main()
{
    cout<<"CStatic::va1="<<CStatic::val<<endl;
    CStatic cs1;
    cout<<"cs1.val="<<cs1.val<<endl;
    CStatic cs2;
    cout<<"cs2.val="<<cs2.val<<endl;
    CStatic cs3,cs4;
    cout<<"cs1.val="<<cs1.val<<endl;
    cout<<"cs2.vaI="<<cs2.val<<endl;
    return 0;
}
```

三、简答题

1．简述面向对象中 const 的用途（请至少说明两点）。
2．简述静态数据成员和静态成员函数的特点及用途。
3．什么是友元函数？什么是友元类？简述友元的特点和用途。

四、改错题

分析下面程序是否有错误并改正。

```
#include <iostream>
using namespace std;
class MyClass
{
public:
    friend void SetMember(MyClass &my,char);
private:
    char my_char1;
    char my_char2;
};
void SetMember(MyClass &my,char mem1)
{
    my.my_char1=mem1;
}
void SetMember(MyClass &my,char mem1,char mem2)
{
    my.my_char1=mem1;
    my.my_char2=mem2;
}
int main()
{
    MyClass obj;
    SetMember(obj,5);
```

```
            SetMemberobj,7,9);
            return 0;
        }
```

五、编程题

1. 建立一个对象数组。内放 5 个学生的数据（学号、成绩），用指针指向数组首元素，输出第 1、3、5 个学生的数据。

2. 有一个学生类 student，包括学生姓名、成绩，设计一个友元函数，比较两个学生成绩的高低，并给出最高分和最低分的学生信息。

3. 采用友元函数的方法设计复数的类 Complex 点，并求两个复数加法运算。

4. Circle 类和 Point 类问题。

设计一个点类 Point，包含 x,y 两个数据成员。

设计一个圆类，包含圆心和半径两个数据成员。（1）编写合适的构造函数初始化一个圆；（2）编写计算圆面积的成员函数 getArea()。（3）编写计算圆内是否包含某个点的成员函数 contains(Point) 和 Contains(int x,int y)。

实验 2　类和对象的进一步应用

一、实验目的

通过本实验，掌握类的概念和定义，根据具体需求设计类。深入理解C++语言中类和对象的相关概念、友元函数、类的特殊成员，学习在程序设计中运用类解决实际问题。

二、实验要求

1. 掌握友元函数的声明方式；
2. 会根据类创建对象，掌握类的特殊成员的使用方法；
3. 掌握对象数组的使用方法。

三、实验内容与步骤

1. 编写扑克牌程序。设计一个扑克类Card和测试程序，实现一副扑克牌（不含大小王）。

```cpp
#include <iostream>
#include <string>
using namespace std;
class Card                          //扑克类
{
public:
    Card()                          //无参构造函数
    {
    }
    Card(string color, string num)  //构造函数
    {
```

```cpp
            this.color = color;
            this.num = num;
        }
        //实现返回扑克牌花色和牌面大小
        string toString()
        {
            return color+num;
        }
    private:
        string color;                   //牌面花色
        string num;                     //牌面大小
    };
    int main()
    {
        Card pocker[52];
        //定义数组，存储所有的花色和点数
        string colors[4]={"黑桃","红桃","梅花","方块"};
        string nums[13]={"A","2","3","4","5","6","7","8","9","10","J","Q","K"};
        //添加数组 Poker 中的扑克牌
        for(int i=0;i<13;i++){
            for(int j=0;j<4;j++){
                pocker[j* 13+i]=Card(colors[j],nums[i]);
            }
        }
        //输出数组 Poker 中的扑克牌
        for(i=0;i<52;i++)
        {
            cout<<" "<<pocker[i].toString();
            //换行
            if((i+1)%13==0){
                cout<<endl;
            }
        }
        return 0;
    }
```

运行结果：

    黑桃 A 黑桃 2 黑桃 3 黑桃 4 黑桃 5 黑桃 6 黑桃 7 黑桃 8 黑桃 9 黑桃 10 黑桃 J 黑桃 Q 黑桃 K
    红桃 A 红桃 2 红桃 3 红桃 4 红桃 5 红桃 6 红桃 7 红桃 8 红桃 9 红桃 10 红桃 J 红桃 Q 红桃 K
    梅花 A 梅花 2 梅花 3 梅花 4 梅花 5 梅花 6 梅花 7 梅花 8 梅花 9 梅花 10 梅花 J 梅花 Q 梅花 K
    方块 A 方块 2 方块 3 方块 4 方块 5 方块 6 方块 7 方块 8 方块 9 方块 10 方块 J 方块 Q 方块 K

思考：

（1）本程序是否必须使用无参构造函数，原因是什么？

（2）请思考在以上程序的基础上如何编写一个发牌程序。

2．编写程序。不使用C++标准库中的复数类Complex，自行设计并实现一个复数类

Complex，使其满足如下要求：

（1）数据成员

用来表示复数的实部real和虚部imag，实部、虚部均为小数形式。

（2）函数成员

● 构造函数，支持使用以下方式定义对象：

```
Complex c1;          //不带参数
Complex c2(4);       //只有一个参数，相当于 3+0i
Complex c3(4, -1);   //两个参数，相当于 3+4i
Complex c4(c3);      //用 c3 构造 c4
```

● 成员函数，支持使用以下方式定义对象：

```
get_real() 返回复数实部
get_imag() 返回复数虚部
show() 用于输出复数。要求以 3+4i 的形式输出
add(const Complex c2)  用于把一个复数加到自身，比如 c1.add(c2)，相当于 c1+=c2
```

● 友元函数，支持使用以下方式定义对象：

```
add(Complex c1, Complex c2) 用于实现 2 个复数相加，返回复数，比如 c3
is_equal(Complex c1, Complex c2) 用于判断 2 个复数是否相等，相等则返回 true，否则返回
                                  false
abs(Complex c1) 用于对复数进行取模运算
```

参考程序代码如下：

```cpp
#include <iostream>
#include <cmath>
using namespace std;
class Complex
{
public:
    Complex(float r = 0, float i = 0)
    {
        real=r;imag=i;
    }
    Complex(const Complex& obj)
    {
        real=obj.real, imag=obj.imag;
    }
    float get_real() const { return real; }
    float get_imag() const { return imag; }
    void show() const
    {
        if (imag == 0)
        {
            cout << real;
```

```cpp
        }
        else if(imag < 0)
        {
            cout << real << " - " << abs(imag) << "i";
        }
        else
        {
            cout << real << " + " << imag << "i";
        }
    }
    void add(const Complex c2)
    {
        real += c2.real;
        imag += c2.imag;
    }
    friend Complex add(Complex c1, Complex c2)
    {
        Complex c3;
        c3.real = c1.real + c2.real;
        c3.imag = c1.imag + c2.imag;
        return c3;
    }
    friend bool is_equal(Complex c1, Complex c2)
    {
        bool equal = false;
        if (c1.real == c2.real && c1.imag == c2.imag)
        {
            equal = true;
        }
        return equal;
    }
    friend float abs(Complex c1)
    {
        float m = 0;
        m = sqrt(c1.real * c1.real + c1.imag * c1.imag);
        return m;
    }
private:
    float real;
    float imag;
};
int main()
{
    Complex c1(4, -1);
    const Complex c2(-2);
```

```
        Complex c3(c1);
        cout << "c1 = ";
        c1.show();
        cout << endl;
        cout << "c2 = ";
        c2.show();
        cout << endl;
        cout << "c2.imag = " << c2.get_imag() << endl;
        cout << "c3 = ";
        c3.show();
        cout << endl;
        cout << "abs(c1) = ";
        cout << abs(c1) << endl;
        cout << boolalpha;
        cout << "c1 == c3 : " << is_equal(c1, c3) << endl;
        cout << "c1 == c2 : " << is_equal(c1, c2) << endl;
        Complex c4;
        c4 = add(c1, c2);
        cout << "c4 = c1 + c2 = ";
        c4.show();
        cout << endl;
        c1.add(c2);
        cout << "c1 += c2, " << "c1 = ";
        c1.show();
        cout << endl;
        return 0;
    }
```

说明：在 C++11 版本中，允许使用等号"="或者花括号"{}"进行非静态成员变量的初始化。所以对数据成员初始化时可以使用如下代码：

```
        Complex(float r = 0, float i = 0) : real{ r }, imag{ i }{ }
        Complex(const Complex& obj) : real{ obj.real }, imag{ obj.imag }{ }
```

四、编程并上机调试

定义一个点类 Point（坐标为 x, y），再定义一个圆类 Circle，类中包括如下内容。

数据成员：圆心点坐标和半径（radius），均为私有。
构造函数：可初始化圆心点坐标和半径。
成员函数：
ShowInfo()功能是显示圆心的坐标和半径。
GetPerimeter ()功能是获得圆的周长。
GetArea()功能是获得半径的值。
Ishave(Point p) 功能是判断一个坐标点是否在圆内。
在主程序中创建圆的对象并初始化各个数据成员，调用 ShowInfo()显示圆的信息，调用GetPerimenter 和 GetArea()，显示并输出圆的周长和面积，并测试一个坐标点是否在圆内。

第**3**章

继承与派生

本章主要讨论面向对象程序设计的一个极其重要的特性——继承，它是指建立一个新类，新类从一个或多个已定义的基类中继承属性（数据成员）和行为（函数成员），并可以重新定义或添加新属性和行为，从而建立类的层次结构。继承是实现软件重用的一种方法。

通过对本章的学习，应该重点掌握以下内容：

➢ 继承的概念。

➢ 派生类的建立及继承方式。

➢ 各种继承方式下基类成员的访问机制。

➢ 派生类的构造函数和析构函数。

➢ 多重继承。

➢ 虚继承和虚基类。

3.1 继承与派生的基础知识

3.1.1 继承与派生的基本概念

在传统的程序设计中，因为每个应用程序的需求不同，人们往往为每一种应用程序单独编写代码，这些程序结构和代码是不同的，也没有必然的联系，因此这种方式的软件资源难以重用。现实世界中，许多事物并不是孤立存在的，它们有着共同的特性，只是有细微差别，可以使用层次结构描述它们之间的关系。例如，交通工具的层次结构如图 3.1 所示。

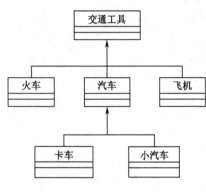

图 3.1　交通工具的层次结构

由图 3.1 可以看出，最上层是最一般的，越往下，反映的事物就越具体，并且下层包含了上层的特征，也就是说，下层继承了上层事物的特性，又添加了自己的特性。可以说下层的事物是从上层事物派生出来的一个分支，它们之间是派生与继承的关系。

类的继承是 C++语言中一个非常重要的机制，继承可以使一个新类获得其父类的操作和数据结构。

交通工具类是一个基类（也称为父类），包括速度、额定载人数量和驾驶等交通工具所共同具备的基本特性。给交通工具细分类的时候，有汽车类、火车类和飞机类等，汽车类、火车类和飞机类同样具备速度和额定载人数量这样的特性，而这些特性是所有交通工具所共有的。那么，当建立汽车类、火车类和飞机类的时候，无须再定义基类已有的数据成员，只需要描述汽车类、火车类和飞机类所具有的特性即可。例如，汽车有自己的特性，如刹车、离合、油门、发动机等。飞机类、火车类和汽车类是在交通工具类原有基础上增加了自己的特性，是交通工具类的派生类（也称为子类）。以此类推，层层递增，这种子类获得父类特性的概念就是继承。

C++通过类派生（Class Derivation）的机制支持继承（Inheritance）。一个新类从已有类获得其已有的特性称为继承。继承是面向对象程序设计中代码复用的最重要的手段之一。被继承的类称为基类（Base Class）、父类或超类（Super Class），而新产生的类称为派生类（Derived Class）或子类（Sub Class），继承关系是传递的。若类 C 继承类 B，类 B 继承类 A，则类 C 既有从类 B 那里继承下来的属性与方法，也有从类 A 那里继承下来的属性与方法，还可以有自己新定义的属性和方法。基类和派生类的集合称为类继承层次结构（Hierarchy），继承呈现了面向对象程序设计的层次结构。

一个基类可以派生出很多派生类，一个派生类也可以作为另一个新类的基类，因此基类和派生类是相对而言的。

继承的方式有两种：单一继承和多重继承。单一继承（Single Inheritance）是最简单的方式，一个派生类只从一个基类派生。多重继承（Multiple Inheritance）是指一个派生类有两个或多个基类。这两种继承方式的结构图如图 3.2 所示。

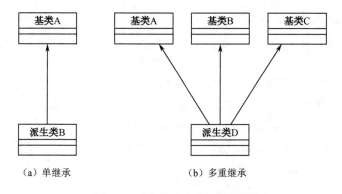

図 3.2 两种继承方式的结构图

请注意图 3.2 中箭头的方向，本书约定，箭头表示继承的方向，由派生类指向基类。通过上面的介绍可以看出基类与派生类的关系：

- 派生类是基类的具体化（基类抽象了派生类的共有特性）。
- 派生类是基类定义的延续。
- 派生类是基类的组合（即一个类可以从多个类继承，具有多个类的属性）。

继承机制除支持软件复用外，还具备以下 3 个作用：

- 对事物进行分类。
- 支持软件的增量开发。
- 对概念进行组合。

3.1.2 派生类的声明方式

声明派生类的一般格式为：

```
class 派生类名:[继承方式]基类名
{
private:
    成员表 1;                        //派生类增加或重写的私有成员
protected:
    成员表 2;                        //派生类增加或重写的保护成员
public:
    成员表 3;                        //派生类增加或重写的公有成员
};
```

其中：

- 基类名是已声明的类，派生类名是新生成的类名。
- 继承方式规定了如何访问从基类继承的成员。继承的方式包括私有继承（private）、保护继承（protected）、公有继承（public）。不同继承方式下，派生类继承的父类成员的访问权限是不同的。继承方式可以省略不写，默认的继承方式为私有继承。
- 派生类的定义中包括子类新增加的成员和继承父类需要重写的成员。新添加的成员是派生类对基类的发展，说明派生类新的属性和方法；派生类继承了父类的数据成员和成员函数，有时需要改进继承来的成员函数，以满足新类的实际需要。C++语言允许在派生类中重新声明和定义这些成员函数，使这些函数具有新的功能，称为重写或覆盖。重写函数有屏蔽、更新的作用，取代继承的基类成员，完成新功能。

● 基类的构造函数和析构函数不能被派生类继承。

下面通过一个例子来说明为什么要使用继承，以及怎样通过继承建立派生类。

【例3.1】 已知盒子类 CBox，用继承与非继承两种不同的方法定义彩色盒子类 CColorbox。

分析：盒子类具有长、宽和高，成员函数 SetLength()、SetWidth()和 SetHeight()分别设置盒子的长、宽和高，成员函数 Volume()计算盒子的体积。彩色盒子除具有以上特性外，还有一个数据成员 color 表示盒子的颜色，相应的成员函数 SetColor()用于设置彩色盒子的颜色。

用非继承的方式，分别定义 CBox 类和 CColorbox 类。

盒子类的定义：

```
class CBox                          //CBox 类的定义
{
public:
    void SetLength (double len)     //设置盒子的长
    {
        length=len;
    }
    void SetWidth(double w)         //设置盒子的宽
    {
        width=w;
    }
    void SetHeight(double h)        //设置盒子的高
    {
        height=h;
    }
    double Volume()                 //计算盒子的体积
    {
        return length*width*height;
    }
private:
    double length,width,height;
};
```

彩色盒子类的定义：

```
class CColorbox                     //CColorbox 类的定义
{
public:
    void SetLength (double len)     //设置盒子的长
    {
        length=len;
    }
    void SetWidth(double w)         //设置盒子的宽
    {
```

```
            width=w;
        }
        void SetHeight(double h)                //设置盒子的高
        {
            height=h;
        }
        double Volume()                         //计算盒子的体积
        {
            return length*width*height;
        }
        void SetColor(int c)                    //新添加的成员函数，用于设置颜色
        {
            color=c;
        }
    private:
        double length,width,height;
        int color;                              //增加新的数据成员，用 color 表示盒子的颜色
};
```

由上面两个类的定义可以看出，两个类的数据成员和函数成员有许多相同的地方。像上面定义的方式，CColorbox 类中这些相同部分都需要重复写一遍，代码的重复量大，因此可以采用继承的方式来定义这两个类。

图 3.3 给出了 CBox 类和 CColorbox 类对应的类图及继承关系。

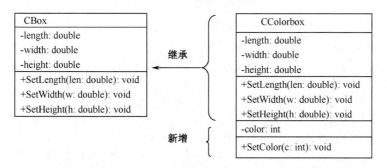

图 3.3 CBox 类与 CColorbox 类对应的类图及继承关系

使用派生类定义：

```
    class CColorbox:public CBox                 //公有继承
    {
    public:
        void SetColor(int c)                    //新增的成员函数
        {
            color=c;
        }
    private:
        int color;                              //新增的私有数据成员
    };
```

利用继承机制产生类比第一种方式简单，派生类 CColorbox 公有继承 CBox 类，包括基类 CBox 类的全部数据成员（length、width、height）和成员函数（SetWidth()、SetHeight()、SetLength()），并且添加自己的新成员——数据成员 color 和成员函数 SetColor()。当然，基类成员在派生类中的访问权限会随着继承方式的不同而发生变化。

3.1.3　派生类的构成

派生类中的成员包括从基类继承过来的成员和自己新增加的成员两大部分，前者体现派生类与基类的共性，后者体现派生类不同于基类的个性及不同派生类之间的区别。因此，派生类的构成包含以下几部分。

（1）继承基类的成员。不论是数据成员，还是成员函数，除构造函数与析构函数外全部接收，全部成为派生类的成员。

（2）重写基类成员。当基类成员在派生类的应用中不合适时，可以对继承的成员加以重写。如果派生类声明了一个与基类成员函数相同的成员函数，则派生类中的新成员屏蔽了基类同名成员，类似函数中的局部变量屏蔽全局变量，称为同名覆盖（Override）。

（3）增加新成员。新成员必须与基类成员不同名，是派生类自己的新特性。派生类新成员的加入使派生类在功能上有所发展。这一步是继承与派生的核心特征。

（4）定义构造函数与析构函数。因为派生类不继承基类的构造函数与析构函数，它需要对新添加的数据成员进行必要的初始化，所以构造函数与析构函数需要重新定义。

【例 3.2】　在例 3.1 的基础上，设计盒子类 CBox，增加成员函数 ShowBox()，显示盒子的长、宽和高，通过公有继承方式创建彩色盒子类 CColorbox。

```
class CBox                      //CBox 类的定义
{
public:
    void SetLength (double len)      //设置盒子的长
    {
        length=len;
    }
    void SetWidth(double w)          //设置盒子的宽
    {
        width=w;
    }
    void SetHeight(double h)         //设置盒子的高
    {
        height=h;
    }
protected:                          //定义保护成员函数
    double Volume()                 //计算盒子的体积
    {
        return   length*width*height;
    }
    void ShowBox()                  //显示盒子的长、宽和高
```

```
        {
            cout<<"Length:"<<length<<"Width:"<<width<<"Heigth:"<<height<<engdl;
        }
    private:
        double length,width,height;
};
class CColorbox : public CBox                        //公有继承，定义派生类 CColorbox
{
public:
    CColorbox();                    //定义自己的构造函数，可省略，由系统提供默认的构造函数
    ~ CColorbox();                  //定义自己的析构函数，可省略，由系统提供默认的析构函数
    void SetColor(int c)            //新增的成员函数
    {
        color=c;
    }
    void ShowColBox ()      //新增成员函数 ShowColBox()，显示彩色盒子的长、宽、高和颜色
    {
        ShowBox ();         //调用基类成员函数 ShowBox()，显示彩色盒子的长、宽和高
        cout<<"Color:"<<color<<engdl;
    }
private:
    int color;                      //新增的私有数据成员
};
```

3.2 类的继承方式

派生类中包含基类的成员和派生类自己增加的成员，这两部分的成员关系和访问权限该如何确定呢？在继承机制中，并不是简单地把基类的私有成员直接作为派生类的私有成员，把基类的公有成员直接作为派生类的公有成员。派生类继承的基类成员访问权限由继承方式控制。

继承方式有 3 种：公有（public）继承、保护（protected）继承和私有（private）继承。不同的继承方式决定了从基类继承来的成员的访问权限不同。下面分别介绍不同继承方式下派生类成员的访问权限。

3.2.1 公有继承

当定义一个派生类时，将继承方式指定为 public，则称为公有继承（或公有派生）。采用公有继承方式时，基类的公有成员和保护成员的访问权限在派生类中不变，而基类的私有成员在派生类中是不可访问的，它仍然是基类的私有成员。如果需要在派生类中访问所继承的基类的私有成员，则需要通过基类的公有或保护的成员函数访问。在学习继承前，一个类的类外只能访问该类的公有成员，而不能直接访问保护成员。在继承机制下，该类的派生类可以直接访问从基类继承的保护成员，因此公有派生的意义是建立派生类与基类之间的联系，

使派生类可以访问基类的公有成员和保护成员，但不能访问基类的私有成员。

公有继承下基类成员在派生类中和派生类外部的访问权限如表 3.1 所示。

表 3.1　公有继承下基类成员在派生类中和派生类外部的访问权限

基类成员的访问权限	在派生类中的访问权限		在派生类外部的访问权限
public	public	不变	可访问
protected	protected	不变	不可访问
private	不可访问		不可访问

注意：不可访问的权限只有在继承中才出现，且不能定义一个成员的权限为不可访问。不可访问比私有访问的权限小，即不但外部不能访问，在该类内部也不允许访问。

【例 3.3】　以例 3.2 中 CBox 为基类，通过 public 方式声明派生类 CColorbox，并重写基类成员函数 ShowBox()，观察基类不同成员在派生类中和派生类外部的访问权限。

程序如下：

```cpp
//声明基类 CBox，见【例 3.2】
class CColorbox: public CBox          //以 public 方式声明派生类 CColorbox
{
public:
    void SetColor(int c)
    {
        color=c;
    }
    void ShowBox()                    //重写基类成员函数 ShowBox()
    {
        //cout<< "Length="<<length<<endl;   //错误，企图直接访问基类 private 成员
        //cout <<"Width="<<width<<endl;     //错误，企图直接访问基类 private 成员
        //cout<<"Height="<<height<<endl;    //错误，企图直接访问基类 private 成员
        CBox::ShowBox( );                   //正确，通过继承的基类的 protected 成员函数间
                                            //  接访问基类 private 成员
        cout<<"color="<<color<<endl;        //可直接访问派生类自己的私有数据成员
    }
    double CVolume()                  //新增成员函数
    {
        return Volume(); // 调用基类保护成员函数，计算彩色盒子的体积
    }
private:
    int color;
};
int main()
{
    CColorbox ob1;          //定义派生类的对象，分配内存，初始化数据成员
    ob1.SetLength (1);      //调用继承基类的公有成员函数
    ob1.SetWidth(2);        //调用从基类继承的公有成员函数
    ob1.SetHeight(3);       //调用从基类继承的公有成员函数
```

```
    //ob1.height=4;            //错误，外界企图直接引用基类 private 成员（不可访问）
    ob1.SetColor(12);          //调用派生类自己增加的公有成员函数
    ob1.ShowBox();             //调用重写的公有成员函数，屏蔽基类的 ShowBox()
    //cout<<ob1.Volume ()<<endl;  //错误，外界企图调用从基类继承的 protected 成员函数
    cout<<ob1.CVolume()<<endl;  //调用派生类的公有成员函数，间接计算彩色盒子的体积
    return 0;
}
```

程序运行结果：

```
Length=1
Width=2
Height=3
Color=12
72
```

由上例可以看出公有继承下基类成员的访问机制。公有派生类的成员函数可以访问被继承的 protected、public 基类成员；而公有派生类的对象只能访问基类和派生类的 public 成员。当派生类需要访问基类的私有成员（继承后为不可访问的）时，需要调用基类的保护或公有函数间接访问。例如，派生类 CColorbox 的成员函数 ShowBox()调用了基类的成员 ShowBox()，而基类的成员 ShowBox()可以显示 length、width 和 height。

3.2.2　私有继承

当定义一个派生类时，将继承方式指定为 private，则称为私有继承。用私有继承方式建立的派生类称为私有派生类，其基类称为私有基类。采用私有继承方式时，私有基类的公有成员和保护成员在私有派生类中成为私有成员，派生类成员可访问它们，而派生类外部成员不可访问。基类的私有成员在派生类中成为不可访问的成员。私有继承下基类成员在派生类中和派生类外部的访问权限如表 3.2 所示。私有继承的意义是将基类中原来能被外部访问的成员隐藏起来，不让外部访问。

表 3.2　私有继承下基类成员在派生类中和派生类外部的访问权限

基类的访问权限	派生类中的访问权限	派生类外部的访问权限
public	private	不可访问
protected	private	不可访问
private	不可访问	不可访问

【例 3.4】　声明基类 CBox，其成员函数 void SetBox (doublelen, doublew, doubleh)用来设置盒子的长、宽和高，void ShowBox()用来显示盒子的长、宽和高。声明其私有继承派生类 CColorBox，分别定义成员函数设置和显示彩色盒子的长、宽、高和颜色。

程序如下：

```
#include<iostream>
using namespace std;
class CBox                          //声明 CBox 类
{
```

```
public:
    void SetBox (double len, double w , double h)
    {
        length=len;
        width=w;
        height=h;
    }
protected:
void ShowBox()                              //显示盒子长、宽、高的成员函数
{
    cout<< "Length="<<length<<endl;
    cout<<"Width="<<width<<endl;
    cout<<"Height="<<height<<endl;
}
private:
    double length,width;
protected:
    double height;
};
class CColorbox : private CBox              //私有派生 CColorbox 类
{
public:
    void SetColBox(double len, double w , double h,int c)
    {
        //length=len;              //错误，length 为不可访问的
        //width=w;                 //错误，width 为不可访问的
        //height=h;                //正确，height 为私有的
        SetBox(len,w,h);           //可以通过调用从基类私有继承的成员函数完成上述功能
        color =c;                  //直接访问新增加的私有成员
    }
    void ShowColBox ()
    {
        // cout<< "Length="<<length<<endl;      //错误，length 为不可访问的
        // cout<<"Width="<<width<<endl;         //错误，width 为不可访问的
        // cout <<"Height="<<height<<endl;      //正确，height 为私有的
        ShowBox();        //可以通过调用从基类私有继承的 ShowBox()实现上述功能
        cout<<"color="<< color <<endl;          //派生增加的私有成员
    }
private:
    int color;                                  //新增的私有成员
};
int main()
{
    CColorbox box1;
    //box1.SetBox (3,5,6);        //错误，继承后访问权限为私有的，不可在类外访问
    box1. SetColBox (1,2,3,4);    //通过调用派生类 SetColBox()实现设置功能
    //box1.ShowBox();             //错误，继承后访问权限为私有的，不可在类外访问
```

```
        Box1.ShowColBox();              //通过调用派生类 ShowColBox()实现显示功能
        return 0;
    }
```

由上例可以看到私有继承方式的几个特点：

（1）不能通过派生类对象（box1）访问从私有继承过来的任何成员，如 box1.SetBox(3,5,6)；或 box1. length =100。

（2）在派生类内部（如派生类的成员函数）不可以访问基类的私有成员（如 length=len，length 为基类的私有成员），但可以访问基类的公有成员和保护成员（如 height=h，height 为基类的保护成员）。

（3）如果派生类需要访问基类的私有成员，可以通过派生类的成员函数调用基类的公有或保护成员函数实现。例如：

```
        void SetColBox(double len, double w , double h,int c)
          {
                SetBox(len,w,h);    //调用基类的公有成员函数
                color =c;           //直接访问自己新增加的私有成员
          }
        void ShowColBox ()
          {
                ShowBox();                          //调用基类的保护成员函数
                cout<<"Color="<< color <<endl;      //直接访问自己新增加的私有成员
          }
```

（4）如果从派生类 CColorbox 再派生新的类，则在新类中原基类 CBox 的公有成员和保护成员都变成不可访问。

综上所述，私有派生的限制太多，使用不方便，一般不经常使用。

3.2.3 保护继承

当定义一个派生类时，将继承方式指定为 protected，则称为保护继承。在保护继承中，基类的公有成员和保护成员成为派生类的保护成员，在派生类中可以直接访问，但在派生类外不能直接访问任何基类成员。基类中的私有成员成为派生类的不可访问成员，在派生类中不可直接访问。保护继承下基类成员的访问权限如表 3.3 所示。保护继承的意义是将基类的公有成员也保护起来，不让派生类外部任意访问。

表 3.3 保护继承下基类成员的访问权限

基类成员的访问权限	派生类中的访问权限	派生类外部的访问权限
public	protected	不可访问
protected	protected	不可访问
private	不可访问	不可访问

3.2.4 继承方式的总结和比较

继承方式有 3 种，不同的继承方式，基类成员在派生类中的访问权限不同。不同继承方式下基类成员在派生类的访问权限总结如表 3.4 所示。

表 3.4　不同继承方式下基类成员在派生类中的访问权限

继承方式	public	protected	private
public 公有继承	public	protected	不可访问
private 私有继承	private	private	不可访问
protected 保护继承	protected	protected	不可访问

由表 3.4 可以看出，在继承机制下，从基类继承的保护成员允许在派生类内部访问，类外不可访问，从基类继承的私有成员在派生类中都变为不可访问成员，也就是说，在派生类中也不可访问基类的私有成员。如果善于利用保护成员与继承机制，可以在类的层次结构中找到数据共享与数据隐藏的结合点，既实现某些数据的隐藏，又方便访问，实现代码的重用和扩展。

在派生类中，成员有 4 种访问权限：公有、保护、私有和不可访问。表 3.5 说明了派生类中成员的访问权限。

表 3.5　派生类中成员的访问权限

派生类中成员的访问权限	在派生类中	在派生类外部
public	可访问	可访问
protected	可访问	不可访问
private	可访问	不可访问
不可访问	不可访问	不可访问

下面比较一下私有继承与保护继承。在直接派生类中，两种继承方式的作用实际是相同的，派生类外部不能访问从基类继承的任何成员，而在派生类内可以访问基类的公有成员和保护成员。但如果进行多层派生，即把保护派生类作为基类，或把私有派生类作为基类再做一层派生，两者就有区别了。在保护派生继承方式下，基类中的公有成员和保护成员均作为保护成员被直接子类接收，因此还可以被子类的派生类继续访问。而在私有派生继承方式下，基类中的公有成员和保护成员在派生类中的访问权限已经变为私有，因而不可以继续被下一层子类访问。

静态成员的访问控制变化和派生类中普通成员函数访问基类中的普通成员没有区别。

3.3　派生类的构造函数与析构函数

第 1 章曾介绍过，构造函数的作用是对类中的数据成员进行初始化。派生类的数据成员是由基类中的数据成员和派生类中新增的数据成员共同构成的。而在继承机制下，构造函数不能够被继承。因此，对继承过来的基类成员的初始化工作也得由派生类的构造函数完成。在定义派生类的构造函数时，由派生类构造函数初始化派生类新增数据，而基类成员的初始化由派生类构造函数调用基类构造函数来完成。

与一般非派生类相同，系统会为派生类定义一个默认构造函数（无参数、无显式初始化表、无数据成员初始化代码）用于完成派生类对象创建时的内存分配操作。但如果在派生类对象创建时需要实现以下两种操作之一，则无法使用默认构造函数来完成。

（1）派生类对象的直接基类部分创建需要传递参数。

（2）派生类对象的新数据成员需要通过参数传递初值。

为此，需要显示定义派生类构造函数。在定义派生类的构造函数时，有以下两步需要做：

（1）编写代码，完成数据成员的初始化。

（2）调用基类构造函数，使基类数据成员得以初始化。

3.3.1　简单派生类的构造函数

下面先介绍单一继承构造函数，单一继承构造函数的定义格式为：

派生类名:派生类构造函数名(参数总表):基类构造函数名(参数名表)

{

　　派生类新增成员的初始化语句

};

定义派生类的构造函数时，在构造函数的参数总表中包括基类构造函数所需的参数和派生类新增的数据成员初始化所需的参数。冒号后面是基类构造函数名(参数表)，表示要调用基类的构造函数。

下面看一下例 3.5 中构造函数的声明及调用情况。

【例 3.5】　定义简单的基类和派生类构造函数，观察它们的执行顺序。

程序如下：

```
#include <iostream>
using namespace std;
class parent
{
public:
    parent(int a)                //基类构造函数
    {
        x=a;
        cout<<"执行基类构造函数 parent()"<<endl;
    }
    void print()
    {
        cout<<"x="<<x<<endl;
    }
private:
    int x;
};
class child:public parent
{
public:
    child(int a,int b): parent(a)      //派生类构造函数
    {
        y=b;                    //初始化派生类新增数据成员
        cout<<"执行派生类构造函数 child()"<<endl;
```

```
        }
        void print_1()
        {
            print();
            cout<<"y="<<y<<endl;
        }
    private:
        int y;
    };
    int main()
    {
        child ob(1,2);
        ob.print_1();
        return 0;
    }
```

程序运行结果：

执行基类构造函数 parent()
执行派生类构造函数 child()
x=1
y=2

由例 3.5 派生类构造函数的首行可以看出，派生类构造函数名（child）后面括号内的参数表中包括参数类型和参数名（如 int a），而冒号后基类构造函数括号内的参数只有名而不包括类型（如 a），说明在这里不是定义基类的构造函数而是调用基类的构造函数，请读者注意。在主函数中定义派生类对象 child ob(1,2)将调用派生类的构造函数，那么应该先调用基类构造函数还是先调用派生类构造函数呢？由程序运行结果可以看出，在 C++语言中，简单派生类构造函数的执行次序是先调用基类构造函数，再调用派生类自己的构造函数。

注意：当在类中仅对派生类构造函数做声明时，不能包括基类构造函数名及参数表，只能在定义此派生类构造函数时才能列出。例如：

```
    class child:public parent
    {
        ...
        child(int a,int b);                    //派生类构造函数的声明，不写基类
    };
    child :: child(int a,int b): parent(a) {}    //派生类构造函数的定义
    {
        ...
    }
```

3.3.2 简单派生类的析构函数

析构函数的功能是做善后工作，其既无返回类型也没有参数，情况比较简单。在派生过程中，基类的析构函数不能继承，如果需要析构函数，则要在派生类中重新定义。派生类析

构函数的定义格式与非派生类无任何差异，只要在函数体内把派生类新增的一般成员处理好就可以。而对基类成员的善后工作，系统会自己调用基类的析构函数来完成。如果没有显式地定义析构函数，系统会自动生成一个默认的析构函数，清理工作就是靠它们来完成的。

析构函数各部分执行次序与构造函数相反，首先对派生类新增成员析构，然后对基类成员析构。

3.3.3　复杂派生类构造函数和析构函数

一个派生类中新增加的成员可以是简单的数据成员，也可以是类的对象。派生类可以是单一继承，也可以是多重继承。假如派生类是多重继承，并且新增数据成员有一个或多个对象，那么派生类需要初始化的数据有 3 部分：继承的成员、新增的对象成员和新增的普通成员。这种复杂派生类构造函数的定义格式如下：

> 派生类名::派生类构造函数名(总参数表):基类构造函数名 1(参数表 1),基类构造函数名 2(参数表 2),…子对象名 1(参数表 n),子对象名 2(参数表 n+1)…
> {
>   派生类新增普通数据成员的初始化;
> }

派生类构造函数的调用顺序如下：
- 基类构造函数，按它们在派生类定义中的先后顺序依次调用。
- 子对象的构造函数，按它们在派生类定义中的先后顺序依次调用。
- 派生类构造函数。

复杂派生类的析构函数只需要编写对新增普通成员的善后处理，而关于新增对象成员和基类的善后工作则是由对象成员和基类的析构函数来完成的。析构函数的调用顺序与构造函数相反。

【例 3.6】　复杂继承举例。

程序如下：

```
#include <iostream>
using namespace std;
class A
{
public:
    A(){a=0; cout<<"类 A 的默认构造函数.\n";}        //基类默认的构造函数
    A(int i){a=i; cout<<"类 A 的构造函数.\n";}        //基类带参数的构造函数
    ~A(){cout<<"类 A 的析构函数.\n"; }               //基类析构函数
    void Print(){cout<<a<<endl;}
    int Geta(){return a;}
private:
    int a;
};
class B
{
```

```cpp
public:
    B() {b=0; cout<<"类 B 的默认构造函数.\n"; }        //默认的构造函数
    B(int i) { b=i; cout<<"类 B 的构造函数.\n";}        //带参数的构造函数
    ~B() { cout<<"类 B 的析构函数.\n"; }                //析构函数
    void Print() const { cout<<b<<endl; }
    int Getb() { return b; }
private:
    int b;
};
class C : public A                                      //派生类，公有继承类 A
{
public:
    C() { c=0; cout<<"类 C 的默认构造函数.\n"; }        //派生类的默认构造函数
    C(int i, int j, int k);                            //派生类带参数构造函数的声明
    ~C() { cout<<"类 C 的析构函数.\n"; }                //派生类析构函数
    void Print();
private:
    int c;                                             //新增的普通数据成员
    B bb;                                              //新增 B 类的对象成员
};
//派生类构造函数的实现，基类的成员初始化 A(i)，成员对象的初始化 bb(j)
C::C(int i, int j, int k):A(i), bb(j)
{
    c=k;                                               //初始化派生类的普通成员
    c=Geta()+bb.Getb();
    cout<<"类 C 的构造函数.\n";
}
void C::Print()
{
    A::Print();
    bb.Print ();
    cout<<c<<endl;
}
int main()
{
    C cc(1,2,5);
    cc.Print();
    return 0;
}
```

程序运行结果：

```
类 A 的构造函数.
类 B 的构造函数.
类 C 的构造函数.
1
```

2

3

类 C 的析构函数.

类 B 的析构函数.

类 A 的析构函数.

下面首先分析类 A、B、C 的关系。类 A、B、C 的关系结构图如图 3.4 所示。由图 3.4 可以看出派生类 C 的数据成员包括基类的数据成员 a、派生对象 bb 的数据成员 b 和自己新增的数据成员 c。a、b、c 都需要初始化，所以在派生的构造函数定义 C::C(int i, int j, int k):A(i), bb(j) 中，分别调用基类和对象成员的构造函数初始化 a 和 b，在派生类的代码中给出了新增普通成员 c 的初始化，这样派生类中所有成员的初始化工作都完成了。由程序运行结果可以看出，构造函数的调用顺序是先调用基类再调用对象成员，然后才调用派生类自己的构造函数。当对象被删除时，派生类的析构函数执行顺序与构造函数相反。

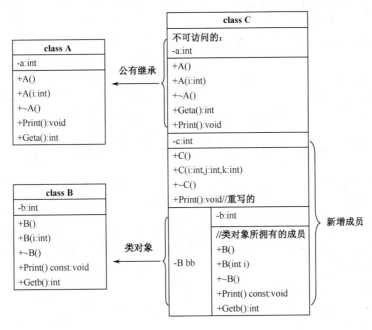

图 3.4　类 A、B、C 的关系结构图

在派生类构造函数使用中应注意以下问题：

（1）在派生类构造函数的定义中可以省略对基类构造函数的调用，其条件是在基类中必须有默认的构造函数。

（2）当基类的构造函数使用一个或多个参数时，派生类必须定义构造函数，提供将参数传递给基类构造函数的途径。在有些情况下，派生类构造函数的函数体可能为空，仅起到参数传递的作用。

（3）在多层次派生类构造函数初始化表中的基类部分，表达式一般只涉及直接基类和新增派生类数据成员的初始化操作，而间接基类的创建和初始化操作则由直接基类的构造函数定义完成。

例如，在例 3.6 的基础上再增加一个派生类 D，其定义如下：

```
class D : public C                              //派生类，公有继承类 C
```

```
                {
                public:
                    D(){ d=0; cout<<"类 D 的默认构造函数.\n"; }          //派生类的默认构造函数
                    D(int i, int j, int k,int m);                        //派生类的带参数构造函数的声明
                    ~D(){ cout<<"类 D 的析构函数.\n"; }                  //派生类的析构函数
                    void Print();
                private:
                    int d;                                               //新增普通数据成员
                };
                //类的部分成员函数实现如下：
                D::D(int i, int j, int k,int m):C(i,j,k), d(j)
                //间接基类 A 和直接基类成员对象的构造由基类 C 负责
                {
                    cout<<"类 D 的构造函数.\n";
                }
                void D::Print()
                {
                    C::Print();
                    cout<<d<<endl;
                }
```

这种分层次的构造定义有利于简化程序编码和提高源代码的可读性。

3.3.4 派生友元类

如果希望基类的私有成员能在派生类中被直接访问，但是又不希望这种被直接访问的属性从派生类向下一层次的派生类中延续，则在基类定义中将要派生的类声明为基类的友元，即从基类派生友元类。

【例 3.7】 派生友元类举例。
程序如下：

```
                #include <iostream >
                using namespace std;
                class Y;            //类的提前使用声明
                class X
                {
                public:
                    X () {x=0; cout<<"类 X 的默认构造函数.\n";}
                    X (int i) { x=i; cout<<"类 X 的构造函数.\n";}
                    ~ X () { cout<<"类 X 的析构函数.\n";}
                    void Print(){ cout<<x<<endl;}
                    friend class Y;                              //友元类的声明
                private:
                    int x;
                };
```

```
class Y:public X                                    //派生友元类，公有继承类 X
{
public:
    Y (int i,int j)
    {
        x=i;                                        //可以直接访问基类的私有成员
        y=j;
    }
    ~ Y() { cout<<"类 Y 的析构函数.\n"; }
    void Print()
    {
        cout<<"x="<<x<<"y="<<y<<endl;               //可以直接访问基类的私有成员
    }
private:
    int y;
};
int main()
{
    Y yy(1,5);
    yy.Print();
    return 0;
}
```

上述例子中，也可以通过将基类的私有成员定义为保护成员，然后使用私有继承方式定义派生类的方法得到相同的效果。

3.4 基类对象与派生类对象的相互转换

从前面的介绍可以了解到，在 3 种继承方式中，只有公有继承能较好地保留基类的特征，也就是说，只有公有派生类才是基类真正的子类型，它完整地继承了基类的功能。本节介绍基类对象与派生类对象之间的互相转换时，默认的继承方式是公有继承。

基类与派生类对象之间有赋值兼容关系，由于派生类中包含从基类继承的成员，因此可以将派生类的对象赋给基类对象，在用到基类对象时可以用其子类对象代替。具体表现在以下几个方面。

（1）派生类对象可以向基类对象赋值。可以用派生类对象对其基类对象赋值。如例 3.3 中定义的 CBox 与 CColorbox：

```
CBox box;                       //定义基类 CBox  对象 box
CColorbox colorbox;             //定义基类 CBox 的公有派生类 CColorbox 的对象 colorbox
box = colorbox;                 //用派生类对象对基类对象赋值
```

在赋值时舍弃派生类自己的成员，如图 3.5 所示。实际上，所谓赋值只是对数据成员赋值，对成员函数不存在赋值问题。

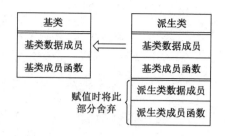

图 3.5　派生类赋值给基类

注意：赋值后不能企图通过对象 box 去访问派生类对象 colorbox 的成员，因为 box 的成员与 colorbox 的成员是不同的。分析下面的用法：

```
box.color =15;                  //错误，box 中不包含派生类中增加的成员
colorbox.color =20;             //正确，colorbox 可以访问自己新增加的成员
```

应当注意，只能用派生类对象对其基类对象赋值，而不能用基类对象对其派生类对象赋值，理由是显然的，因为基类对象不包含派生类的成员，无法对派生类的成员赋值。同理，同一基类的不同派生类对象之间也不能赋值。

（2）派生类对象可以向基类对象的引用进行赋值或初始化。例如：

```
CBox box;                       //定义基类 CBox 对象 box
CColorbox colorbox;             //定义基类 CBox 的公有派生类 CColorbox 的对象 colorbox
CBox&r1= box;                   //定义基类 CBox 对象的引用变量 r1，并用 box 对其初始化
```

这时，引用变量 r1 是 box 的别名，r1 和 box 共享同一段存储单元，也可以用子类对象初始化基类的引用变量。例如：

```
CBox&r2= colorbox;              //定义基类 CBox 对象的引用变量 r2，并用派生类 CColorbox 对象 colorbox
                                //对其初始化
```

或者保留上面第 3 行"CBox&r1= box;"，而对 r1 重新赋值：

```
r1= colorbox;                   //用派生类 CColorbox 对象 colorbox 对基类 CBox 的引用变量 r1 赋值
```

基类引用作为函数参数时，也可以将派生类的对象传递给基类引用。例如：

```
void f(CBox&box)
{
    box.SetHeight(10);
}
…
int main()
{
    CColorbox colorbox;
    …
    f(colorbox);                //正确，将派生类对象作为实参传递给基类引用（形参）
    …
    return 0;
}
```

注意： 如果将派生类对象赋值给基类引用，此时基类引用并不是派生类对象的别名，也不与派生类对象共享同一段存储单元。它只是派生类中基类部分的别名，基类引用与派生类中的基类部分共享同一段存储单元。例如，CBox&r2= colorbox；r2 与 colorbox 具有相同的起始地址，如图 3.6 所示。

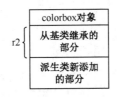

图 3.6　将派生类对象赋值给基类引用

（3）派生类对象的地址可以赋给基类对象的指针，也就是说，指向基类对象的指针也可以指向派生类对象。例如：

CBox box;	//定义基类 CBox 对象 box
CColorbox colorbox;	//定义基类 CBox 的公有派生类 CColorbox 的对象 colorbox
CBox*pt= &box;	//定义基类 CBox 对象指针变量 pt 并指向 box
pt->SetHeight(10);	//调用 box.SetHeight()函数
pt=&colorbox;	//将派生类基类地址赋值给基类指针，即 pt 指向 colorbox
pt->SetHeight(10);	//调用 box.SetHeight()函数

3.5　多重继承

前面主要介绍了单一继承，在现实世界中，很多时候一个类会有两个或两个以上的基类。例如，沙发床既继承了床的特性，又继承了沙发的特性。沙发床的多重继承结构图如图 3.7 所示。在 C++中，定义派生类时，派生类有两个或多个基类，称为多重继承（Multiple-Inheritance）。

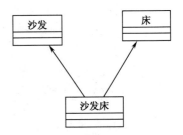

图 3.7　沙发床的多重继承结构图

3.5.1　多重继承的定义

多重继承可以看作单一继承的扩展，多重继承的定义格式如下：

```
class 派生类名:继承方式 1 基类名 1,继承方式 2 基类名 2, …
{
public:
    新增加的公有成员;
protected:
    新增加的保护成员;
private:
    新增加的私有成员;
};
```

多重继承派生类构造函数的格式如下：

> 派生类名::派生类构造函数名(总参数表):基类名1(参数表1),基类名2(参数表2)
> {
>   派生类构造函数体
> }

其中，总参数表中各个参数包含了其后基类的各个分参数表。

多重继承下派生类构造函数与单一继承下派生类构造函数相似，它必须同时负责该派生类所有基类构造函数的调用。同时，派生类的参数必须包含完成所有基类初始化所需的参数。

派生类构造函数的执行顺序是先执行所有基类构造函数，再执行派生类本身的构造函数。

处于同一层次的各基类构造函数的执行顺序取决于声明派生类时所指定的基类顺序，与派生类构造函数中所定义的成员初始化列表的各项顺序无关。另外，析构函数的调用顺序与构造函数完全相反。

【例3.8】 设计沙发床类。

分析：床类可以用来睡觉Sleep()，沙发类可以用来看电视WatchTV()。沙发床具有床和沙发两者的特性，沙发床还有自己的特性——折叠FoldOut()。因此，先定义床类和沙发类，沙发床类由这两个类派生，然后添加沙发床自己的特性。

程序如下：

```cpp
#include<iostream>
using namespace std;
class CBed                              //基类CBed
{
public:
    CBed() {cout<<"床的构造函数"<<endl;};
    void Sleep() {cout<<"可以用来睡觉"<<endl;}
    void SetWeight(int i) { weight=i;}
    int GetSleepWeight(){return weight;}
    void print(){cout<<" weight= "<< weight <<endl;}
protected:
    int weight;
};
class CSofa                             //基类CSofa
{
public:
    CSofa() { cout<<"沙发的构造函数"<<endl;};
    void WatchTV() { cout<<"可以用来看电视"<<endl;}
    void SetWeight(int i) { weight=i;}
    int GetSofaWeight(){return weight;}
    void print(){cout<<" weight= "<< weight <<endl;}
protected:
    int weight;
};
class CSleeperSofa:public CBed,public CSofa
```

```
//基类名的说明顺序决定了基类构造函数的顺序、派生类对象的内存组织顺序
{
public:
    CSleeperSofa() {cout<<"沙发床的构造函数"<<endl;};
    void FoldOut() { cout<<"可以折叠与打开"<<endl;}          //折叠与打开
    void print(){}
};
int main()
{
    CSleeperSofa ss;                                       //继承了两个基类的特性
    ss.Sleep();                                            //继承基类 CBed 的成员函数
    ss.WatchTV();                                          //继承基类 CSofa 的成员函数
    ss.FoldOut();                                          //派生类新增成员函数
    return 0;
}
```

沙发床类继承了床类和沙发类，具有沙发和床的特性，因此可以使用派生类对象 ss 调用床的 Sleep()成员函数，完成睡觉功能；通过调用沙发 WatchTV()成员函数完成看电视功能；调用新增的 FoldOut()函数可以完成折叠与打开功能。派生类对象调用构造函数的顺序是先调用基类构造函数再调用派生类构造函数。有两个基类（CBed 和 CSofa）时，基类构造函数的调用顺序是按照声明派生类时基类的排列顺序来进行的。

程序运行结果：

```
床的构造函数
沙发的构造函数
沙发床的构造函数
可以用来看电视
可以用来睡觉
可以折叠与打开
```

如果将沙发床类的定义修改为：

```
class CSleeperSofa: public CSofa, public CBed
{
    …
}
```

那么，程序运行结果将会怎样？请读者自行分析。

3.5.2 多重继承中的二义性问题

多重继承反映了现实生活中的情况，使一些复杂的问题简单化，提高了程序开发效率。但多重继承中存在两类二义性问题。

1. 调用不同基类中相同成员时产生的二义性

如果派生类的多个基类中出现相同的成员，那么在派生类中访问此成员时会出现二义性。

下面分析例 3.8 出现的二义性问题，沙发、床与沙发床的关系结构图如图 3.8 所示。

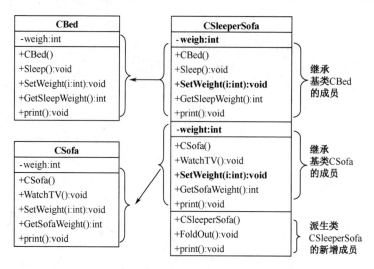

图 3.8　沙发、床与沙发床的关系结构图

由图 3.8 可以看到，两个基类中有同名的数据成员(weight)和成员函数(SetWeight())。派生类 CSleeperSofa 多重继承于两个基类，因此在 CSleeperSofa 类中有两个重量 weight，有两个成员函数 SetWeight()。如果在主函数中定义派生类对象 ob1，调用成员函数 SetWeight()，则：

```
int main()
{
    CSleeperSofa ob1;            //继承了两个基类的特性
    ob1. SetWeight (100);        //错误，出现二义性
    return 0;
}
```

两个基类中都有成员函数 SetWeight ()，编译系统无法识别要访问的是哪一个基类的成员函数，因此编译出现错误。

解决多重继承中调用不同基类中相同成员时产生的二义性问题可以使用以下方法：

（1）使用域作用符。解决二义性问题可以使用域作用符对此成员函数加以区分：

```
ob1.CBed::SetWeight (100);       //调用基类 CBed 的成员函数 SetWeight()
ob1.CSofa::SetWeight (200);      //调用基类 CSofa 的成员函数 SetWeight()
```

使用域作用符可以消除编译时产生的二义性，但是程序员需要知道类的继承层次信息，这加大了程序开发的复杂度。

（2）覆盖函数同名隐藏（覆盖）。由图 3.8 可以看出，派生类继承了两个基类的 print()函数，派生类在自己的类定义中又重写了 print()函数。如果主函数如下：

```
int main()
{
    CSleeperSofa ob1;            //继承了两个基类的特性
    ob1. print();                //正确，print()是覆盖函数，不存在二义性
    return 0;
}
```

则 ob1.print();语句能通过编译，这是因为派生类新增的成员函数 print()覆盖了基类中的同名成员，这与局部变量屏蔽全局变量类似。可以使用域作用符调用基类的成员函数，如 ob1.CBed::print()，调用基类 CBed 的 print()函数。

注意：在不是虚函数的情况下，如果派生类中新增的成员函数与基类的某一成员函数同名，则该函数会隐藏基类中所有该函数的重载函数。例如：

```cpp
#include<iostream>
using namespace std;
class CA
{
public:
    void f(int x){cout<<"the f(int) of CA!"<<endl;}
    void f(){cout<<"the f() of CA!"<<endl;}
};
class CB:public CA
{
public:
    void f(){cout<<"the f() of CB!"<<endl;}
};
int main()
{
    CB b;
    b.f();
    b.f(0);
    return 0;
}
```

则会出现编译错误——'f:function does not take 1 parameters。因为派生类中 f()函数会隐藏基类 CA 中所有 f()函数的重载函数。如果将 b.f(0)改为 b.CA::f(0)，则可正常运行，并且基类 CA 中所有 f()的重载形式在主函数中都不能通过 b 直接访问。

在派生类 CSleeperSofa 中使用覆盖函数 print()，避免编译时派生类对象调用 print()的二义性，但覆盖函数会产生如下问题：

```cpp
CBed *p;
CSleeperSofa ob1;
p=new CBed;
p->print();          //调用 CBed 类的 print()
p=&ob1;              //p 指向派生类对象 ob1
p->print();          //调用 CBed 类的 print()
```

基类指针虽然指向派生类对象 ob1，但调用的成员函数仍然为基类 CBed 的 print()，不能调用派生类 CSleeperSofa 的 print()，这就是覆盖函数会产生的问题，不提倡使用。因此 C++ 引入虚函数，关于虚函数详见第 4 章。

2．派生类中访问公共基类成员时产生的二义性

派生类有多个基类，而这些基类又是从同一个基类派生的，因此在派生类中访问公共基

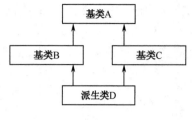

图 3.9 公共基类派生

类成员时会出现二义性。

下面通过例子来分析这种可能产生的二义性问题。

【例 3.9】一个公共基类在派生类中产生的二义性问题。

分析：类 B 与类 C 由类 A 公有派生，而类 D 由类 B 与类 C 公有派生（图 3.9 所示），则类 D 中将包含类 A 的两个副本。同一个基类在派生类中产生多个副本，不仅多占用了存储空间，而且可能会造成二义性问题。

程序如下：

```cpp
# include <iostream>
using namespace std;
class A                        //公共基类
{
public:
    int x;
    A(int a)
    {
        x=a;
        cout<<"公共基类 A 的构造函数被执行"<<endl;
    }
};
class B:public A               //由公共基类 A 派生出类 B
{
public:
    int y;
    B(int a,int b):A(b)
    {
        y=a;
        cout<<"类 B 的构造函数被执行"<<endl;
    }
};
class C:public A               //由公共基类 A 派生出类 C
{
public:
    int z;
    C(int a,int b):A(b)
    {
        z=a;
        cout<<"类 C 的构造函数被执行"<<endl;
    }
};
class D:public B,public C      //多重继承，由基类 B、C 派生出类 D
{
public:
    int m;
    D(int a,int b,int d,int e,int f):B(a,b),C(d,e)
```

```cpp
    {
        m=f;
        cout<<"类 D 的构造函数被执行"<<endl;
    }
    void Print()
    {
        cout<<"x="<<B::x<<'\t'<<"y="<<y<<endl;                    //需域作用符
        cout<<"x="<<C::x<<'\t'<<"z="<<z<<endl;
        cout<<"m="<<m<<endl;
    }
};
int main ()
{
    D d1(100,200,300,400,500);
    d1.Print();
    return 0;
}
```

程序运行结果：

```
公共基类 A 的构造函数被执行
类 B 的构造函数被执行
公共基类 A 的构造函数被执行
类 C 的构造函数被执行
类 D 的构造函数被执行
x=200     y=100
x=400     z=300
m=500
```

思考：如果将 class D 中的 Print()做如下修改可以吗？

```cpp
void Print()
{
    cout<<"x="<<x<<'\t'<<"y="<<y<<endl;
    cout<<"z="<<z<<'\t'<<"m="<<m<<endl;
}
```

根据输出的结果可以清楚地看出，在类 D 中包含了公共基类 A 的两个不同副本。这种派生关系产生的类体系如图 3.10 所示。

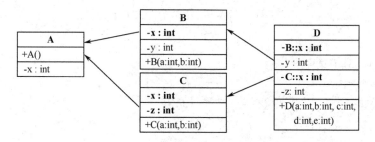

图 3.10   公共基类 A 在派生类 D 中产生两个副本

如果在多条继承路径上有一个公共基类（如基类 A），则该基类会在这些路径中的某几条路径的汇合处（如类 D）产生几个公共基类的副本。为使这样的公共基类只产生一个副本，必须将该基类说明为虚基类。详细使用方法见 3.6 节。

*3.6 虚继承和虚基类

如果一个派生类有多个直接基类，而这些直接基类又有一个共同的基类，则在最终的派生类中会保留该间接共同基类数据成员的多份同名成员。在访问这些同名的成员时，必须在派生类对象名后增加直接基类名，以避免产生二义性。另外，在一个类中保留间接共同基类的多份同名成员，虽然有时是有必要的，可以在不同的数据成员中分别存放不同数据，也可以通过构造函数分别对它们进行初始化，但在大多数情况下，这种现象是人们不希望出现的。因为保留多份数据成员的副本，不仅占用较多的存储空间，还增加了访问这些成员时的困难，容易出错。C++提供了虚基类的方法，使在继承间接共同基类时只保留一份成员（数据、成员函数）。

3.6.1 虚继承和虚基类的定义

虚继承：在继承定义中包含了 virtual 关键字的继承关系。
虚基类：在虚继承体系中通过 virtual 继承而来的基类。
语法格式如下：

```
class  派生类名:virtual  继承方式  基类类名
{
    ...
};
```

需要注意的问题如下：
（1）在这个继承关系里的基类称为该派生类的虚基类，而不是说这个基类就是虚基类。若脱离这个继承关系，该基类还可以不是虚继承体系中的基类。
（2）virtual 关键字只对紧随其后的基类名起作用。
（3）virtual 关键字可以写在继承方式之后。
（4）如果省略继承方式关键字，则默认为私有继承方式。
上述定义使基类成为派生类的虚基类，定义了虚基类之后，虚基类的成员在派生过程中和派生类一起维护同一个内存副本。
【例 3.10】 用虚继承的方法解决公共基类成员产生的二义性。
程序如下：

```
#include<iostream>
using namespace std;
class A                          //公共基类
{
public:
    int x;
```

```cpp
        A(int a)
        {
            x=a;
            cout<<"公共基类 A 的构造函数被执行"<<endl;
        }
};
class B:virtual public A                //由公共基类 A 虚继承派生出类 B
{
public:
    int y;
    B(int a,int b):A(b)
    {
        y=a;
        cout<<"类 B 的构造函数被执行"<<endl;
    }
};
class C:virtual public A                //由公共基类 A 虚继承派生出类 C
{
public:
    int z;
    C(int a,int b):A(b)
    {
        z=a;
        cout<<"类 C 的构造函数被执行"<<endl;
    }
};
class D:public B,public C                //多重继承，由基类 B、C 派生出类 D
{
    public:
        int m;
        D(int a,int b,int d,int e,int f):B(a,b),C(d,e) ,A(a)
        {m=f;}
        void Print()
        {
            cout<<"x="<<x<<'\t'<<"y="<<y<<endl;
            cout<<"z="<<z<<endl;
            cout<<"m="<<m<<endl;
        }
};
int main ()
{
    D d1(100,200,300,400,500);
    d1.Print();
    return 0;
}
```

程序运行结果：

公共基类 A 的构造函数被执行
类 B 的构造函数被执行
类 C 的构造函数被执行
x=100   y=100
z=300
m=500

仔细分析运行结果，可以发现：

（1）采用虚继承后，在类 D 中只有唯一的数据成员 x，所以在建立类 D 的对象后，调用 Print()输出 x 时，不产生二义性。

（2）类 A 为虚基类以后，公共基类 A 的构造函数仅被执行一次。因为具有虚基类的派生类构造函数与一般派生类构造函数有所不同。

在例 3.10 中，类 D 的构造函数中增加一个给虚基类的初始化列表项 A(a)，而给两个直接基类 B 和 C 的初始化列表项 B(a,b)与 C(d,e)仍然保留。

C++为了保证虚基类构造函数仅被执行一次，规定在创建对象的派生类构造函数中优先调用虚基类的构造函数，并在执行后忽略直接基类初始化列表对虚基类构造函数的调用，保证虚基类的构造函数仅被执行一次。

同样，可以使用虚继承解决例 3.8 的问题。床和沙发有很多相同的特性，因此可以将沙发和床共有的特性提取出来，建立一个家具类。这种将相似类中共有特性提取出来的过程称为分解（factoring）。分解使类的层次合理化、减少冗余。床、沙发和沙发床类分解的结构图如图 3.11 所示。家具类 CFurniture 作为虚基类被继承，这样使 CSleeperSofa 类中只保留一份 weight、SetWeight()和 GetWeight()。

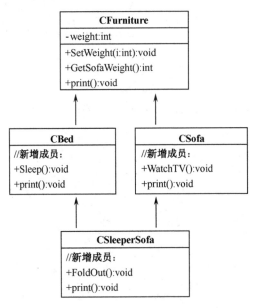

图 3.11　床、沙发和沙发床类分解的结构图

【例 3.11】　用虚基类的方法解决同名二义性问题。

程序如下：

```cpp
#include<iostream>
using namespace std;
class CFurniture
{
public:
    void SetWeight(int i) { weight=i;}
    int GetWeight(){return weight;}
protected:
    int weight;
};
class CBed : virtual public CFurniture                    //虚继承派生类 CBed
{
public:
    void Sleep() {cout<<"可以用来睡觉"<<endl;}
    void print()
    { cout<<"床样式"<<endl;}
};
class CSofa : virtual public CFurniture                   //虚继承派生类 CSofa
{
public:
    void WatchTV(){ cout<<"可以用来看电视"<<endl;}
    void print(){cout<<"沙发样式"<<endl;}
};
class CSleeperSofa:public CBed,public CSofa
{
public:
    void FoldOut()
    { cout<<"可以折叠与打开"<<endl;}
    void print()                                          //重写派生类 print()，同名覆盖基类函数
    { cout<<"沙发床样式"<<endl;}
};
int main()
{
    CSleeperSofa a;
    a.SetWeight(2);                                       //weight 只继承一份复制，不产生二义性
    a. print();                                           //同名覆盖，调用派生类 print()函数
    return 0;
}
```

所以，在解决继承产生的二义性问题时，可以将产生二义性的部分分解出来作为虚基类，这样在间接继承时，在内存中只有一个复制，故而不产生二义性。

3.6.2 虚基类及其派生类构造函数执行顺序

在同时具有虚基类和非虚基类的派生类对象的创建中，首先是虚基类的构造函数被调

用，并按它们声明的顺序调用，接着是非虚基类的构造函数按它们声明的顺序调用，其次是对象成员的构造函数，最后是派生类自己的构造函数被调用。

【例 3.12】 在有虚基类的多重继承中，分析构造函数与析构函数的执行顺序。

程序如下：

```cpp
#include<iostream>
using namespace std;
class CObject
{
public:
    CObject(){cout<<"constructor CObject\n";}
    ~CObject(){cout<<"deconstructor CObject\n";}
};
class CBclass1
{
public:
    CBclass1(){cout<<"constructor CBclass1\n";}
    ~CBclass1(){cout<<"deconstructor CBclass1\n";}
};
class CBclass2
{
public:
    CBclass2(){cout<<"constructor CBclass2\n";}
    ~CBclass2(){cout<<"deconstructor CBclass2\n";}
};
class CBclass3
{
public:
    CBclass3(){cout<<"constructor CBclass3\n";}
    ~CBclass3(){cout<<"deconstructor CBclass3\n";}
};
class Dclass:public CBclass1,virtual CBclass3,virtual CBclass2
{
private:
    CObject object;
public:
    Dclass():object(),CBclass2(),CBclass3(),CBclass1(){cout<<"派生类建立!\n";}
    ~Dclass(){cout<<"派生类析构!\n";}
};
int main()
{
    Dclass dd;
    cout<<"主程序运行!\n";
    return 0;
}
```

程序运行结果：

constructor CBclass3   //第一个虚基类，与声明的顺序有关
constructor CBclass2   //第二个虚基类
constructor CBclass1   //非虚基类
constructor CObject   //对象成员
派生类建立!
主程序运行!
派生类析构!
deconstructor CObject   //析构顺序相反
deconstructor CBclass1
deconstructor CBclass2
deconstructor CBclass3

从上面的程序运行结果可以得知，当派生类有多个基类时，先执行虚基类构造函数，再执行非虚基类构造函数，而析构函数的顺序与构造函数的顺序相反。

3.7 C++ 11 新特性之继承构造函数和委派构造函数

3.7.1 继承构造函数

C++的类具有可派生性，派生类可以自动获得基类的成员变量和接口，不过基类的构造函数则无法再被派生类使用。在类继承体系中，如果派生类要使用基类的构造函数，通常需要在构造函数中显式声明。这时候问题就来了，如果基类的构造函数很多，那么派生类的构造函数想要实现同样多的构造接口，则必须定义多个对应的构造函数，以便一一调用基类的构造函数，很显然这相当不方便，示例程序如下所示。

```
class A
{
    public:
        A( int _InInt ) {;}
        A( double _InDouble, int _InInt ) {;}
        A( float _InFloat, int _InInt, const char* _Char ) {;}
        //...   Other definitions
};
class B : public A
{
    public:
        B(int i):A(i) {;}
        B(double d,int i): A(d,i) {;}
        B(float f,const char * ch,int i):A( f,i,ch) {;}
        //...   Other definitions
```

```
            virtual void    ExtraInterface() {;}
    };
```

为此，C++11 标准中引入继承构造函数，即如果派生类要使用基类的构造函数，则可以通过 using 声明来完成，从而简化这个问题，示例程序如下所示。

```
        class A
        {
            public:
                A( int _InInt ) {;}
                A( double _InDouble, int _InInt ) {;}
                A( float _InFloat, int _InInt, const char* _Char ) {;}
                //...   Other definitions
        };

        class B: public A
        {
            public:
                using A::A;                    // 使用 A 中的构造函数
                //...   Other definitions
                virtual void ExtraInterface() {;}
        };
```

我们通过 using A::A 的声明，把基类中的构造函数都继承到派生类 B 中，并且 C++11 标准中继承构造函数被设计为与派生类中的各种类默认函数（默认构造、析构、复制构造等）一样，是隐式声明的，其优点是，如果一个继承构造函数不被相关代码使用，则其编译器不会为其产生真正的函数代码，从而更加节省目标代码空间。需要指出的是，继承构造函数只会初始化基类中的成员变量，对于派生类中的成员变量，需要自己通过初始化默认值的方式或定义构造函数来解决。

3.7.2 委派构造函数

在 C++11 标准提出之前，如果一个类有多个构造函数且要实现类成员构造，那么每个构造函数都要包含基本相同的类成员构造的代码，尤其是当构造函数有完全相同的函数体时，重复的代码会给程序员带来额外的工作量，且影响代码的可读性和可维护性。C++11 标准为了解决这个问题，提出了委派构造函数新特性。在这个特性引入之后，构造函数便可分为目标构造函数和委派构造函数。利用这个特性，程序员可以将公有的类成员构造代码集中在某一个构造函数里，这个函数被称为目标构造函数。其他构造函数通过调用目标构造函数来实现类成员构造，这些构造函数被称为委派构造函数。委派构造函数可以使程序员规避构造函数里重复的代码。委派构造函数还有一个很实际的应用：它使得构造函数的泛型编程变得更容易。

有关继承构造函数和委派构造函数的其他问题请参考 C++11 新特性等文献，在此不再赘述。

3.8 综合应用实例

【**例 3.13**】 编写一个实现学生信息和教师信息输入和显示的管理程序。学生信息包括编号、姓名、性别、生日、班级名和各门课程的成绩，教师信息包括编号、姓名、性别、生日、职称和部门。要求将学生信息和教师信息的共同特性设计成一个类（CPerson 类），作为学生类 CStudent 和教师类 CTeacher 的基类。

分析：根据题目要求，可以将编号、姓名、性别、生日作为基类 CPerson 的数据成员，为实现输入和显示这些信息，在基类 CPerson 中设计 Input()和 PrintPersonInfo()这两个成员函数。在派生类 CStudent 和 CTeacher 中主要设计自有信息输入和显示。这三个类的类图如图 3.12 所示。

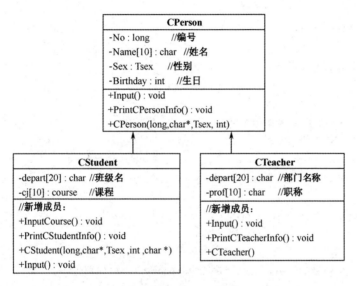

图 3.12 基类 CPerson 和派生类 CStudent、CTeacher 的类图

//示例程序

```cpp
#include<cstring>
#include<iostream>
using namespace std;
enum Tsex{man,woman};
struct course{
    char coursename[20];
    int grade;
};
class CPerson                          //基类
{
public:
    CPerson(long, char*,Tsex,int birthday);
    CPerson(){};                       //无参构造函数
    ~CPerson(){}                       //析构函数
```

```cpp
        void Input();
        void PrintCPersonInfo();
    private:
        long No;                                //编号
        char Name[10];                          //姓名
        Tsex Sex;                               //性别
        int Birthday;                           //生日1986年8月18日，输入格式为19860818
};
CPerson::CPerson(long id, char *name,Tsex sex,int birthday)
{
        No=id;
        strcpy(Name,name);                      //Name=name;错误
        Sex=sex;
        Birthday=birthday;
}
void CPerson::Input()
{
        cout<<"编号:";     cin>>No;
        cout<<"姓名:";     cin>>Name;
        cout<<"性别:";
        cin >> (int&)Sex;                       //输入0表示man，1表示woman
        cout<<"出生年月日:"; cin>>Birthday;
}
void CPerson::PrintCPersonInfo()
{
        int i;
        cout<<"编号:"<<No<<endl<<"姓名:"<<Name<<'\n'<<"性别:";
        if(Sex= =man) cout<<"男"<<'\n';
        else cout<<"女"<<'\n';
        cout<<"出生年月日:";
        i=Birthday;
        cout<<i/10000<<"年";
        i=i%10000;
        cout<<i/100<<"月"<<i%100<<"日"<<'\n';
}
class CStudent:public CPerson                   //定义派生的学生类
{
public:
        void Input()
        {
            cout<<"输入学生信息:"<<endl;
            CPerson::Input();
            cout<<"班级名"; cin>>depart;
            InputCourse();
        }
```

```cpp
        CStudent();                              //无参数构造函数
        CStudent(long id, char *name,Tsex sex,int bir,char *dep);
        ~CStudent(){}                            //析构函数
        void InputCourse();
        void PrintCStudentInfo();
private:
        char depart[20];                 //班级名
        course cj[10];                    //10 门课程名与成绩
};
CStudent::CStudent()                     //无参数构造函数
{
        for(int i=0;i<10;i++)            //将课程名设置为#，将成绩设置为 0，后续将通过键盘输入
        {
                strcpy(cj[i].coursename,"#");
                cj[i].grade=0;
        }
}
CStudent::CStudent(long id, char *name,Tsex sex,int bir,char *dep):CPerson(id,name,sex,bir)
{
        strcpy(depart,dep);
        for(int i=0;i<10;i++)            //将课程名设置为#，将成绩设置为 0，后续将通过键盘输入
        {
                strcpy(cj[i].coursename,"#");
                cj[i].grade=0;
        }
}
void CStudent::InputCourse()
{
        cout<<"请输入各科成绩:(end 结束)"<<'\n';
        char coursename[20];
        int score;
        while(1)                         //输入各科成绩，输入"end"停止
        {
                cin>>coursename;         //输入格式：物理 80
                if(!strcmp(coursename,"end")) break;
                cin>>score;
                for(int i=0;i<10;i++)
                {
                        if(strcmp(cj[i].coursename,"#")==0)  //是否未使用
                        {
                                strcpy(cj[i].coursename,coursename);
                                cj[i].grade=score;
                                break;
                        }
                }
```

```
        }
    }
    void CStudent::PrintCStudentInfo()
    {
        PrintCPersonInfo();
        cout<<"班级名："<<depart<<endl;
        cout<<"该生成绩："<<endl;
        for(int i=0;i<10;i++)            //打印各科成绩
            if(strcmp(cj[i].coursename,"#")!=0)
                cout<<cj[i].coursename<<'\t'<<cj[i].grade<<'\n';
            else break;
        cout<<"---------------- "<<endl;
    }
    class CTeacher:public CPerson                //定义派生的教师类
    {
    public:
        void Input(){
        {
            cout<<"输入教师信息："<<endl;
            CPerson::Input();
            cout<<"部门"; cin>>depart;
            cout<<"职称"; cin>>prof;
        }
        void PrintCTeacherInfo()
        {
            cout<<"输出教师信息："<<endl;
            PrintCPersonInfo();
            cout<<"部门"<<depart<<'\t';
            cout<<"职称"<<prof<<endl;
        }
        CTeacher(){};                           //无参数构造函数
    private:
        char depart[20];                        //部门名称
        char prof[10];                          //职称
    };
    int main()
    {
        CStudent stu1(994002,"王海",man,19890423,"计算机 061");
        stu1.PrintCPersonInfo();
        CStudent stu2;
        stu2.Input();                           //输入学生信息
        stu2.PrintCStudentInfo();
        CTeacher t1;
        t1.Input();                             //输入教师信息
        t1.PrintCTeacherInfo();
```

```
        return 0;
    }
```

说明：在本例中，从基类 CPerson 派生的学生类 CStudent 中有两个构造函数，一个是无参数构造函数 CStudent()，另一个是具有 5 个参数的 CStudent(long id, char *name,Tsex sex,int bir,char *dep)构造函数，实现对学生类的新增数据成员及继承 CPerson 类数据成员的初始化。此处用 5 个参数的构造函数实现对学生对象数据成员初始化的目的主要是演示初始化表向基类 CPerson 的构造函数传递参数。

在软件实际开发中，往往需要用户从键盘输入具体数据。在 CStudent 类 Input()成员函数中为实现从基类继承的编号、姓名、性别、生日这些数据成员的输入，直接调用基类的 Input 成员函数实现。同理，为显示这些信息，调用基类的 PrintCPersonInfo()，这样可降低程序开发的复杂度。

同时，注意枚举类型数据的输入，直接用 cin>>Sex 是错误的，因为没有合适的输入类型。枚举类型相当于定义了一个常量的集合，枚举类型在底层就是整数，所以 cin >> (int&)Sex; 利用类型转换实现枚举类型变量的输入。

【例 3.14】 在第 2 章综合应用案例的基础上，模拟多种银行账户类型的实现。以 Account 类作为各种账户的基类。然后用继承来创建两个专用的账户类：SavingAccount（储蓄账户）类和 CheckingAccount（信用卡账户）类，其继承关系如图 3.13 所示。

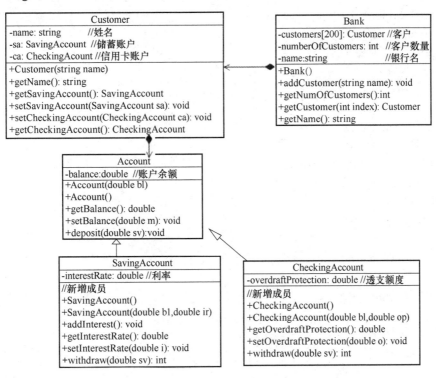

图 3.13　多种银行账户类的继承关系

要求：

（1）修改 Account 类；将 balance 属性的访问方式改为 protected，删除取款方法 withdraw()。

（2）创建 SavingAccount 类，从 Account 派生，其新特征如下。

① 储蓄账户能获得利息，增加一个属性 interestRate 表示利率。

② 随着时间的推移，储蓄账户可以获得利息，所以为 SavingAccount 类增加一个 addInterest()方法，用于把利息增加到原 balance 上。利息的计算规则为 interestRate*balance。

③ 添加取款方法，用于从当前账户中提取数量为 amount 的现金，返回值是 int 类型的，1 对应取款成功，0 对应取款失败。

（3）创建 CheckingAccount 类，从 Account 派生，其新特征如下。

① 账户允许有透支额度，增加属性 overdraftProtection 表示最大透支额度。

② 添加取款方法，用于从当前账户中提取数量为 amount 的现金，返回值是 int 类型的，2 对应正常取款成功，1 对应透支取款成功，0 对应取款失败。

③ 取款规则发生了改变：

● 如果当前余额足够支付要提取的金额 amount，则按照常规进行处理。

● 如果当前余额不够，但账户有透支额度，那么所差的部分作为透支处理。

透支处理规则：比较 amount（当前提款金额）和 balance（当前账户余额）的大小，若当前透支额度 amount-balance>overdraftProtection，那么整个交易应该放弃，提款失败。否则提款后的 balance 应为 0，提款后的最大透支额度（overdraftProtection）应该为原有最大透支额度减去当前透支额度（amount-balance）。

//示例程序

```cpp
#include<iostream>
#include<string>
using namespace std;
class Account
{
protected:
    double balance;
public:
    Account(double bl):balance(bl){}
    Account()
    {
        balance=0;
    }
    double getBalance()
    {
        return balance;
    }
    void setBalance(double m)
    {
        balance=balance+m;
    }
    void deposit(double sv)
    {
        balance=balance+sv;
    }
```

```cpp
};

class SavingAccount:public Account
{
private:
    double interestRate;
public:
    SavingAccount()
    {
        interestRate=0;
        balance=0;
    }
    SavingAccount(double bl,double ir)
    {
        balance=bl;
        interestRate=ir;
    }
    void addInterest()
    {
        setBalance(balance*interestRate+balance);
    }
    double getInterestRate()
    {
        return interestRate;
    }
    void setInterestRate(double i)
    {
        interestRate=i;
    }
    int withdraw(double sv)
    {
        if(sv<=balance)
        {
            balance=balance-sv;
            return 1;
        }
        else
            return 0;
    }
};

class CheckingAccount:public Account
{
private:
    double overdraftProtection;
```

```cpp
public:
    CheckingAccount()
    {
        overdraftProtection=0;
        balance=0;
    }
    CheckingAccount(double bl,double op)
    {
        balance=bl;
        overdraftProtection=op;
    }
    double getOverdraftProtection()
    {
        return overdraftProtection;
    }
    void setOverdraftProtection(double o)
    {
        overdraftProtection=o;
    }
    int withdraw(double sv)
    {
        if (sv<balance)
        {
            balance=balance-sv;
            return 2;
        }
        else if((sv-balance)<overdraftProtection)
        {
            overdraftProtection=overdraftProtection-sv+balance;
            balance=0;
            return 1;
        }
        return 0;
    }
};
class Customer
{
private:
    string name;
    SavingAccount sa;
    CheckingAccount ca;
public:
    Customer() {}
    Customer(string name){this->name=name;}
    string getName(){return name;}
```

```cpp
    void setSavingAccount(SavingAccount sa)
    {
        this->sa=sa;
    }
    SavingAccount& getSavingAccount()       //返回对象的引用
    {
        return sa;
    }
    void setCheckingAccount(CheckingAccount ca)
    {
        this->ca=ca;
    }
    CheckingAccount& getCheckingAccount()      //返回对象的引用
    {
        return ca;
    }
};
class Bank
{
private:
    Customer customers[200];
    int numberOfCustomers;
    const string name;                    //常成员
public:
    Bank():name ("CCB")
    {
        numberOfCustomers=0;
    }
    void addCustomer(string name)
    {
        Customer c1(name);
        customers[numberOfCustomers]=c1;
        numberOfCustomers++;
    }
    int getNumOfCustomers()
    {
        return numberOfCustomers;
    }
    Customer& getCustomer(int index)   //必须返回对象的引用
    {                             //否则将与银行的客户数组失去联系，无法更改账户信息
        return customers[index];
    }
    string getName() const    //常成员函数
    {
        return name;
```

```cpp
            }
        };
        int main()
        {
            double money;
            Bank bank;
            CheckingAccount ca1(500,200);
            SavingAccount sa1(1000,0.02);
            CheckingAccount ca2(400,150);
            SavingAccount sa2(2000,0.02);
            cout<<"银行为： "<<bank.getName()<<endl;
            bank.addCustomer("Simms");
            bank.addCustomer("Bryant");
            bank.addCustomer("Soley");
            bank.addCustomer("Soley");
            bank.getCustomer(0).setSavingAccount(sa1);
            bank.getCustomer(0).setCheckingAccount(ca1);
            bank.getCustomer(1).setSavingAccount(sa2);
            bank.getCustomer(1).setCheckingAccount(ca2);
            bank.getCustomer(2).setSavingAccount(sa1);
            bank.getCustomer(2).setCheckingAccount(ca1);
            bank.getCustomer(3).setSavingAccount(sa2);
            bank.getCustomer(3).setCheckingAccount(ca2);
            cout<<"银行有下列客户： "<<endl;
            for(int i=0;i<bank.getNumOfCustomers();i++)
            {
                Customer c=bank.getCustomer(i);
                cout<<"Customer ["<<i+1<<"] is "<<c.getName()<<endl;
            }
            cout<<"Testing Customer's Account ...\n";
            Customer c=bank.getCustomer(0);
            SavingAccount sacct=c.getSavingAccount();
            cout<<"准备测试客户"<<c.getName()<<"存款账户!\n";//测试存款账户
            cout<<"当前存款账户余额为： "<<sacct.getBalance()<<endl;
            cout<<"输入取款金额： "<<endl;
            cin>>money;
            if(sacct.withdraw(money))
                cout<<"取款成功，当前账户余额为： "<<sacct.getBalance()<<endl;
            else
                cout<<"操作失败，当前账户余额不足，账户余额为： "<<sacct.getBalance()<<endl;
            c=bank.getCustomer(1);
            CheckingAccount cacct=c.getCheckingAccount();
            cout<<"准备测试客户"<<c.getName()<<"信用卡账户!\n";          //测试信用卡账户
            cout<<"当前信用卡账户余额为： "<<cacct.getBalance()<<",可用额度为： "<<cacct.getOverdraft
Protection() <<endl;
```

```cpp
            cout<<"输入取款金额："<<endl;
            cin>>money;
            int t;                                    //接收取款返回的结果
            t=cacct.withdraw(money);
            if(t==2)
                cout<<"取款成功！当前账户余额为："<< cacct.getBalance()<<",当前可用透支额度为：
"<<cacct.getOverdraftProtection() <<"\n";
                else if(t==1)
                cout<<"取款成功！当前账户已经透支！当前可用透支额度为："<<cacct.getOverdraft
Protection() <<"\n";
                else
                cout<<"取款失败！当前账户已经透支！当前余额为："<<cacct.getBalance()<<",当前可用
透支额度为："<<cacct.getOverdraftProtection() <<"\n";
                return 0;
        }
```

程序运行结果：

```
银行为：CCB
银行有下列客户：
Customer [1] is Simms
Customer [2] is Bryant
Customer [3] is Soley
Customer [4] is Soley
Testing Customer's Account ...
准备测试客户 Simms 存款账户!
当前存款账户余额为：1000
输入取款金额：
500↙
取款成功，当前账户余额为：500
准备测试客户 Bryant 信用卡账户!
当前信用卡账户余额为：400，可用额度为：150
输入取款金额：
500↙
取款成功！当前账户已经透支！当前可用透支额度为：50
```

【例 3.15】 编写程序，实现某个公司的工资管理。该公司主要有四类人员：经理、技术员、销售员和销售经理。要求存储这些人员的编号、姓名，能计算各类人员的月工资并显示该员工的全部信息。他们的月收入如下。

经理：月工资固定 8500 元。

技术员：按每小时 150 元计算。

销售员：按当月销售额的 7%提取。

销售经理：每月固定 4000 元，另按其部门每月销售额的 0.5%提成。

分析：依题意设计一个基类 Employee，其中有 3 个数据成员 no（编号）、name（姓名）、salary（月工资）和成员函数 pay（计算月工资）、display（显示月工资）及构造函数。由基类 Employee 派生出经理、技术员、销售员、销售经理这 4 个类。工资管理类层次结构如图 3.14 所示。

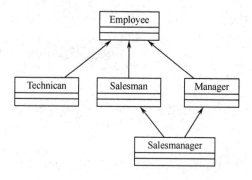

图 3.14 工资管理类层次结构

// 示例程序

```cpp
#include <cstring>                              //或者#include<String.h>
#include<iostream>
using namespace std;
class Employee                                  //基类
{
public:
    Employee()    {salary = 0;}
    Employee(int n,char*s)
    {
        no=n;
        strcpy(name,s);
        salary = 0;
    }
    void pay(){}                                //计算月工资
    void display(){}                            //显示月工资
protected:
    int no;                                     //编号
    char name[10];                              //姓名
    double salary;                              //月工资
};

class Technican:public Employee                 //技术员类
{
public:
    Technican(int n,char *s):Employee(n,s)      //构造函数
        {hourlyrate = 150;}
    void pay()                                  //计算月工资
    {
        cout << "技术员：" << name << ", 月工作小时：";
        cin >> workhours;
        salary = hourlyrate * workhours;
    }
    void display()                              //显示月工资
```

```cpp
    {
        cout << "技术员: " << name << ", 编号: " << no << ", 月工资: " << salary << endl;
    }
private:
    double hourlyrate;
    int workhours;
};

class Salesman:virtual public Employee          //销售员类
{
public:
    Salesman(int n,char *s):Employee(n,s)
    {commrate = 0.07;}
    Salesman()
    {commrate = 0.07;}
    void pay()
    {
        cout << "销售员: " << name << ", 月销售额: ";
        cin >> sales;
        salary = sales * commrate;
    }
    void display()
    {
        cout << "销售员: " << name << ", 编号: " << no
             << ", 月工资: " << salary << endl;
    }
protected:
    double commrate, sales;
};
class Manager :virtual public Employee          //经理类
{
    public:
        Manager(int n,char *s):Employee(n,s)
        {monthpay = 8500;}
        Manager()
        {monthpay = 8500;}
        void pay(){ salary = 8500; }
        void display()
        {
            cout << "经理: " << name << ", 编号: " << no
                 << ", 月工资: " << salary << endl;
        }
    protected:
```

```
            double monthpay;
        };
        class Salesmanager : public Manager, public Salesman        //销售经理类
        {
        public:
            Salesmanager(int n,char *s): Employee(n,s)
            {monthpay = 4000;commrate = 0.005; }
            void pay()
            {
                cout << "销售经理：" << name << "，部门销售额：";
                cin >> sales;
                salary = monthpay + sales * commrate;
            }
            void display()
            {
                cout << "销售经理：" << name << "，编号：" << no << "，月工资：" << salary << endl;
            }
        };
        int main()
        {
            Technican t(101,"王海");
            Manager m(103,"张锦歌");
            Salesman s(102,"李葆");
            Salesmanager sm(105,"付建飞");
            m.pay(); m.display();
            t.pay(); t.display();
            s.pay(); s.display();
            sm.pay(); sm.display();
            return 0;
        }
```

程序运行结果：

```
经理：张锦歌，编号：103，月工资：8500
技术员：王海，月工作小时：40↙
技术员：王海，编号：101，月工资：6000
销售员：李葆，月销售额：50000↙
销售员：李葆，编号：102，月工资：3500
销售经理：付建飞，部门销售额：100000↙
销售经理：付建飞，编号：105，月工资：4500
```

说明：销售经理类 Salesmanager 是从经理类 Manager 和销售员类 Salesman 派生出来的，而经理类 Manager 和销售员类 Salesman 共同派生自基类 Employee，所以采用虚基类避免 no（编号）、name（姓名）、salary（月工资）这些成员重复继承。

习题 3

一、选择题

1. 下列对派生类的描述中，错误的是_____。
（A）一个派生类可以作为另一个派生类的基类
（B）派生类至少有一个基类
（C）派生类的默认继承方式是 private
（D）派生类只继承了基类的公有成员和保护成员

2. 下列说法中错误的是_____。
（A）公有继承时基类中的 public 成员在派生类中仍是 public 的
（B）公有继承时基类中的 private 成员在派生类中仍是 private 的
（C）私有继承时基类中的 public 成员在派生类中是 private 的
（D）保护继承时基类中的 public 成员在派生类中是 protected 的

3. 下列虚基类的声明中正确的是_____。
（A）class virtual B: public A
（B）virtual class B: public A
（C）class B: public A virtual
（D）class B: virtual public A

4. 建立派生类对象时，3 种构造函数分别是 a（基类的构造函数）、b（成员对象的构造函数）、c（派生类的构造函数），这 3 种构造函数的调用顺序为_____。
（A）abc
（B）acb
（C）cab
（D）cba

二、改错题

1.

```
#include<iostream>
#include<string>
using namespace std;
class Student
{
public:
    Student(string a,int b,char c)
    {
        name=a;
        age=b;
        sex=c;
    }
    Student()
    {}
```

```cpp
        void print()
        {
            cout<<"name:"<<name<<"age:"<<age<<"sex:"<<sex<<endl;
        }
    private:
        int age;
        string name;
        char sex;
};
class student1:public Student
{
public:
    student1(string a,int b,char c,string d):Student(a,b,c),addr(d)
    void show()
    {
        Student::print();
        cout<<"address"<<addr<<endl;
    }
private:
    string addr;
};
int main()
{
    student1 jim("Jim",18,'b',"china");
    jim.print();
    Student tom("tom",18,'b');
    tom.print();
    return 0;
}
```

2.

```cpp
#include<iostream>
using namespace std;
class A
{
protected:
    int a:
public:
    A(int x){a=x;}
};
class B: public A
{
protected:
    int b:
public:
    B(int x,int y)
```

```cpp
        {
            b=y;
        }
        int get()
        {
            return (a+b);
        }
};
int main()
{
    B obj(100,200);
    cout<<obj.get();
    return 0;
}
```

3.

```cpp
#include<iostream>
using namespace std;
class A{
public:
    void fun()
    {cout<<"a.fun"<<endl;}
};
class B{
public:
    void fun(){cout<<"b.fun"<<endl;}
    void gun(){cout<<"b.gun"<<endl;}};
class C:public A,public B{
private:
    int b;
public:
    void gun(){cout<<"c.gun"<<endl;}
};
int main()
{
    C obj;
    obj.fun();
    obj.gun();
    return 0;
}
```

四、简答题

1. 叙述继承与派生的定义。什么叫单一继承？什么叫多重继承？
2. 叙述基类成员经公有继承后，在派生类中访问权限的变化。叙述基类成员经私有继承后，在派生类中访问权限的变化。

3．叙述用派生类定义对象时，构造函数的调用和执行过程。

五、编程题

1．设计一个圆类 circle 和一个桌子类 table，另设计一个圆桌类 roundtable，它是从前两个类派生出来的，要求输出一个圆桌的高度、面积和颜色等数据。

2．定义一个基类 Animal，由私有整型成员变量 age 构造其派生类 dog，在其成员函数 SetAge(int n)中直接给 age 赋值，看看会有什么问题。把 age 改为公有成员变量，还会有问题吗？编程试试看。

3．定义描述矩形的类 Rectangle，其数据成员为矩形的长（Length）与宽（Width）。成员函数为计算矩形面积的函数 Area()与构造函数。由矩形类派生出长方体类 Cuboid，其数据成员为长方体的高（Height）与体积（Volume）。成员函数为构造函数，计算体积的函数 Vol()，以及显示长、宽、高与体积的函数 Show()。主函数中用长方体类定义长方体对象 cub，并赋初始值(10,20,30)，最后显示长方体的长、宽、高与体积。

4．定义一个车基类 vehicle，具有 MaxSpeed、Weight 等成员变量和 Run、Stop 等成员函数，由此派生出自行车类 bicycle、汽车类 motorcar。自行车类 bicycle 有高度（Height）等属性，汽车类 motorcar 有座位数（SeatNum）等属性。从 bicycle 类和 motorcar 类派生出摩托车类 motorcycle，在继承过程中，注意把 vehicle 设置为虚基类。如果不把 vehicle 设置为虚基类，会有什么问题？

实验 3 继承与派生的应用

一、实验目的

通过本实验，掌握继承与派生的概念，运用继承机制对现有类进行重用。掌握继承中的构造函数与析构函数的调用顺序。学习在程序设计中运用继承与派生解决实际问题，从而进一步体会继承在提高代码重用性及程序开发效率方面的重要性。

二、实验要求

1．掌握派生类的声明方式；
2．理解继承中的构造函数与析构函数的调用顺序；
3．为派生类设计合适的构造函数初始化派生类；
4．掌握使用派生类构造函数初始化基类成员和对象成员的方法。

三、实验内容与步骤

1．下面设计一个基类base，内部有构造函数与析构函数。然后通过公有继承派生出subs类，内部也有构造函数与析构函数。运行以下程序并分析执行结果。

```
#include<iostream>
using namespace std;
class base
```

```
{
public:
    base(){cout<<"constructing base class"<<endl;}
    ~base(){cout<<"destructing base class"<<endl;}
};
class subs:public base
{
public:
    subs(){cout<<"constructing sub class"<<endl;}
    ~subs(){cout<<"destructing sub class"<<endl;}
};
int main()
{
    subs s;
    return 0;
}
```

输出为：

2. 下面设计一个基类base，内部有构造函数与析构函数。然后通过公有继承派生出subs类，内部也有构造函数与析构函数，还有一个对象成员bobj。运行以下程序并分析执行结果。通过本例理解对象成员初始化过程。

```
#include<iostream>
using namespace std;
class base
{
    int n;
public:
    base(int a)
    {
        cout<<"constructing base class"<<endl;
        n=a;
        cout<<"n="<<n<<endl;
    }
    ~base(){cout<<"destructing base class"<<endl;}
};
class subs:public base
{
    base bobj;
    int m;
public:
    subs(int a,int b,int c):base(a),bobj(c)
    {
        cout<<"constructing sub cass"<<endl;
        m=b;
```

```
                cout<<"m="<<m<<endl;
        }
        ~subs(){cout<<"destructing sub class"<<endl;}
    };
    int main()
    {
        subs s(1,2,3);
        return 0;
    }
```

输出为：

思考问题：

（1）class subs:public base 改成私有继承 class subs:private base，结果会发生改变吗？

（2）对象成员 bobj 是如何被初始化的？

3．下面设计一个基类A，在内部定义i,j私有数据成员，同时定义构造函数A()和add()、print()两个成员函数。通过公有继承派生出B类，内部有构造函数B()与ad()、p()、print()三个成员函数，其中print()成员函数与基类同名。运行以下程序并分析执行结果。

```
#include<iostream>
using namespace std;
class A
{
private:
    int i,j;
public:
    A(int a,int b) {i=a;j=b;}
    void add(int x,int y){i+=x;j+=y;}
    void print()
    { cout<<"i="<<i<<'\t'<<"j="<<j<<endl;}
};
class B:public A
{
private:
    int x,y;
public:
    B(int a,int b,int c,int d):A(a,b)
    {
        x=c;y=d;
    }
    void ad(int a,int b)
    {
        x+=a;y+=b;
        add(-a,-b);
    }
    void p()
```

```
        {
            A::print();        //①
        }
        void print()
        { cout<<"x="<<x<<'\t'<<"y="<<y<<endl;}
    };
    int main()
    {
        A a(100,200);
        a.print();
        B b(200,300,400,500);
        b.ad(50,60);
        b.A::print();
        b.print();
        b.p();
        return 0;
    }
```

输出为：

思考问题：为什么不把A::print();写成print()，有什么区别？

四、编程并上机调试

1. 定义一个描述桌子的 Table 类（高度、重量成员），一个描述圆的 Circle 类（半径，求面积函数），由它们共同派生出 CircleTable 类。

2. 设计一个用于人事管理的"People（人员类）"基类。考虑到通用性，仅抽象出各类人员都具有的属性：编号、姓名、性别、出生日期、身份证号等；

从 People（人员）类派生出 Student（学生）类，并添加属性：班号 class No；

从 People 类派生出 Teacher（教师）类，并添加属性：职务 principalship、部门 department；

从 Student 类中派生出 Graduate（研究生）类，并添加属性：专业 subject、导师 adviser（该属性是 Teacher 类对象）；

从 Graduate 类和 Teacher 类派生出助教类 TA，无新的属性。设计该类时注意虚基类的使用，同时注意重载相应的成员函数。

编写 main()函数测试这些类。在 main()函数中设计测试用例时，注意考虑如何体现成员函数的覆盖。

第 **4** 章

多态性

多态性（Polymorphism）是面向对象程序设计的主要特征之一。多态性对于软件功能的扩展和软件复用都有重要作用，它是学习面向对象程序设计必须要掌握的主要内容之一。在这一章中通过一些简明扼要的例题介绍了运算符的重载、联编和虚函数等内容。

通过对本章的学习，应该重点掌握以下内容：

➤ 多态性的概念和作用，多态的实现方法。

➤ 常见运算符的重载。

➤ 静态联编和动态联编。

➤ 虚函数、虚析构函数的概念和用法。

➤ 纯虚函数和抽象基类的概念和用法。

4.1　多态性的概念

多态性（Polymorphism）是面向对象程序设计的重要特性之一，它与封装性和继承性一起构成了面向对象程序设计的三大特性。多态性是指当不同的对象收到相同的消息时，产生不同的动作。利用多态性可以设计和实现一个易于扩展的系统。

在现实生活中我们可以看到很多多态性的例子，如学校的上课铃响起的时候，不同班级的学生要去不同的教室上课，由于事先已经对各个班级的学生指定了不同教室，因此在得到同一个消息时（听到上课铃声的时候），学生们都知道去哪个教室，这就是多态性。若不利用多态性，当上课铃声响起的时候，再来对每一个学生一一指定教室，那该是一件多么繁重的体力劳动。现在利用多态性，在课前预先指定教室，就可以节省很多工作，大大提高了工作效率。

在面向对象程序设计中，多态性主要体现在：向不同的对象发送同一个消息，不同的对象在接收时会产生不同的行为（即方法），也就是说，每个对象可以用自己的方式去响应同一个消息。C++支持两种形式的多态性，第一种是编译时的多态性，称为静态联编。编译时的多态性是指程序在编译前就可以确定的多态性，通过重载机制来实现，重载包括函数重载和运算符重载。第二种是运行时的多态性，也称为动态联编。运行时的多态性是指必须在运行中才可以确定的多态性，是通过继承和虚函数来实现的。

4.2　运算符重载

4.2.1　运算符重载概述

在以前的学习中，C++中预定义的运算符的操作对象只能是基本数据类型，如 int 或 float 等。实际上，对于很多用户自定义的类型（如类），也需要有类似的运算操作。

例如，复数类 Complex。

```
class Complex
{
public:
    Complex () { real=image=0; }
    Complex (double r, double i)
    {
        real = r ;image = i;
    }
    void Print();
private:
    double real, image;
};
void Complex::Print()
{
```

```
        if(image<0) cout<<real<<image<<'i';
        else cout<<real<<'+'<<image<<'i';
    }
```

声明复数类的对象：complex c1(2.0, 3.0), c2(4.0, -2.0), c3。如果需要对 c1 和 c2 进行加法运算，输入"c3=c1+c2"，编译时却会出错，这是因为编译器不知道该如何完成这个加法。这时就需要编写程序使"+"运算符作用于 complex 类的对象，这就是运算符的重载。运算符重载是对已有运算符赋予多重含义，使同一个运算符作用于不同类型的数据时，导致相应类型的行为。

C++中运算符的重载虽然给我们设计程序带来很多的方便，但对运算符重载时，以下的几种情况需要注意：

（1）一般来说，不改变运算符原有含义，只让它能针对新类型数据的实际需要，对原有运算符进行适当的改造。例如，重载"+"运算符后，它的功能还是进行加法运算。

（2）重载运算符时，不能改变运算符原有的优先级别，也不能改变运算符需要的操作数的数目。重载之后运算符的优先级和结合性都不会改变。

（3）不能创建新的运算符，只能重载 C++中已有的运算符。

（4）有些运算符不能进行重载。例如："."类成员运算符、".*"类成员指针访问运算符、"::"类作用域运算符、"？:"条件运算符及"sizeof"求字节数运算符。

4.2.2 运算符重载的实现

运算符重载的本质就是函数重载。在实现过程中，首先把指定的运算表达式转化为对运算符函数的调用，运算对象转化为运算符函数的实参，然后根据实参的类型来确定需要调用的函数，这是在编译过程中完成的。

运算符重载（函数）的形式有两种：重载为类的成员函数和重载为类的友元函数。

1．运算符重载为类的成员函数

语法格式如下：

```
    函数类型  operator 运算符(形参表)
    {
        函数体;
    }
```

例如，若将"+"用于上述 complex 复数类的加法运算，成员函数的原型可以是这样的：

```
    complex operator+ (complex c);
```

注意：在成员函数运算符重载中，第一操作数隐含为当前对象，所以单目运算符形参表没有参数，双目运算符形参表中的参数为第二操作数。

2．运算符重载为类的友元函数

运算符还可以重载友元函数。当重载友元函数时，没有隐含的参数 this 指针。针对双目运算符，友元函数有两个参数；针对单目运算符，友元函数有一个参数。

语法形式如下：

> friend 函数类型 operator 运算符(形参表)
> {
>   函数体；
> }

运算符重载为友元函数时，要在声明函数类型之前使用 friend 关键词来说明。

例如，想将"+"用于 complex 复数类的加法运算时，友元函数的原型是这样的：

> friend complex operator+ (complex c1,complex c2);

以上两种格式中，函数类型指定了运算符重载函数的返回值类型，operator 是定义运算符重载函数的关键字，运算符给定了要重载的运算符名，必须是 C++中可重载的运算符，形参表中给出重载运算符所需要的参数和类型。形参常为参加运算的对象或数据。

说明：

当运算符重载为类的成员函数时，函数的参数个数比原来的运算符个数要少一个（隐含了一个参数，该参数是 this 指针）；当重载为类的友元函数时，参数个数与原运算符的个数相同。

在多数情况下，将运算符重载为类的成员函数和类的友元函数都是可以的，但成员函数运算符与友元函数运算符都具有各自的特点：

（1）一般情况下，单目运算符最好重载为类的成员函数；双目运算符则最好重载为类的友元函数。

（2）不能重载为类的友元函数的双目运算符有：=、()、[]、->。

（3）类型转换函数只能定义为一个类的成员函数而不能定义为类的友元函数。

（4）若一个运算符的操作需要修改对象的状态，则选择重载为成员函数较好。

（5）若运算符所需的操作数（尤其是第一个操作数）希望有隐式类型转换，则只能选用友元函数。

（6）当运算符函数是一个成员函数时，最左边的操作数（或者只有最左边的操作数）必须是运算符类的一个类对象（或者是对该类对象的引用）。如果左边的操作数必须是一个不同类的对象，或者是一个内部类型的对象，则该运算符函数必须作为一个友元函数来实现。

（7）当需要重载运算符具有可交换性时，选择重载为友元函数。

4.2.3　单目运算符重载

类的单目运算符可重载为一个没有参数的非静态成员函数或者带有一个参数的非成员函数，参数必须是用户自定义类型的对象或者是对该对象的引用。在 C++中，单目运算符有"++"和"−−"，它们是变量自动增 1 和自动减 1 的运算符。在类中可以对这两个单目运算符进行重载。

如同"++"运算符有前缀、后缀两种使用形式，"++"和"−−"重载运算符也有前缀和后缀两种运算符重载形式，以"++"重载运算符为例，其语法格式如下：

> 函数类型　operator ++();　　　//前缀运算
> 函数类型　operator ++(int);　　//后缀运算

使用前缀运算符的语法格式如下：

++对象；

使用后缀运算符的语法格式如下：

对象++；

使用前缀运算符时，对对象（操作数）进行增量修改，然后返回该对象，所以前缀运算符操作时，参数与返回的是同一个对象。这与基本数据类型的运算符前缀类似，返回的也是左值。

使用后缀运算符时，必须在增量之前返回原有对象值。为此，需要创建一个临时对象，存放原有对象，以便对操作数（对象）进行增量修改时保存最初的值。后缀运算符操作时返回的是原有对象值，而不是原有对象，原有对象已经被增量修改，所以返回的应该是存放原有对象值的临时对象。

【例 4.1】 重载单目运算符"++"。

```cpp
#include<iostream>
using namespace std;
class Counter
{
public:
    Counter(int i=0){ v=i;}
    Counter operator ++();          //前置单目运算符
    Counter operator ++(int);       //后置单目运算符
    void Display(){cout<<v<<endl;}
private:
    int v;
};
Counter Counter::operator ++()      //前置单目运算符
{
    ++v;
    return *this;
}
Counter Counter::operator ++(int)   //后置单目运算符
{
    Counter t;
    t.v=v++;
    return t;
}
int main()
{
    Counter c1(5),c2(5),c3,c4;
    c3 = c1++;                      //后置单目运算符
    cout<<"c3=";
    c3.Display();
    c4 = ++c2;                      //前置单目运算符
```

```
        cout<<"c4=";
        c4.Display();
        return 0;
    }
```

运行结果：

```
    c1=5
    c2=6
```

4.2.4 双目运算符重载

双目运算符就是运算符作用于两个操作数。下面对"+"运算符重载，来学习一下双目运算符重载的应用。

【例 4.2】 定义一个复数类，重载"+"运算符为复数类的成员函数，使这个运算符能直接完成两个复数的加法运算，以及一个复数与一个实数的加法运算。

```
#include <iostream>
using namespace std;
class Complex
{
public:
    Complex (double r = 0, double i= 0)
    {
        real = r;
        image = i;
    }
    void Print();
    Complex operator + (Complex complex);
private:
    double real, image;
};
void Complex::Print()
{
    if(image<0)
        cout<<real<<image<<'i';
    else
        cout<<real<<'+'<<image<<'i';
    cout<<endl;
}
Complex Complex::operator + (Complex complex)
{
    Complex t;
    t.real=real+complex.real;
    t.image=image+complex.image;
    return t;
```

```
        }
        int main()
        {
            Complex c1(25,50),c2(100,200),c3;
            cout<<"c1=";
            c1.Print();
            cout<<"c2=";
            c2.Print();
            c3=c1+c2;          //c3=(25+50i)+(100+200i)=125+250i
            cout<<"c3=c1+c2=";
            c3.Print();
            c1=c1+200;                  //c1=25+50i+200=225+50i
            cout<<"c1=";
            c1.Print();
            return 0;
        }
```

运行结果：

```
    c1=25+50i
    c2=100+200i
    c3=c1+c2=125+250i
    c1=225+50i
```

程序中出现的表达式为"c1+c2"，其中，c1 和 c2 是 Complex 类的对象。operator+()是运算符"+"的重载函数。该运算符重载仅有一个参数 c2。可见，当运算符重载为类的成员函数时，双目运算符仅有一个参数，其实质是隐含了一个参数，该参数是 this 指针。this指针是指向调用该成员函数对象的指针。

例如：c1+c2 编译程序解释为 c1.operator+(c2)，this 指针指向 c1。

【例 4.3】 重载"+"运算符为复数类的友元函数，使这个运算符能直接完成两个复数的加法运算，以及一个复数与一个实数的加法运算。

```
        #include <iostream>
        using namespace std;
        class Complex
        {
        public:
            Complex(double r=0, double i=0)
            {
                real = r; image = i;
            }
            friend Complex operator +(const Complex &c1, const Complex &c2);
            friend void Print(const Complex &c);
        private:
            double real, image;
```

```
    };
    Complex operator +(const Complex &c1, const Complex &c2)
    {
        return Complex(c1.real + c2.real, c1.image + c2.image);
    }
    void Print(const Complex &c)
    {
        if(c.image<0)
            cout<<c.real<<c.image<<'i';
        else
            cout<<c.real<<'+'<<c.image<<'i';
            cout<<endl;
    }
    int main()
    {
        Complex c1(2.0, 3.0), c2(4.0, -2.0), c3;
        c3 = c1 + c2;
        cout<<"c1+c2=";
        Print(c3);
        c3 = c1 + 5 ;
        cout<<"c1+5=";
        Print(c3);
        return 0;
    }
```

运行结果：

```
    c1+c2=6+1i
    c1+5=7+3i
```

【例 4.4】 日期类 date 中采用友元形式重载 "+" 运算符，实现日期加上天数，得到新日期。

```
#include<iostream>
using namespace std;
static int mon_day[]={31,28,31,30,31,30,31,31,30,31,30,31};
class CDate
{
public:
    CDate (int m=0,int d=0,int y=0)
    {
        month=m;day=d;year=y;
    }
    void Display()
    {
        cout <<month<<"/"<<day<<"/"<<year<<endl;
    }
```

```
            friend CDate operator + (int d, CDate dt);    //以友元形式重载"+"运算符
            friend CDate operator + (CDate dt, int d);    //以友元形式重载"+"运算符，满足交换律
        private:
            int month,day,year;
        };
        CDate operator + (int d, CDate dt)              //重载"+"运算符
        {
            dt.day=dt.day+d;
            while(dt.day>mon_day[dt.month-1])
            {
                dt.day-=mon_day[dt.month-1];
                if(++dt.month==13){ dt.month=1; dt.year++;}
            }
            return dt;
        }
        CDate operator + (CDate dt, int d);    //以友元形式重载"+"运算符，满足交换律
        {
            return (d+dt);
        }
        int main()
        {
            CDate olddate(2,20,99);
            CDate newdate;
            newdate=21+olddate;
            newdate.Display();
            newdate= olddate+20;    //满足交换律
            newdate.Display();
            return 0;
        }
```

运行结果：

```
3/13/99
3/12/99
```

4.2.5 赋值运算符的重载

在 C++中有两类赋值运算符：一类是"+="和"−="等先计算后赋值的运算符；另一类是"="，即直接赋值的运算符。下面分别进行讨论。

1．赋值运算符"+="和"− ="的重载

对于标准数据类型，"+="和"−="的作用是将一个数据与另一个数据进行加或减运算后，再将结果回送给赋值号左边的变量。对它们重载后使其实现其他相关功能。

【例 4.5】 实现复数类 "+=" 和 "-=" 的重载。

```cpp
#include<iostream>
using namespace std;
class Complex
{
public:
    Complex(double r,double i)
    {
        real=r;image=i;
    }
    Complex operator -=(Complex& t);
    Complex operator +=(Complex& t);
    Print();
private:
    double real,image;
};
Complex Complex::operator -=(Complex& t)
{
    real-=t.real;
    image-=t.image;
    return *this;
}
Complex Complex::operator +=(Complex& t)
{
    real+=t.real;
    image+=t.image;
    return *this;
}
Complex::Print()
{
    if(image<0)
        cout<<real<<image<<'i';
    else
        cout<<real<<'+'<<image<<'i';
    cout<<endl;
}
int main()
{
    Complex c1(5.0,3.0),c2(2.1,1.8),c3(5.3,4.2);
    c1-=c2;
    cout<< " c1= " ;
    c1.Print();
    c3+=c2;
    cout<< " c3= " ;
```

```
        c3.Print();
        return 0;
    }
```

程序运行结果：

```
    c1=2.9+1.2i
    c3=7.4+6i
```

说明："+="和"-="的运算符重载函数返回的都是*this，*this 指针的含义是当前对象的指针，所以*this 是当前对象本身，故返回的是当前对象（即一个复数对象）。

2．赋值运算符"="的重载

赋值运算符"="的原有含义是将赋值号右边表达式的结果赋值给赋值号左边的变量，通过运算符"="的重载将赋值号右边对象的数据依次复制到赋值号左边对象的数据中。在默认情况下，系统会为每一个类自动生成一个同类对象之间的简单赋值运算，所谓简单赋值，就是同类对象之间的逐位赋值。

但是当一个类包含指针等不能简单复制的资源时，需要重写赋值操作，这时系统原有的赋值操作将不再有效，这点类似于拷贝构造函数，一般来说，如果需要，拷贝构造函数和赋值操作要同时重写。

重写赋值操作时要保持和原"="的语义一致，同时应注意，函数的返回值类型必须是该类的引用类型，函数实现中，应防止对象自己给自己赋值，见例 4.6 重载赋值函数的第一句。

【例 4.6】 实现"="运算符的重载。

```
#include<iostream>
#include<cstring>
using namespace std;
class CMessage
{
public:
    CMessage() :buffer(nullptr) {}
    ~CMessage()
    {
        if (buffer != nullptr)
            delete[] buffer;
    }
    void Display()
    {
        if (buffer)
            cout << buffer << endl;
    }
    void Set(const char* str)
    {
        if (buffer) delete[]buffer;
        if (str == nullptr)
```

```
            {
                buffer = nullptr;
            }
            else
            {
                buffer = new char[strlen(str) + 1];
                strcpy(buffer, str);
            }
        }
        CMessage& operator=(const CMessage& Message)// 此处一定要返回对象的引用
        {
            if (this == &Message)    //防止同对象之间赋值
                return *this;
            if (buffer != nullptr) delete[] buffer;
            if (Message.buffer == nullptr)
            {
                buffer = nullptr;
            }
            else
            {
                buffer = new char[strlen(Message.buffer) + 1];
                strcpy(buffer, Message.buffer);
            }
            return *this;
        }
private:
        char* buffer;
};
int main()
{
        CMessage c1;
        c1.Set("initial c1 message");
        c1.Display();
        CMessage c2;
        c2.Set("initial c2 message");
        c2.Display();
        c1 = c2;
        c1.Display();
        return 0;
}
```

运行结果：

```
initial c1 message
initial c2 message
initial c2 message
```

说明: 在主函数中定义了 c1 和 c2 对象, c1 和 c2 对象各有一个自己的指针数据成员 buffer, 执行 c1=c2; 语句时, 如果没有对赋值运算符重载, 则 c1 中的指针数据成员 buffer 指向 c2 中的指针数据成员 buffer 指向的内存堆空间, 从而导致 c1 和 c2 对象撤销时, c2 中的指针数据成员 buffer 指向的内存堆空间被释放两次, 使运行出现错误, 所以在赋值运算符重载时重新申请内存堆空间, 且赋值的是指向的内容而不是地址。

4.2.6 下标运算符 "[ ]" 的重载

下标运算符 "[]" 通常用于标识数组元素的位置, 下标运算符重载可以实现数组数据的赋值和取值。下标运算符重载函数只能作为类的成员函数, 而不能作为类的友元函数。

下标运算符 "[]" 重载的一般形式为:

函数类型 operator[](形参表);

其中形参表为该重载函数的参数列表。重载下标运算符只能且必须带一个参数, 该参数表示下标的值。

由于正常数组下标操作后也可以作为左值, 如 a[2]=5; 为保证重载的下标操作符合该语义, 返回类型要采用引用方式。另外需要注意的是对于越界的处理。

【例 4.7】 定义一个字符数组类, 其中对下标运算符 "[]" 进行重载。

```
#include <iostream>
#include <string.h>
using namespace std;
class MyCharArray
{
public:
    MyCharArray(char *s)
    {
        str=new char[strlen(s)+1];
        strcpy(str,s);
        len=strlen(s);
    }
    ~MyCharArray()
    {
        delete []str;
    }
    char & operator[](int n)    //注意: 这里返回值为引用
    {
        static char ch=0;
        if(n>len-1)
        {
            cout<<"整数下标越界";
            return ch;
        }
        else
```

```
                return *(str+n);
            }
            void Disp()
            {
                cout<<str<<endl;
            }
        private:
            int len;
            char *str;
        };
        int main()
        {
            MyCharArray word("This is a C++ program.");
            word.Disp();
            cout<<"位置 0： " <<word[0]<<endl;
            cout<<"位置 15： " <<word[15]<<endl;
            cout<<"位置 25： " <<word[25]<<endl;
            word[0]='t';
            word.Disp();
            return 0;
        }
```

运行结果：

```
This is a C++ program.
位置 0： T
位置 15： r
位置 25： 整数下标越界
this is a C++ program.
```

说明：

（1）在重载下标运算符函数中，其返回值为 char 型引用。这是因为该类的一个对象 word 即是一个数组，而 word[0]可能出现在赋值语句的左端，所以这种规定是必要的。

（2）在重载下标运算符函数中，首先检查函数参数 n 的范围，当它超出范围，发出一个信息，并返回一个 static 整数的引用时，可以避免修改内存区的内容。

4.2.7　关系运算符重载

关系运算符也可以被重载，例如，定义一个日期类 Date，重载运算符"=="和"<"用于两个日期的等于和小于的比较运算。

【例 4.8】　日期类重载关系运算符"=="、"<"和">"。

```
#include<iostream>
using namespace std;
class Date
{
```

```
private:
    int month,day,year;
public:
    Date(int m,int d,int y)
    {
        month=m;day=d;year=y;
    }
    void Display()
    {
        cout <<month<<"/"<<day<<"/"<<year;
    }
    friend int operator <(const Date&t1, const Date&t2)
    {
        if(t1.year<t2.year)
            return 1;
        else if(t1.month<t2.month &&t1.year==t2.year)
            return 1;
        else if(t1.day<t2.day&&t1.month==t2.month &&t1.year==t2.year)
            return 1;
        else
            return 0;
    }
    friend int operator ==(Date&t1,Date&t2)
    {
        if(t1.day==t2.day&&t1.year==t2.year&&t1.month==t2.month)
            return 1;
        else
            return 0;
    }
    friend int operator >(Date&t1, Date&t2)
    {
        return t2<t1;
    }
};
int main()
{
    Date date1(11,25,90),date2(11,22,90);
    if(date1<date2)
    {
        date1.Display(); cout<< "is less than "; date2.Display();
        cout<<endl;
    }
    else if(date1==date2)
    {
        date1.Display(); cout<<" is equal to "; date2.Display();
        cout<<endl;
    }
```

```
        else if(date1>date2)
        {
            date1.Display(); cout<<" is more than "; date2.Display();
            cout<<endl;
        }
        return 0;
    }
```

运行结果：

10/25/90is less than11/22/90

说明：

对于大于运算符 "＞" 的重载，可以利用 "＜" 运算符的重载代码，将参数的顺序颠倒过来，这在关系运算符的重载中经常用到。

4.2.8　类型转换运算符的重载

类型转换运算符重载函数的格式如下：

```
    operator 类型名()
    {
        函数体;
    }
```

与以前的重载运算符函数不同的是，类型转换运算符重载函数没有返回类型，因为类型名就代表了它的返回类型，而且没有任何参数。在调用过程中要带一个对象实参。

实际上，类型转换运算符将对象转换成类型名规定的类型，转换的形式就像强制转换一样。如果没有定义转换运算符，直接用强制类型转换是不行的，因为强制类型转换只能对标准数据类型进行操作，没有定义对类类型的操作。

另外，转换运算符重载的缺点是无法定义其类对象运算符操作的真正含义，因为只能进行相应对象成员数据和一般数据变量的转换操作。

【例 4.9】 实现人民币 Money 与 double 的转换。在主函数中将 double 数分别显式和隐式地转换成 Money 对象。

```
    #include<iostream>
    using namespace std;
    class Money                      //人民币类
    {
    public:
        Money(double value=0.0)
        {
            yuan =(int)value;
            fen = (value-yuan)*100+0.5;
        }
        void Show()
        {
```

```
            cout<<yuan<< "元"<<fen<< "分" <<endl;
        }
        operator double()                //类型转换运算符重载函数
        {
            return yuan+fen/100.0;
        }
    private:
        int yuan, fen;
    };
    int main()
    {
        Money r1(1.01),r2(2.20);
        Money r3;
        r3 = Money(double(r1)+double(r2) );    //显式转换类型
        r3.Show();
        r3=r1+2.40;     //隐式转换类型
        r3.Show();
        r3 =2.0-r1;     //隐式转换类型
        r3.Show();
        return 0;
    }
```

运行结果:

```
3 元 21 分
3 元 41 分
0 元 99 分
```

说明:

(1) double(r1)+double(r2)是显式转换类型，在 C++中使用 r1.operator double();语句将 r1对象转换成实数值。

(2) r3=r1+2.40;语句中，由于"+"运算符两侧的类型不一致，系统根据"+"运算符可实现 double 类型相加，寻找类型转换运算符重载函数，将 r1 转换成 double 类型，从而通过"+"运算得到 double 型结果值。当赋值给 Money 对象 r3 时，先通过 Money(double value=0.0)构造函数（也称为转换构造函数）将 double 类型转换为 Money 对象，再赋值给r3。

4.2.9 函数对象

函数对象重载语法如下:
返回类型 operator () (参数类型)
注意该语法与类型转换运算符的区别。
函数对象重载后，可以以函数的方式使用对象，所以又称为仿函数。
如例 4.10 所示。
【例 4.10】 函数对象例子。

```
    using namespace std;
```

```cpp
class A
{
public:
    A():_n(0)
    {}
    int operator()(const int nn)
    {
        _n = nn + _n;
        return _n;
    }
private:
    int _n;
};
int main()
{
    A a;
    cout << "First:"<<a(5)<<endl;
    cout << "Second:" << a(5) << endl;
    return 0;
}
```

输出：

First:5
Second:10

可以看到，仿函数有如下特点：

（1）对象被作为函数调用。

（2）仿函数是有状态的。

（3）每个函数都是有类型的，适合在模板中调用。

正是因为这些特点，在 C++标准库 STL 及其后备库 boost 中，对函数的处理主要采用仿函数的方式，因此要灵活使用 C++，必须掌握仿函数的定义和使用。

4.3 联编和虚函数

4.3.1 静态联编和动态联编

面向对象的多态性从实现的角度来讲，可以分为静态多态性和动态多态性两种。在编译源程序的时候就能确定具有多态性的语句调用哪个函数，称为静态联编。对于重载函数的调用就是在编译的时候确定具体调用哪个函数，所以属于静态联编。

从对静态联编的上述分析中可以知道，编译程序在编译阶段并不能确切知道将要调用的函数，只有在程序执行时才能确定，为此要确切知道该调用函数，就要求联编工作在程序运行时进行，这种在程序运行时进行的联编工作被称为动态联编，又叫晚期联编。

4.3.2 虚函数的引入

在引入虚函数的概念之前，首先来介绍下面的一个例子。

【例 4.11】 虚函数的引例。

```cpp
#include <iostream>
using namespace std;
const double PI=3.14159;
class CPoint
{
public:
    CPoint(double x, double y)
    {
        this->x=x;
        this->y=y;
    }
    double area()
    {
        return 0;
    }
private:
    double x,y;
};

class CCircle : public CPoint
{
public:
    CCircle(double x, double y,double radius) : CPoint(x,y)
    {
        this->radius = radius;
    }
    double area()
    {
    return PI*radius*radius;
    }
private:
    double radius;
};
int main()
{
    CPoint point(3.0,4.0);
    CCircle circle(5.0,6.0,10);
    cout<<"area of CPoint is "<<point.area()<<endl;
    cout<<"area of CCircle is "<<circle.area()<<endl;
    CPoint *ptr_point=&point;
```

```
cout<<"area of ptr_point is "<<ptr_point->area()<<endl;
CCircle *ptr_circle=&circle;
cout<<"area of ptr_circle is "<<ptr_circle->area()<<endl;
ptr_point=&circle;
cout<<"area of CCircle is "<<ptr_point->area()<<endl;
return 0;
}
```

程序的执行结果为：

```
area of CPoint is 0
area of CCircle is 314.159
area of CPoint is 0
area of CCircle is 314.159
area of CCircle is 0
```

程序的解释如下。

point.area()表达式"告诉"编译器，它调用的是对象 point 的成员函数 area()，输出结果为 0。同样，circle.area()表达式"告诉"编译器，它调用的是对象 circle 的成员函数 area()，输出结果为 314.159。声明的基类指针 ptr_point 只能指向基类，派生类指针 ptr_circle 只能指向派生类，它们的原始类型决定了它们只能调用各自的同名函数 area。除非派生类没有基类的同名函数，派生类的指针才根据继承原则调用基类的函数，但这已经脱离了给定的条件。对于程序中的如下代码段：

```
ptr_point=&circle;
cout<<"area of CCircle is "<<ptr_point->area()<<endl;
```

如果让编译器动态联编，在编译"ptr_point=&circle;"语句时，只根据兼容性规则检查它的合理性，也就是符合"派生类对象的地址可以赋给基类的指针"。

至于"ptr_point->area()"语句调用的是哪个函数，等程序运行到这里时再决定。说到底，想让程序输出如下内容：

```
area of CPoint is 0
area of CCircle is 314.159
area of CPoint is 0
area of CCircle is 314.159
area of CCircle is 314.159
```

就要使类 CPoint 的指针 ptr_point 指向派生类 Ccircle 的成员函数 area()的地址。显然，目前是做不到的。必须给这两个函数一个新的标识符，以使它们与目前介绍的成员函数区别开来。

假设使用关键字 virtual 声明 CPoint 类的 area()函数，则将这种函数称为虚函数。下面是使用内联函数完成的定义：

```
virtual double area() {return   0.0;}
```

当编译系统编译含有虚函数的类时，为它建立一个虚函数表，表中的每一个元素都指向一个虚函数的地址。此外，编译器也为类增加一个数据成员，这个数据成员是一个指向该虚函数表的指针，通常称为 vptr。CPoint 只有一个虚函数，所以虚函数表里也只有一项，如图 4.1 所示。

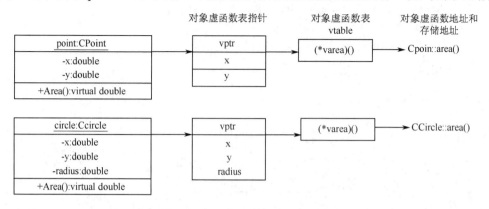

图 4.1　虚函数和虚函数表示意图

如果派生类 CCircle 没有重写这个 area()虚函数，则派生类的虚函数表里的元素所指向的地址就是基类 CPoint 的虚函数 area()的地址，即派生类仅继承基类的虚函数，调用的也是基类的 area()函数。现在将它改写如下：

　　　　virtual double area(){ return PI*radius*radius; }

这时，编译器也将派生类虚函数表里的元素指向 CCircle::area()，即指向派生类 area()函数的地址。

由此可见，虚函数的地址翻译取决于对象的内存地址。编译器为含有虚函数类的对象首先建立一个入口地址，这个地址用来存放指向虚函数表的指针 vptr，然后按照类中虚函数的声明次序，顺序填入函数指针。

当调用虚函数时，先通过 vptr 找到虚函数表，然后找出虚函数的真正地址。

派生类能继承基类的虚函数表，而且只要是和基类同名的（参数也相同）成员函数，无论是否使用 virtual 声明，它们都自动成为虚函数。

如果派生类没有改写继承基类的虚函数，则函数指针调用基类的虚函数。如果派生类改写了基类的虚函数，编译器将重新为派生类的虚函数建立地址，函数指针则调用这个改写过的虚函数。如图 4.1 所示，ptr_point->arear 调用的是 CCircle::area()。这种多态也称为动态联编或迟后联编，因为到底调用哪一个函数，在编译时还不能确定，而要推迟到运行时确定。也就是说，要等到程序运行后，确定了指针所指向对象的类型才能够确定。在 C++中是通过将一个函数定义成虚函数来实现运行时的多态的。

4.3.3　虚函数的定义

虚函数是实现多态性的基础。一旦基类定义了虚函数，则该基类的派生类中的同名函数也自动成为虚函数。

为实现某种功能而假设的函数称为虚函数。虚函数只能是类中的一个成员函数，但不能是静态成员，关键字 virtual 用于类中该函数的声明。定义虚函数的方法如下：

　　　　virtual　函数类型　函数名(形参表)

```
    {
        函数体
    }
```

当在派生类中定义了一个同名的成员函数时，只要该成员函数的参数个数和相应类型及它的返回类型与基类中同名虚函数完全一样（如上例中的 void area(void) 函数），则无论是否为该成员函数使用 virtual，它都将成为一个虚函数。

在上节例子中，基类 CPoint 声明成员函数 area()为"virtual void area(void);"，则派生类 CCircle 中的 area()函数自动成为虚函数。

由虚函数的定义可知，只需要在成员函数原型前加一个关键字 virtual，即可将一个成员函数说明为虚函数，对于编译器来说，它的作用是告诉编译器，这个类含有虚函数，对于这个函数不使用静态联编机制，而是使用动态联编机制。编译器会按照动态联编的机制进行一系列工作。

【例 4.12】 对于上面的例子，把基类的成员函数定义为虚函数，分析运行结果。

```cpp
#include <iostream>
using namespace std;
const double PI=3.14159;
class CPoint
{
public:
    CPoint(double x, double y)
    {
        this->x=x;
        this->y=y;
    }
    virtual double area()
    {
        return 0;
    }
    private:
    double x,y;
};
class CCircle : public CPoint
{
public:
    CCircle(double x, double y,double radius) : CPoint(x,y)
    {
        this->radius = radius;
    }
    double area()
    {
        return PI*radius*radius;
    }
private:
```

```
        double radius;
    };
    int main()
    {
        CPoint point(3.0,4.0);
        CCircle circle(5.0,6.0,10);
        cout<<"area of CPoint is "<<point.area()<<endl;
        cout<<"area of CCircle is "<<circle.area()<<endl;
        CPoint *ptr_point=&point;
        cout<<"area of ptr_point is "<<ptr_point->area()<<endl;
        CCircle *ptr_circle=&circle;
        cout<<"area of ptr_circle is "<<ptr_circle->area()<<endl;
        ptr_point=&circle;
        cout<<"area of CCircle is "<<ptr_point->area()<<endl;
        return 0;
    }
```

程序的运行结果为：

```
area of CPoint is 0
area of CCircle is 314.159
area of CPoint is 0
area of CCircle is 314.159
area of CCircle is 314.159
```

从上面的结果我们可以看出：如果派生类中有与基类同名的成员函数，并且基类指针指向派生类的对象，那么基类指针调用的函数就是派生类函数。

4.3.4　动态联编的工作机制

动态联编到底是如何工作的呢？接下来结合上面的例子对动态联编的工作机制进行分析。

编译器在执行过程中遇到 virtual 关键字的时候，将自动安装动态联编需要的机制。首先为这些包含 virtual 函数的类（注意不是对象）建立一张虚拟函数表 VTABLE。在这些虚拟函数表中，编译器将依次按照函数声明次序放置类的特定虚函数的地址。同时，在每个带有虚函数的类中放置一个称为 vpointer 的指针，简称 vptr，这个指针指向这个类的 VTABLE。如果一个基类的成员函数定义为虚函数，那么它在所有派生类中也保持为虚函数，即使在派生类中省略了 virtual 关键字。

编译器在每个类中放置一个 vptr，一般将其置于对象的起始位置，继而在对象的构造函数中将 vptr 初始化为本类的 VTABLE 的地址。

C++编译程序时按下面的步骤进行：

（1）为各类建立虚拟函数表，如果没有虚函数则不建立。

（2）暂时不连接虚函数，将各个虚函数的地址放入虚拟函数表中。

（3）直接连接各静态函数。

所有基类的派生类虚拟函数表的顺序与基类的顺序一样，对于基类中不存在的方法再按照声明次序进行排放。

关于虚函数有以下几点说明：

（1）当在基类中把成员函数定义为虚函数后，要达到动态联编的效果，派生类和基类的对应成员函数不仅名字要相同，返回类型、参数个数和类型也必须相同。

（2）基类中虚函数前的 virtual 不能省略，派生类中虚函数的 virtual 关键字可以省略，默认后仍为虚函数。

（3）运行时多态必须通过基类对象引用或基类对象的指针调用虚函数才能实现。

（4）虚函数必须是类的成员函数，不能是友员函数，也不能是静态成员函数。

（5）不能将构造函数定义为虚函数，但可将析构函数定义为虚函数。

4.3.5 虚析构函数

在 C++中，不能声明虚构造函数，因为在构造函数执行时，对象还没有完全构造好，不能以虚函数的方式进行调用，但是可以声明虚析构函数，如果用基类指针指向一个 new 生成的派生类对象，通过 delete 作用于基类指针删除派生类对象时，有以下两种情况：

（1）如果基类析构函数不是虚析构函数，则只会调用基类的析构函数，而派生类的析构函数不会被调用，因此派生类对象中派生的那部分内存空间无法被析构函数释放。

（2）如果基类析构函数为虚析构函数，则释放基类指针的时候会调用基类和派生类中的所有析构函数，派生类对象中所有的内存空间都将被释放，包括继承基类的部分，所以 C++中的析构函数通常是虚析构函数。

在析构函数前面加上关键字 virtual 进行说明，称该析构函数为虚析构函数。

虚析构函数的声明语法为：

```
virtual ~类名();
```

可以通过下面的例题来学习一下虚析构函数的用法和作用。

【例 4.13】 虚析构函数的用法和作用。

```
#include <iostream>
#include <String.h>
using namespace std;
class CEmployee
{
public:
    CEmployee(char *Name, int Age);
    virtual ~CEmployee();
private:
    char *name;
    int age;
};
CEmployee::CEmployee(char *Name, int Age)
{
    name=new char[strlen(Name)+ 1];
    strcpy(name, Name);
```

```
        age = Age;
    }
    CEmployee::~CEmployee()
    {
        cout << "Destruct CEmployee" << endl;
        if(name)
        {
            delete []name;
        }
    }
    class CTeacher : public CEmployee
    {
    public:
        CTeacher(char *Name, char *Course, int Age);
        //virtual
        ~CTeacher();                    //由于基类已定义虚析构函数，此处也可不加 virtual
        private:
        char *course;                   //教师教授的课程
    };
    CTeacher::CTeacher(char *Name, char * Course, int Age) : CEmployee(Name,Age)
    {
        course = new char[strlen(Course)+1];
        strcpy(course, Course);
    }
    CTeacher::~CTeacher()
    {
        cout << "Destruct CTeacher" << endl;
        if(course)
            delete []course;
    }

    int main(void)
    {
        CEmployee *p[3];
        p[0] = new CEmployee("lihua", 20);   // 指向父类指针 CEmployee，指向自身对象
        p[1] = new CTeacher("liuming"," C++ ",26);   //指向父类指针 CEmployee，指向其派生类对象
        p[2] = new CTeacher("liming"," Data structure ",30);   //指向父类指针 CEmployee，指向其
                                                               //派生类对象
        for(int i=0; i<3; i++)
            delete p[i];          //删除指向父类的指针 CEmployee
        return 0;
    }
```

运行结果：

Destruct Cemployee

```
Destruct CTeacher
Destruct Cemployee
Destruct CTeacher
Destruct Cemployee
```

如果父类 CEmployee 的析构函数没有被声明为 virtual，则程序的输出结果为：

```
Destruct Cemployee
Destruct Cemployee
Destruct Cemployee
```

请读者自行分析程序的输出结果。

4.4 纯虚函数和抽象类

4.4.1 纯虚函数

许多情况下，在基类中无法为虚函数给出一个有意义的定义，这时可以将它说明为纯虚函数。例如，在本章的例 4.11 程序中，点没有面积，可以说明为：

virtual double area()=0;

这就将函数 double area()声明为一个纯虚函数（pure virtual function），把它的具体定义留给派生类来做。

纯虚函数是在声明虚函数时被"初始化"为 0 的函数。纯虚函数只有函数的名字但不具备函数的功能，不能被调用。它只是通知编译系统："在这里声明一个虚函数，留待派生类中定义"。在派生类中对此函数提供定义后，它才能具备函数的功能，可被调用。

纯虚函数的作用是在基类中为其派生类保留一个函数的名字，以便派生类根据需要对它进行定义。如果在基类中没有保留函数名字，则无法实现多态性。

在 C++中，对于那些在基类中不需要定义具体行为的函数，可以定义为纯虚函数。

声明纯虚函数的一般格式为：

```
class 类名
{
    virtual 类型 函数名(参数表)=0; //纯虚函数
    ...
};
```

注意：

（1）纯虚函数没有函数体。

（2）最后面的"=0"并不表示函数返回值为 0，它只起形式上的作用，告诉编译系统"这是纯虚函数"。

（3）这是一个声明语句，最后应有分号。

（4）如果在一个类中声明了纯虚函数，而在其派生类中没有对该函数进行定义，则该虚函数在派生类中仍然为纯虚函数。

4.4.2　抽象类

如果一个类中至少有一个纯虚函数，那么这个类被称为抽象类（abstract class），因此抽象类的定义是基于纯虚函数的。

抽象类中不仅包括纯虚函数，也包括虚函数。抽象类中的纯虚函数可能是在抽象类中定义的，也可能是从它的抽象基类中继承下来且重定义的。

抽象类有一个重要特点，即抽象类必须用作派生其他类的基类，而不能用于直接创建对象实例。抽象类不能直接创建对象的原因是其中有一个或多个函数没有被定义，但仍可使用指向抽象类的指针支持运行时的多态性。

一个抽象类不可以用来创建对象，只能用来为派生类提供一个接口规范，派生类中必须重载基类中的纯虚函数，否则它仍将被看作一个抽象类。如果要直接调用抽象类中定义的纯虚函数，则必须使用完全限定名。

抽象类定义的一般形式为：

```
class 类名
{
    public:
    virtual <返回值类型> 函数名(参数表) = 0;
    其他函数的声明;
...
};
```

在使用抽象类的时候，有下面三种情况需要注意：

（1）抽象类只能用作其他类的基类，不能建立对象。

（2）抽象类不能用作函数参数类型、函数返回值类型或显式转换的类型。

（3）可以声明抽象类的指针和引用。如果在抽象类的构造函数中调用了纯虚函数，那么结果是不确定的。

【例4.14】　抽象类示例。

```cpp
#include <iostream>
using namespace std;
class CPerson                    //抽象基类
{
public:
    virtual void PrintInfo()         //基类中的函数
    {
        cout<<"人类\n";
    }
    virtual void DisplaySalary(int m,double s)=0;   //抽象基类中的纯虚函数
};
class CWorker: public CPerson
{
public:
```

```cpp
        void PrintInfo ()                          //在派生类 Worker 中重新定义
        {
            cout<<"工人\n";
        }
        void DisplaySalary(int m,double s)
        {
            cout<<"工人全年的工资："<<m*s<<endl;
        }
    private:
        int kindofwork;
};
class CTeacher: public CPerson
{
public:
        void PrintInfo()                           //在派生类 Teacher 中重新定义
        {
            cout<<"教师\n";
        }
        void DisplaySalary(int m,double s)
        {
            cout<<"教师全年的工资："<<m*s<<endl;
        }
    private:
        int subject;
};
class CDriver: public CPerson
{
public:
        void PrintInfo()                           //在派生类 Driver 中重新定义
        {
            cout<<"司机\n";
        }
        void DisplaySalary(int m,double s)
        {
            cout<<"司机全年的工资： " <<m*s<<endl;
        }
    private:
        int subject;
};

void main()
{       //分别声明 Worker、Teacher 和 Driver 类的对象 worker、teacher 和 driver
    CWorker worker;
    CTeacher teacher;
    CDriver driver;
```

```
    CPerson * person;          //指向父类的指针变量 person
    person = &worker;
    person->PrintInfo();
    person->DisplaySalary(12,1800.35);
    person = &teacher;
    person->PrintInfo();
    person->DisplaySalary(12,1300.45);
    person = &driver;
    person->PrintInfo();
    person->DisplaySalary(12,1700.78);
}
```

运行结果：

```
工人
工人全年的工资：21604.2
教师
教师全年的工资：15605.4
司机
司机全年的工资：20409.4
```

CPerson 类中的虚函数 DisplaySalary(int m,double s)仅起到为派生类提供一个一致接口的作用，派生类中重定义的 DisplaySalary(int m,double s)用于决定以什么样的方式计算工资。

由于在 CPerson 类中不能对此做出决定，因此被说明为纯虚函数。

由此可见，赋值兼容规则使人们可将工人、教师和司机等都视为人类的对象，多态性又保证了函数 DisplaySalary(int m,double s)在对不同的人群计算工资时，无须关心当前正在计算的数据类型。函数 DisplaySalary(int m,double s)可根据运行时的实际对象获得该对象的工资。

4.5 综合应用实例

在第 3 章综合应用案例的基础上，添加多态应用。多态是在客户类实现的，关系相对复杂，需要大家耐心分析，本案例可以扩展成一个银行账户管理系统，有心的读者不妨试试。银行账户类的关系图如图 4.2 所示。

在类图上，类名为斜体的类表示抽象类，同样，方法名为斜体的类表示该方法为抽象方法。

要求：

（1）修改 Account 类。

① 其 withdraw 行为要在其具体的子类中才能确定，故将其 withdraw 方法设计成一个纯虚函数，由子类去改写，因此 Account 类也应重新设计成一个抽象类。

② 定义一个 printInfo()纯虚函数，用来输出账户的信息。

（2）在 SavingAccount 类实现父类的两个抽象函数。

（3）在 CheckingAccount 类实现父类的两个抽象函数。

参考代码：

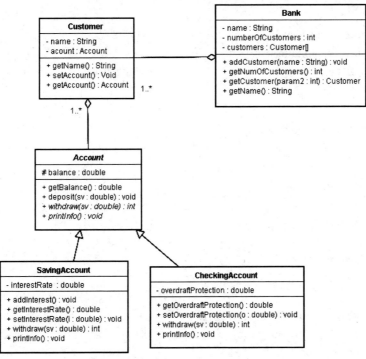

图 4.2　银行账户类的关系图

```cpp
#include<iostream>
#include<string>
using namespace std;
class Account
{
protected:
    double balance;
public:
    Account(double bl):balance(bl)
    {}
    Account()
    {
        balance=0;
    }
    double getBalance()
    {
        return balance;
    }
    void setBalance(double m)
    {
        balance=balance+m;
    }
    void deposit(double sv)
    {
        balance=balance+sv;
```

```cpp
        }
    virtual int withdraw(double sv)=0;              //纯虚函数
    virtual void printInfo()=0;                     //纯虚函数
    virtual ~Account(){};                           //定义虚析构函数
};

class SavingAccount:public Account
{
private:
    double interestRate;
public:
    SavingAccount()
    {
        interestRate=0;
        balance=0;
    }
    SavingAccount(double bl,double ir)
    {
        balance=bl;
        interestRate=ir;
    }
        void addInterest()
    {
        setBalance(balance*interestRate+balance);
    }
    double getInterestRate()
    {
        return interestRate;
    }
    void setInterestRate(double i)
    {
        interestRate=i;
    }
    int withdraw(double sv)        //实现父类的纯虚函数
    {
        if(sv<=balance)
        {
            balance=balance-sv;
            return 1;
        }
        else
            return 0;
    }
    void printInfo()                        //实现父类的纯虚函数
    {
```

```cpp
        cout<<"当前账户是储蓄账户！";
        cout<<"账户余额为："<<balance<<"利率为："<<interestRate<<endl;
        cout<<endl;
    }
};

class CheckingAccount:public Account
{
private:
    double overdraftProtection;
public:
    CheckingAccount()
    {
            overdraftProtection=0;
        balance=0;
     }
    CheckingAccount(double bl,double op)
    {
        balance=bl;
        overdraftProtection=op;
    }

    double getOverdraftProtection()
    {
        return overdraftProtection;
    }
    void setOverdraftProtection(double o)
    {
        overdraftProtection=o;
    }
    int withdraw(double sv)      //实现纯虚函数
    {
        if (sv<balance)
        {
            balance=balance-sv;
            return 2;
        }
        else if(sv-balance<overdraftProtection)
        {
            overdraftProtection=overdraftProtection-sv+balance;
            balance=0;
            return 1;
        }
        return 0;
    }
```

```cpp
        void printInfo()
        {
            cout<<"当前账户是信用卡账户！";
            cout<<"账户余额为："<<balance<<"可透支金额为："<<overdraftProtection<<endl;
            cout<<endl;
        }
};
class Customer
{
private:
    string name;
    Account *acc; //用父类的指针
public:
    Customer() {acc=NULL;}
    Customer(string name)
    {
        this->name=name;
        acc=NULL;
    }
        ~Customer()                         //有指针类型的成员，必须在析构函数中释放空间
    {
        if(acc!=NULL)
            delete acc;
    }
    string getName()
    {
        return name;
    }
    void setAccount(Account* acc)           //此处形参用父类的指针，实参传入的是子类的地址
    {
        this->acc=acc;
    }
    Account* getAccount()                   //此处返回父类的指针
    {
        return acc;
    }
};
int main()
{
    double money;
    CheckingAccount ca1(500,200);
    SavingAccount sa1(1000,0.02);
    CheckingAccount ca2(400,150);
    SavingAccount sa2(2000,0.02);
```

```
Customer c("aaa");
c.setAccount(&sa1);
Account* acct=c.getAccount();              //子类对象赋值给父类的引用，实现多态
cout<<"准备测试客户"<<c.getName()<<"存款账户!\n";//测试存款账户
cout<<"当前存款账户余额为："<<acct->getBalance()<<endl;
cout<<"输入取款金额："<<endl;
cin>>money;
if(acct->withdraw(money))
{
    cout<<"取款成功!";
    acct->printInfo();
}
else
{
    cout<<"操作失败，当前账户余额不足!";
    acct->printInfo();
}
Customer c2("bbb");
c2.setAccount(&ca1);
cout<<"准备测试客户"<<c2.getName()<<"的信用卡账户!\n";        //测试信用卡账户
Account* acct1=c2.getAccount();
acct1->printInfo();
cout<<"输入取款金额："<<endl;
cin>>money;
int t;                                                      //接收取款返回的结果
t=acct1->withdraw(money);
if(t==2)
{
    cout<<"取款成功！ ";
    acct1->printInfo();
}
else if(t==1)
{
    cout<<"取款成功！ ";
    acct1->printInfo();
}
else
{
    cout<<"取款失败！当前账户已经透支!";
    acct1->printInfo();
}
return 0;
}
```

习题 4

一、简答题

1. 运算符重载必须遵循哪些原则？
2. 什么叫作多态性？在 C++ 中是如何实现多态的？
3. 什么是纯虚函数？什么是抽象类？抽象类能否定义对象实例？
4. 抽象类有何作用？抽象类的派生类是否一定要实现纯虚函数？

二、填空题

1. C++ 中多态性包括两种：_____和_____。前者是通过_____实现的，而后者是通过_____和_____来实现的。
2. 纯虚函数定义时在函数参数表后加_____。
3. 在基类中将一个成员函数说明为虚函数后，在其派生类中只要_____完全一样就认为是虚函数，而不必再加关键字_____。如有任何不同，则认为是_____而不是虚函数。除非成员函数不能作为虚函数外，_____、_____和_____也不能作为虚函数。

三、编程题

1. 封装一个 CStudent 类，用来描述学生的属性和行为。
   具体要求如下：
   （1）学生有姓名、籍贯、学号、年龄、成绩五个成员数据，编写构造函数、拷贝构造函数，同时编写成员函数 Display() 显示学生的信息；
   （2）编写"+"运算符重载函数，使类 CStudent 的两个对象相加，返回两个对象总成绩相加的和；
   （3）编写主函数，定义两个 CStudent 类对象（初始化值认定），分别调用成员函数 Display() 显示两个对象的学生信息，同时显示两个对象相加的结果。
2. 设计一个三角形类 Triangle，包含三角形三条边长的私有数据成员，另有一个重载运算符"+"，以实现求两个三角形对象的面积之和。
3. 声明一个基类 BaseClass，从它派生出类 DerivedClass，BaseClass 有成员函数 fn1() 和 fn2()，fn1() 是虚函数，DerivedClass 也有成员函数 fn1() 和 fn2()，在主函数中声明一个 DerivedClass 的对象，分别用 BaseClass 和 DerivedClass 的指针指向 DerivedClass 的对象，并通过指针调用 fn1() 和 fn2()，观察运行结果。

实验 4 多态性的应用

一、实验目的

通过本实验，掌握纯虚函数、抽象类的概念和定义，理解动态联编的工作机制。根据具体需求设计类层次结构，深入理解 C++ 的动态性，知道软件功能的扩展和软件复用都有重要的作用。

二、实验要求

1．掌握纯虚函数和抽象类的定义；

2．深入理解动态联编机制，学会使用动态联编实现动态性；

3．设计程序类层次结构和项目基本框架，使程序有良好的可扩展性。即程序通过扩展来实现变化，而不是通过修改已有的代码来实现变化。

三、实验内容与步骤

设计程序，模拟计算机对各种移动设备的读写。现已有移动硬盘、手机、U 盘，但以后可能会有新的移动存储方式。所以设计时需考虑程序的扩展性。

方案一程序示例如下：

```cpp
#include <iostream>
using namespace std;
class FlashDisk
{
public:
    void Read()
    {
        cout<<"Reading from FlashDisk....."<<endl;
    }
    void Write() {
        cout<<"Writing to FlashDisk....."<<endl;
    }
};

class MobileHardDisk
{
public:
    void Read(){
        cout<<"Reading from MobileHardDisk....."<<endl;
    }
    void Write(){
        cout<<"Writing to MobileHardDisk....."<<endl;
    }
};
class Phone
{
public:
    void Read(){
        cout<<"Reading from Phone....."<<endl;
    }
    void Write(){
        cout<<"Writing to Phone....."<<endl;
```

```
            }
        };

        class Computer
        {
        public:
            void readDataFromFlash(){
                FlashDisk fd ;
                fd.Read();
            }
            void writeDataFlash(){
                FlashDisk fd ;
                fd.Write();
            }
            void readDataFromMobileHard(){
                MobileHardDisk mhd ;
                mhd.Read();
            }
            void writeDataMobileHard(){
                MobileHardDisk mhd;
                mhd.Write();
            }
             void readDataFromPhone(){
                Phone phone ;
                phone.Read();
            }
            void writeDataPhone(){
                Phone phone;
                phone.Write();
            }
        };
        int main()
        {
            Computer computer;
            computer.readDataFromFlash();
            computer.readDataFromMobileHard();
            computer.readDataFromPhone();
            return 0;
        }
```

思考问题：

（1）如果将来需要添加新的设备，程序如何修改？

（2）如果采用抽象类，设计好类的层次结构，使程序具有很好的扩展性，该如何设计？

以上设计很直接，实现起来也很简单，但它有一个缺点：程序的可扩展性差。如果有新的移动设备，必须对 Computer 类的源代码进行修改。这就相当于各个移动设备都有各自的驱动，如果有新设备就必须把计算机"拆了"，然后添加新设备。因此此设计方式不合适。

方案二程序示例如下：

```cpp
#include <iostream>
using namespace std;
class MobileStorage
{
public:
    virtual void Read()=0;
    virtual void Write()=0;
};
class FlashDisk:public MobileStorage
{
public:
    void Read()
    {
        cout<<"Reading from FlashDisk....."<<endl;
    }
    void Write() {
        cout<<"Writing to FlashDisk....."<<endl;
    }
};
class MobileHardDisk:public MobileStorage
{
public:
    void Read()
    {
        cout<<"Reading from MobileHardDisk....."<<endl;
    }
    void Write()
    {
        cout<<"Writing to MobileHardDisk....."<<endl;
    }
};
class Phone:public MobileStorage
{
public:
    void Read()
    {
        cout<<"Reading from Phone....."<<endl;
    }
    void Write()
    {
        cout<<"Writing to Phone....."<<endl;
    }
```

```cpp
};
class Computer
{
private:
    MobileStorage *UsbDriver;
public :
    Computer() { }
    Computer( MobileStorage *UsbDriver)
    {
        this->UsbDriver=UsbDriver;
    };
    void ReadData()
    {
        UsbDriver->Read();
    }
    void setUsbDriver( MobileStorage *UsbDriver)
    {
        this->UsbDriver=UsbDriver;
    }
    void WriteData()
    {
        UsbDriver->Write();
    }
};
int main()
{
    Computer *computer = new Computer();
    FlashDisk fd;
    MobileHardDisk mhd;
    Phone phone;
    computer->setUsbDriver(&fd);
    computer->ReadData();
    computer->WriteData();
    computer->setUsbDriver(&mhd);
    computer->ReadData();
    computer->WriteData();
    computer->setUsbDriver(&phone);
    computer->ReadData();
    computer->WriteData();
    return 0;
}
```

思考问题：

（1）为什么要设计MobileStorage类？

（2）如果计算机有新的移动设备（NewMobile），需要修改Computer类吗？

（3）尝试编写加入一个移动设备（MP3Player）并可进行读写的程序，与方法一进行对比。

四、编程并上机调试

1. 封装一个圆类，重载输入运算符"<<"输入一个圆，重载输出运算符">>"输出圆的面积，重载算术减法运算符"-"计算两个圆面积之差。主函数如下：

```
int main()
{
    Circle c1,c2;
    cin>>c1>>c2;
    cout<<c1<<endl;
    cout<<c2<<endl;
    cout<<c2-c1<<endl;
    return 0;
}
```

2. 设计一个基类动物类（Animal），用来描述学生的属性和行为。具体要求如下：

（1）动物类（Animal）包含private数据成员：动物种类（string type）和动物名称（string name）。public成员函数：gettype()用于获取其种类，getname()用于获取其名称和一个纯虚函数eat()，以及构造函数。

（2）由Animal类派生出狗类Dog和猫类Cat，每个类中均有自己的构造函数，根据输出结果设计这两个类并在主函数中完成设计类的输出测试。

（3）要求在主函数中必须使用基类指针调用虚函数eat()。

3. 开发一个系统，完成对多种汽车的收费管理功能。

（1）设计交通工具Vehicle为基类，包括private数据成员——编号NO。包含纯虚函数——display()，输出应收费用。

（2）构建Car、Truck和Bus三个类。

Car 的收费公式为：载客数*8+重量*2
Truck 的收费公式为：重量*5
Bus 的收费公式为：载客数*3

（3）编写主函数，要求主函数中有一个基类Vehicle指针数组，数组元素不超过10个，即Vehicle *pv[10]。在主函数中建立Car、Truck或Bus类对象，输入汽车的基本信息（Car表示载客数和重量，Truck表示重量，Bus表示载客数），要求输出每种汽车的编号和费用。

第 5 章

输入/输出流

输入/输出（Input/Output，I/O）是指程序与计算机外部设备之间的数据交换。输出操作是指程序将数据转换为字节序列，输出到外部设备；输入操作是指程序从外部设备接收字节序列，并转换为指定格式数据。输入/输出操作中的字节序列称为流（Stream），输入/输出流的类体系称为流类，流类的实现称为流类库。

通过对本章的学习，应该重点掌握以下内容：

➤ 输入/输出流的基本知识。
➤ 输入/输出流的类体系结构。
➤ 输入/输出流操作的格式控制。
➤ 文件的输入/输出。
➤ 字符串流的使用。
➤ 重载插入和提取运算符。

5.1 输入/输出流的基本概念

C++语言中，数据的输入和输出（Input/Output，简写为 I/O）包含以下三类：针对标准输入设备（键盘）和标准输出设备（显示器）、针对外存磁盘上的文件和针对内存中指定的字符串存储空间（当然可用该空间存储任何信息）进行输入/输出。将标准输入设备和标准输出设备的输入/输出简称为标准 I/O，将外存磁盘上文件的输入/输出简称为文件 I/O，将内存中指定的字符串存储空间的输入/输出简称为串 I/O。

5.1.1 从 C 语言的输入/输出函数到 C++语言的输入/输出流

针对键盘、显示器的标准输入/输出设备，C 语言提供了 scanf()、printf()、getchar()、putchar() 等一系列函数，以满足不同情况下的输入/输出要求。这些函数虽然用法简单，效率较高，但也存在一些缺陷，主要包括如下两点：

（1）只支持标准数据类型，无法支持自定义类型数据的输入/输出。

（2）安全性较差。在 C 语言中使用 printf 和 scanf 进行输入/输出时，往往不能保证输入/输出的数据是可靠和安全的。例如，printf("%d",f)，f 在这之前可能会被定义为浮点型数据，又如 scanf("%d",i)，漏写了 "&"，等等。这些问题都是可以通过编译的，但是在程序执行时将导致程序异常。

此外，针对硬盘文件的访问，C 语言提供了 FILE 指针，以及 fopen()、fscanf()、fprintf()、fread()、fwrite()等一系列函数，来满足各种文件操作，而这些都没有受到保护，必须由程序员在程序中进行显式的指针检查，包括文件打开、关闭、检查等。这些都会给程序的安全性造成隐患。

而 C++语言针对 C 语言输入/输出函数的缺陷，进行了大量改进，具体如下：

（1）采用流类的形式封装了各种 C 语言的输入/输出函数，在增加其安全性的同时，也为访问标准 I/O 设备、文件甚至内存块提供了近乎相同的接口。与 C 语言标准输入/输出函数库的各种函数相比，C++语言的 I/O 流更容易、安全、有效。

（2）使用更加简便。C++语言提供的 I/O 流的一个明显特点是程序员可以不考虑数据类型。例如，cout<<a 表示输出变量 a 的值，cin>>b 表示输入变量 b 的值。这里的变量 a 和 b 的数据类型可能是 int、char、float 等。然而在 C 语言中，必须明确表示 a 和 b 的数据类型，如 printf("%d",a)表示 a 作为整型数据输出，scanf("%f",&b)表示 b 作为浮点型数据输入。

（3）强类型检查。C++语言输入/输出中，编译系统对数据类型进行了严格检查，凡是类型不正确的数据都不能通过编译系统，因此 C++语言的输入/输出类型是安全的。

（4）扩展性好，可以支持自定义类型数据。通过重载插入 "<<" 和提取运算符 ">>"，C++语言可以支持任意的自定义类型数据，并提供统一的输入/输出代码形式。

（5）C++语言通过文件流类，封装了文件操作的指针，并在构造函数和析构函数中保证它能被正确初始化和消除。因此，C++语言的文件操作比 C 语言更容易、安全。

总之，C++语言通过这种被称为流的机制提供了更为精良的输入/输出方法，输入/输出流也通常是被 C++语言初学者学会使用的第一个类库。为了更好地学习和使用它，下面首先了解一下什么是流。

5.1.2 流的概念及流类库

流是一个抽象的概念，可以认为其代表一种数据传输类型。例如，标准 I/O 流是在标准输入/输出设备（键盘、显示器）间的数据传输；文件 I/O 流是在内存与磁盘文件间的数据传输。

从实现角度来看，C++提供了三种流类：iostream, fstream, strstream，分别处理标准输入/输出设备、文件和字符串的数据传输。这些类及其基类之间的继承关系如图 5.1 所示。在这些流类中，定义了各种处理数据的基本操作，如读取数据、写入数据等。

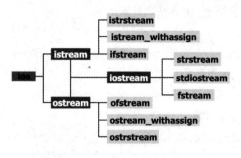

图 5.1　类及其基类之间的继承关系

类 istream 和 ostream 是类 ios 的公有派生类，分别提供输入和输出操作。类 ios 是类 istream 和 ostream 的虚基类。类 iostream 由类 istream 和 ostream 公有派生，并未增加新成员，仅将类 istream 和 ostream 组合在一起，以支撑输入和输出操作。

实际编程时，通常用类 istream、ostream、iostream、fstream 提供的公有成员函数来进行输入/输出操作。

流类库中不同类的声明被放在不同的头文件中，在程序中用#include 命令包含相关头文件，就相当于在程序中声明了需要用到的类。常用流类和头文件的对应关系见表 5.1。

表 5.1　常用流类和头文件对应关系

类名	说明	所在的头文件
抽象流基类		
ios	流基类	iostream
输入流类		
istream	通用输入流类和其他输入流的基类	iostream
ifstream	输入文件流类	fstream
istrstream	输入字符串流类	stream
输出流类		
ostream	通用输出流类和其他输出流的基类	iostream
ofstream	输出文件流类	fstream
ostrstream	输出字符串流类	strstream
输入/输出流类		
iostream	通用输入/输出流类和其他输入/输出流的基类	iostream
fstream	输入/输出文件流类	fstream
strstream	输入/输出字符串流类	strstream
流缓冲区类		
streambuf	抽象流缓冲区基类	streambuf
filebuf	磁盘文件的流缓冲区类	fstream
stringbuf	字符串的流缓冲区	strstream

流所涉及的范围远不止于此，凡是将数据从一个地方传输到另一个地方的操作都可以看作流的操作，如网络数据交换、进程数据交换等都是流操作。因此，一般意义上的读操作在流数据抽象中被称为（从流中）提取，写操作被称为（向流中）插入。

程序编写者通过流类进行所有的数据传输操作，不用关心参与数据传输的设备是如何工作的。同时，C++通过对流类的封装，能够支持自定义数据类型、安全的数据类型检查等，实现了诸多比 C 语言更好的性能。

5.1.3　对流的深入探讨

1．流的两种类型

流传输的基本单位是字节，所以又称为字节流。根据对传输内容的解释方式，流分为字符流（也称为文本流）和二进制流。

字符流将传输信息的每个字节按 ASCII 字符解释，它在数据传输时需进行转换，效率较低。例如，源程序文件和文本文件都是字符流。由于 ASCII 字符是标准的，所以字符流可以直接编辑、显示或打印，字符流产生的文件可运行于各类计算机中。

二进制流将传输信息的每个字节以二进制方式解释，它在数据传输时不进行任何转换，故效率高，但各类计算机对数据的二进制存放格式各有差异，并且无法人工阅读，故二进制流产生的文件可移植性较差。

字符流（文本流）若传输到磁盘上，则存储为文本文件。从存储方式来看，文件在磁盘上的存储方式都是二进制形式，但是文本流和二进制流形成的文件中数据表示是不同的。

二进制流的写操作是将内存里面的数据直接写入文件中，而文本则是将数据先转换成字符串，再写入文件中。例如，二进制文件里将 111（十进制数）编码成 6F（十六进制数），1 字节，正好是 111 的十六进制表示；而文本文件中则写成 31（十六进制数），31（十六进制数），31（十六进制数），用了 3 字节表示 111。可见，二进制文件的存储效率较高。

2．缓冲与非缓冲

系统在主存中开辟的、用来临时存放输入/输出数据的区域，称为输入/输出缓冲区（简称缓冲区）。例如，先将输入的信息送到缓冲区，然后从缓冲区取出数据。由于输入/输出设备的速度一般比 CPU 慢很多，若 CPU 直接与外部设备交换数据，必然占用大量时间，降低 CPU 的使用效率；而使用缓冲区后，CPU 只需从缓冲区中取数据或把数据写入缓冲区，而不必等待外部设备执行具体的输入/输出操作，因此可显著提高 CPU 的使用效率。

根据是否使用缓冲区，输入/输出流有缓冲和非缓冲之分。通常使用的流是缓冲流，仅在特殊场合才使用非缓冲流。C++输入/输出缓冲流有三种类型：全缓冲、行缓冲和非缓冲。

（1）全缓冲。在这种情况下，当填满标准 I/O 缓冲区后才进行实际的 I/O 操作（交给程序的输入或输出队列）。全缓冲的典型代表是对磁盘文件的读写。

（2）行缓冲。在这种情况下，当在输入和输出中遇到换行符时，执行真正的 I/O 操作。这时我们输入的字符先存放在缓冲区，等按下回车键换行时才进行实际的 I/O 操作。典型的代表是使用键盘输入数据。

（3）非缓冲，也就是不进行缓冲，数据被直接送上程序的输入或输出队列。标准错误流 cerr 是典型代表，这使得出错信息可以直接被送上显示器，从而尽快显示出来。

5.2 面向标准设备的输入/输出流

所谓标准输入/输出设备，是指键盘和显示器（控制台）。C++的输入/输出操作，需要使用 iostream 类定义输入/输出对象，再通过该对象调用 iostream 类的各种公有成员函数。

5.2.1 标准流对象

C++在头文件 iostream 中预定义了 4 个标准流类的对象：

```
extern istream cin;        // 标准输入流对象
extern ostream cout;       // 标准输出流对象
extern ostream cerr;       // 标准错误流（非缓冲）对象
extern ostream clog;       // 标准错误流（缓冲）对象
```

cin 是 console input 的缩写，在默认情况下代表键盘。

cout 是 console output 的缩写，在默认情况下代表显示器。

cerr 和 clog 是 console error 和 console log 的缩写，在默认情况下，代表显示器。这 4 个标准流中，cerr 为非缓冲流，其余均为缓冲流。

（1）cin 和 cout

cin 是标准输入流对象，支持数据从标准输入设备（键盘）输入内存。cout 是标准输出流对象，支持数据从内存输出到标准输出设备（显示器）。

（2）">>" 和 "<<" 运算符

C++用 ">>" 运算符表示提取，称为提取运算符，用来从输入流中提取一字节序列，交给变量，即完成输入。C++用 "<<" 运算符表示插入，称为插入运算符，用来向输出流中插入一字节序列，以便输出到显示器。这两个运算符分别定义在类 ostream 和 istream 中。

（3）C++的标准输入/输出

C++用 cin 对象和 ">>" 运算符进行输入操作，形式如下：

```
int a; float b; double c;
cin>>a>>b>>c;
```

C ++用 cout 对象和 "<<" 运算符进行输出操作，形式如下：

```
int a=0; float b=1.5f; double c=2.5;
cout<<"The result is: "<<a<<""<<b<<""<<c;
```

说明：

① ">>" 运算符后面只能接变量。C++的输入流操作，不必如 C 语言中的 scanf()函数一样指出变量类型，C ++的输入是自动类型匹配的。

② "<<" 运算符后面可以接变量或常量（包括各种基本数据类型及字符串）。C++的输出也是自动类型匹配的。

（4）endl 控制符

endl 控制符表示换行，同时可以清理缓冲区。而在 C 语言中，"\n" 只有换行的作用，若想清理缓冲区，需要调用 flush 函数。因此，cout<<endl 相当于 cout<<"\n"<<flush。

【例 5.1】 使用流 cout 和 cerr 实现数据的输出。

程序如下：

```
#include<iostream>
using namespace std;
int main()
{
    float a,b;
    cerr<<"输入 a 和 b 的值：\n";
    cin>>a>>b;
    if (b!=0)   cout<<a<<'/'<<b<<'='<<a/b<<endl;
    else cerr<<"除数为零!\n";
    return 0;
}
```

对于输出提示信息或输出结果而言，cout、cerr 和 clog 的用法相同，但作用不同。cerr 的作用是向标准错误设备（standard error device）输出相关错误信息。cout 流通常是被传送到显示器输出，但也可以被重定向输出到磁盘文件，而 cerr 流中的信息只能在显示器输出。在调试程序时，往往不希望程序运行时的错误信息被送到其他文件，而要求在显示器上及时输出，所以这时应该用 cerr，cerr 流中的信息是用户根据需要指定的。clog 流对象也是标准错误流，它的作用和 cerr 相同，都是在终端显示器上显示错误信息。不同的是，cerr 不经过缓冲区，直接向显示器上输出有关信息，而 clog 中的信息存放在缓冲区中，缓冲区满后或遇到 endl 时向显示器输出。

5.2.2　标准输入/输出流的格式化

格式化输入/输出仅用于文本流，而二进制流是按原样输入/输出的，不必做格式化转换。对于输出格式的控制，既可以用控制符方式实现，也可以用输出流的成员函数实现，两者的作用是相同的。

1．使用控制符控制输入/输出格式

头文件"iomanip"中预定义了 13 个格式控制符，用于控制输入/输出数据的格式，如表 5.2 所示。使用格式控制符，在程序中要包含 iomanip 头文件。

表 5.2　头文件"iomanip"中预定义的格式控制符

格式控制符	功能	适用	格式控制符	功能	适用
dec	设置为十进制	I/O	setioflags(long)	设置指定的标志	I/O
hex	设置为十六进制	I/O	setfill(int)	设置为填充字符	O
oct	设置为八进制	I/O	setprecision(int)	设置实数的精度	O
ws	提取空白字符	I	setw(int)	设置宽度	O

格式控制符	功能	适用	格式控制符	功能	适用
endl	插入一个换行符	O		插入一个表示字符串结束的 NULL 字符	O
flush	刷新流	O	ends		
resetioflag(long)	取消指定的标志	I/O			

2．用 cout 的成员函数控制输出格式

除可以用控制符控制输出格式外，还可以通过调用 cout 中的成员函数来控制输出格式。表 5.3 列出了格式控制函数。表 5.4 列出了格式控制函数 setf() 中用到的格式标志，这些标志被定义在 ios_base 类中。

表 5.3　控制输出格式的流成员函数

函　数　名	与之作用相同的控制符	说明
precision(n)	setprecision(n)	设置实数的精度为 n 位
width(n)	setw(n)	设置字段的宽度为 n 位
fill(c)	setfill(c)	设置填充字符 c
setf()	setiosflags()	设置输出状态，括号中应给出格式状态的格式标志
unsetf()	resetioflags()	终止已经设置的输出格式状态，括号中应指定内容

表 5.4　格式控制函数 setf() 中用到的格式标志

格式标志	说明
skipws	在输入中跳过空白
left	左对齐，用填充字符填充右边
right	右对齐，用填充字符填充左边
internal	数据的符号位左对齐，数据本身右对齐，符号和数据之间为填充符
showbase	插入前缀符号以表明整数的数制
dec	设置整数的基数为 10，以十进制形式格式化数值（默认进制）
oct	设置整数的基数为 8，以八进制形式格式化数值
hex	设置整数的基数为 16，以十六进制形式格式化数值
showpoint	对浮点数值显示小数点和尾部的 0
uppercase	对于十六进制数显示大写字母 A～F，对于科学格式显示大写字母 E
showpos	对于非负数显示正号（+）
scientific	以科学格式显示浮点数值
fixed	以定点格式显示浮点数值（没有指数部分）
unitbuf	在每次插入之后转存并清除缓冲区的内容

【例 5.2】　用格式控制符 setw、hex、dec 指定输出数据的域宽和数制。
程序如下：

```
#include<iostream>
#include<iomanip>
using namespace std;
```

```
int main()
{
    int a=256,b=128;
    cout <<setw(8)<<a<<"b="<<b<<'\n';                    //Line1
    cout <<hex<<a<<"b="<<dec<<b<<'\n';                   //Line2
    return 0;
}
```

Line1 行指定输出 a 的域宽为 8，b 按默认的域宽输出。Line2 行指定 a 按十六进制输出，b 按十进制输出。

应当说明的是，setw 设置的域宽仅对其后的一次插入起作用；而 hex、dec 的设置是互斥的，一旦设置，到下一次设置数制前将一直有效。

【例 5.3】 数据进制之间的转换。

程序如下：

```
#include<iostream>
#include<iomanip>
using namespace std;
int main()
{
    int x=30, y=300, z=1024;
    cout<<x<<' '<<y<<' '<<z<<endl;                      //按十进制输出
    cout<<oct<<x<<' '<<y<<' '<<z<<endl;                 //按八进制输出
    cout<<hex<<x<<' '<<y<<' '<<z<<endl;                 //按十六进制输出
    cout<<setiosflags(ios::showbase | ios::uppercase);
    //设置基指示符和数值中的字母大写输出
    cout<<x<<' '<<y<<' '<<z<<endl;                      //仍按十六进制输出
    cout<<resetiosflags(ios::showbase | ios::uppercase);
    //取消基指示符和数值中的字母大写输出
    cout<<x<<' '<<y<<' '<<z<<endl;                      //仍按十六进制输出
    cout<<dec<<x<<' '<<y<<' '<<z<<endl;                 //仍按十进制输出
    return 0;
}
```

程序运行结果：

```
30 300 1024
36 454 2000
1e 12c 400
0X1E 0X12C 0X400
1e 12c 400
30 300 1024
```

【例 5.4】 使用 cout 的 width 成员函数控制输出宽度为 10 个字符，并且按右对齐方式输出数值。

程序如下：

```
#include <iostream>
#include<iomanip>
using namespace std;
int main()
{
    double values[]={1.23,35.36,653.7,4258.24};
    for(int i=0;i<4;i++)
    {
        cout.width(10);
        cout.fill('*');
        cout<<values[i]<<endl;
    }
    return 0;
}
```

程序运行结果：

```
******1.23
*****35.36
*****653.7
***4358.24
```

setw 和 width 都不截断数值。如果数值位超过了指定的宽度，则显示全部值，当然还要遵守该流的精度设置。setw 和 width 仅影响紧随其后的域，在一个域输出后，域宽度恢复其默认值（必要的宽度），但其他流格式选项保持有效，直到发生改变为止。输入流默认为右对齐，为了在例 5.4 中实现左对齐姓名和右对齐数值，要将程序修改如下：

```
#include<iostream>
#include<iomanip>
using namespace std;
int main()
{
    double values[]={1.23,35.36,653.7,4358.24};
    char *names[]={"Zoot","Jimmy","Al","Stan"};
    for(int i=0;i<4;i++)
        out<<setiosflags(ios_base::left)<<setw(6)<<names[i]<<resetiosflags(ios_base::left)<<setw(10)
        <<values[i]<<endl;
    return 0;
}
```

程序运行结果：

```
Zoot        1.23
Jimmy       35.36
Al          653.7
Stan        4358.24
```

C++通过使用 setiosflags 控制符来设置左对齐，setiosflags 定义在头文件<iomanip>中。参数是 ios_base::left 枚举常量，因为该常量定义在 ios_base 中，所以引用时必须使用 ios_base::
前缀。另外，需要用 resetiosflags 控制符关闭左对齐标志，setiosflags 不同于 width 和 setw，
它的影响是持久的，直到用 resetiosflags 重新恢复默认值为止。

【例5.5】 控制数据输出精度。

分析：浮点数的输出精度默认值是 6，如数 3466.9868 显示为 3466.99。为了改变输出精
度，可以使用 setprecision 控制符（定义在头文件<iomanip>中）。和该控制符相关的还有两个
标志，ios_base::scientific（科学格式）和 ios_base::fixed（定点格式）。在使用 setprecision(6)
来控制数据输出精度时，若设置了 ios_base::fixed，则该数的输出为 3466.986800；若设置了
ios_base::scientific，则该数的输出为 3.466987e+003。为了说明如何控制数据输出精度，下面
改写例 5.4 中的程序，注意 setprecision 的值为 1。

程序如下：

```
#include<iostream>
#include<iomanip>
using namespace std;
int main()
{
    double values[]={1.23,35.36,653.7,4358.24};
    char *names[]={"Zoot","Jimmy","Al","Stan"};
    for(int i=0;i<4;i++)
        cout<<setiosflags(ios_base::left)<<setw(6)<<names[i]<<setiosflags(ios_base::left)<<setw(10)
        <<setprecision(1)<<values[i]<<endl;
    return 0;
}
```

程序运行结果：

Zoot	1
Jimmy	4e+001
Al	7e+002
Stan	4e+003

如果不需要科学格式，则在 for 循环之前插入语句 "cout<<setiosflags(ios_base :: fixed);"，
这样就会采用定点格式，由于 setprecision 控制符设置为 1，程序运行结果如下：

Zoot	1.2
Jimmy	35.4
Al	653.7
Stan	4358.2

如果将 ios_base::fixed 改为 ios_base::scientific，则程序运行结果如下：

Zoot	1.2e+000
Jimmy	3.5e+001
Al	6.5e+002
Stan	4.4e+003

同样，该程序的运行结果中，在小数点后有一位数字，这表明如果设置了 ios_base::fixed 或 ios_base::scientific，则精度值确定了小数点之后的小数位数。如果都未设置，则精度值确定了总的有效位数。可以用 resetiosflags 控制符清除这些标志。

最后要说明的是如何检测输入/输出流操作的错误。在输入/输出流的操作过程中可能出现各种错误，每一个流都有一个状态标志字，以指示是否发生了错误及出现了哪种类型的错误，这种处理技术与格式控制标志字是相同的。ios 类定义了以下枚举类型：

```
enum io_state
{
    goodbit =0x00,        //不设置任何位，一切正常
    eofbit  =0x01,        //输入流已经结束，无字符可读入
    failbit =0x02,        //上次读/写操作失败，但流仍可使用
    badbit  =0x04,        //试图进行无效的读/写操作，流不再可用
    hardfail=0x80         //不可恢复的严重错误
};
```

对应于这个标志字的各状态位，ios 类还提供了以下成员函数来检测或设置流的状态：

```
int rdstate();           //返回流的当前状态标志字
int eof();               //返回非 0 值，表示到达文件尾
int fail();              //返回非 0 值，表示操作失败
int bad();               //返回非 0 值，表示出现错误
int good();              //返回非 0 值，表示流操作正常
int clear(int flag=0);   //将流的状态设置为 flag
```

为提高程序的可靠性，应在程序中检测输入/输出流的操作是否正常。当检测到流操作出现错误时，可以通过异常处理来解决问题。

【例 5.6】 输入不正确的数据时，会导致程序出错。

程序如下：

```
#include<iostream>
using namespace std;
int main()
{
    int i,s;
    char t[80];
    cout<<"输入一个整数：";
    cin>>i;
    s=cin.rdstate();
    cout<<"s="<<s<<'\n';
    while(s)
    {
        cin.clear();
        cin.getline(t,80);
        cout<<"非法输入，重新输入一个整数：";
        cin>>i;
        s=cin.rdstate();
```

```
        }
        cout<<"num="<<i<<'\n';
        return 0;
    }
```

上述程序运行时，若输入字符或字符串将提示错误。

5.2.3 用流成员函数实现输入/输出

在程序中一般使用 cout 和"<<"实现输出；使用 cin 和">>"实现输入。但有时用户会有特殊要求，如只输出一个字符或只读入一个字符。ostream 和 istream 除提供上节介绍的用格式控制的成员函数外，还提供了输入/输出单个字符的成员函数 get()、put()及读入一行字符的 getline()函数。

1．get()函数

非格式化函数的功能与提取运算符">>"很相似，但主要的不同点是 get()函数在读入数据时包括空白字符，而提取运算符在默认情况下拒绝接收空白字符。

get()函数有不带参数、带一个参数、带三个参数三种调用形式。

带一个参数的调用形式：get(ch)；

带三个参数的调用形式：get(字符数组,字符个数 n,终止字符)

【例 5.7】 get()函数应用举例，从键盘接收字符并输出。

程序如下：

```
        #include<iostream>
        #include<cstdio>
        using namespace std;
        int main()
        {
            char ch;
            while((ch=cin.get())!=EOF)
                cout.put(ch);
            return 0;
        }
```

程序运行时输入：

Abc xyz 123↙

程序运行结果：

Abc xyz 123

当输入"Ctrl+Z"及回车键时，程序读入的值是 EOF，程序结束。

2．put()函数

put()函数把一个字符写到输入流中，下面两个语句默认是相同的，但第二个语句受该流格式化参量的影响：

```
cout.put('A')          //精确地输出一个字符
cout<<'A';             //输出一个字符，但此前设置的宽度和填充方式在此起作用
```

【例 5.8】 put()函数应用举例，有一个字符串"ENGLISH"，要求按反序输出。

程序如下：

```
#include <iostream>
using namespace std;
int main()
{
    char *p="ENGLISH";
    for (int i=6;i>=0;i− −)
    cout.put(*(p+i));
    cout.put('\n');
    return 0;
}
```

程序运行结果：

HSILGNE

3．getline()函数

getline()函数的功能是允许从输入流中读取多个字符，并且允许指定输入终止字符（默认值是换行字符），在读取完成后，从读取的内容中删除该终止字符。

【例 5.9】 getline()函数应用举例，为输入流指定一个终止字符。

分析：本程序连续读入一串字符，直到遇到字符"t"时停止，字符个数最多不超过 80 个。

程序如下：

```
#include<iostream>
using namespace std;
int main()
{
    char line[100];
    cout<<"Type a line terminated by 't' "<<endl;
    cin.getline(line,81,'t');
    cout<<line;
    cout<<'\n';
    return 0;
}
```

程序运行时输入：

abcdefg hhht↙

程序运行结果：

abcdefg hhh

5.3　面向文件的输入/输出流

5.3.1　文件流类与文件流对象

用来在内存变量与磁盘文件之间进行输入/输出的流，称为文件流。

C++的文件流属于字节流。根据对字节流中字节的不同解释，将文件分为文本文件和二进制文件。二者的差别参见 5.1 节的解释。

从实现角度，文件输入/输出流被定义为文件类，在输入/输出文件类库中的类称为文件流类，用文件流类定义的对象称为文件流对象。使用文件流的方法与使用标准输入/输出流（cin、cout、cerr 和 clog）不同，要使用一个文件流，应遵循以下步骤：

（1）打开一个文件，将一个文件流对象与某个磁盘文件联系起来。

（2）使用文件流对象的成员函数，将数据写入文件中或从文件中读取数据。

（3）关闭已打开的文件，即将文件流对象与磁盘文件脱离联系。

下面是文件流类，使用时需要包含相应的头文件。

- ifstream：输入文件流类，实现文件输入。
- ofstream：输出文件流类，实现文件输出。
- fstream：输入/输出文件流类，实现输入/输出。

文件流类常用成员函数如表 5.5 所示。

表 5.5　文件流类常用成员函数

函数	说明
open()	打开一个文件并把它与流关联
close()	关闭文件
fail()	测试是否打开文件失败，若失败则值为 1
eof()	测试是否为文件尾，若是则值为 1
read()	从流中读出一组字节
write()	把一组字节写入流中
seekp()	修改输出流文件的指针位置
seekg()	修改输入流文件的指针位置
tellp()	获得输出流文件的当前位置
tellg()	获得输入流文件的当前位置

在下面各小节中将会使用这些成员函数，以下是使用文件流的一般步骤。

（1）定义一个文件对象。例如：

```
ifstream infile;                //定义输入文件流对象 infile
ifstream infile("file1.txt");   //定义输入文件流对象 infile，并将 infile 与文件 "file1.txt" 联系起来
//其中文件名可以带路径，这里未指出路径，表示文件位于当前目录下。
ofstream outfile;               //定义输出文件流对象 outfile
fstream iofile;                 //定义输入/输出文件流对象 iofile
```

（2）用文件流对象的成员函数 open()或构造函数，打开一个文件。例如：

```
outfile.open("file2.txt");      //这里打开文件的作用与前面创建对象时关联文件名的作用相同
```

（3）用提取、插入运算符或成员函数对文件进行读/写。例如：

```
infile>>ch;        //ch 是某个内存变量
```

（4）用完文件后，要使用文件流对象的成员函数关闭文件。例如：

```
infile.close();
```

5.3.2 文件的打开和关闭

1．文件的打开

打开文件是使用文件流操作的第一步，其作用是将一个文件流对象与某个磁盘文件联系起来。打开文件有两种形式：用文件流的成员函数 open()打开文件和用文件流类的构造函数打开文件。

（1）用文件流的成员函数 open()打开文件。ifstream、ofstream、fstream 三个文件流类中各有一个成员函数 open()，打开文件的格式为：

```
void ifstream::open(const char*,int=ios::in,int=filebuf::openprot);
void ofstream::open(const char*,int=ios::out,int=filebuf::openprot);
void fstream::open(const char*,int,int=filebuf::openprot);
```

说明：

第一个参数为要打开文件的文件名（可含盘符和路径）。

第二个参数指定文件的打开方式。输入文件流的默认值 ios::in，意思是按输入文件的方式打开文件；输出文件流的默认值 ios::out，意思是按输出文件的方式打开文件；对于输入/输出文件流，没有默认的打开方式，在打开文件时，应指明打开文件的方式。

在头文件"ios"中定义了公有枚举类型 open_mode，文件打开方式的枚举类型定义如下：

```
enum open_mode
{
    in=0x01,                        //读方式打开文件
    out=0x02,                       //写方式打开文件
    ate=0x04,                       //打开文件时，文件指针移到文件末尾
    app=0x08,                       //追加写方式打开文件
    trunc=0x10,                     //将文件的长度截为 0，并清空文件
    nocreate=0x20,                  //打开不成功时不创建新文件
    noreplace=0x40,                 //用于创建一个新文件，不单用
    binary=0x80                     //用二进制方式打开文件
};
```

显然，每一种打开方式都是以一个二进制位来表示的，所以可以用运算符"|"（二进制按位或）将允许的几种打开方式组合起来使用。用多种方式及其组合打开文件时，含 app 或 ate 方式的文件指针会指向文件末尾，其余方式的文件指针指向文件头。表 5.6 是对文件打开方式的详细说明。

表 5.6　文件打开方式的说明

文件打开方式	说　　明
in	读方式打开文件
out	可单独使用，打开文件时，若文件不存在，则产生一个空文件；若文件存在，则清空文件
ate	必须与 in、out 组合使用。例如，out|ate，其作用是在文件打开时将文件指针移至文件末尾，清空文件原有内容，写入的数据追加到文件末尾。与 in 组合时，指针定位到文件末尾，不清空文件内容
app	只能用于输出，以写追加方式打开文件，当文件存在时，写入的数据追加到文件末尾；当文件不存在时，它等价于 out
trunc	打开文件时，将文件长度设为 0。若单独使用，则与 out 等价
binary	以二进制方式打开文件，总是与读或写方式组合使用。不以 binary 方式打开的文件，都是文本文件

第三个参数指定打开文件时的保护方式，该参数与操作系统有关，通常采用默认值 filebuf::openprot。

（2）用文件流类的构造函数打开文件。ifstream、ofstream、fstream 三个文件流类的构造函数所带参数与各自的成员函数 open()所带的参数完全相同。因此，在定义这三种文件流类的对象时，通过调用各自的构造函数也能打开文件。例如：

```
ifstream f1("filel.dat");
ofstream f2("file2.txt");
fstream f3("file3.dat",ios::in) ;
```

以上三个语句分别以读方式打开磁盘文件 file1.dat，以写方式打开文件 file2.txt，以读方式打开文件 file3.dat。因此，ifstream f1("file.dat")等价于下面两条语句：

```
ifstream f1;
f1.open("file.dat");
```

打开文件后要判断打开操作是否成功。打开文件操作并不能保证总是正确的，文件不存在、磁盘损坏等都可能造成打开文件失败。如果打开文件失败，程序还继续执行文件的读/写操作，将会产生严重错误。在这种情况下，应使用异常处理以提高程序的可靠性。判断文件是否打开成功的语句为：

```
ifstream f1("C:\\MyProgram\\file.dat");
if(!f1) { cout<<"不能打开文件：C\\ MyProgram\\file.dat\n";exit(1);}
```

或

```
ifstream f2;
f2.open("file.dat",ios::in);
if(!f2){ cout<<"不能打开输入文件：file.dat\n";exit(1);}
```

说明：

由于在 ios 类中重载了取反运算符"!"，即 int ios::operator!(){ return fail();}，若文件打开成功，则"!f1"为 0，否则"!f1"为非 0。这样，判断文件打开与否的语句也可写成：

```
ifstream f1("C:\\ MyProgram \\file.dat");
if(f1.fail())
{ cout<<"不能打开文件：C\\ MyProgram\\file.dat\n"; exit(1); }
```

2．文件的关闭

每个文件流类中都提供一个关闭文件的成员函数 close()，当打开的文件操作结束后，就需要关闭它，使文件流与对应的文件断开联系，并能够保证最后输出到文件缓冲区中的内容，无论是否已满，都将立即被写入对应的物理文件中。文件流对应的文件被关闭后，还可以利用该文件流调用成员函数 open() 打开其他文件。

虽然在程序执行结束或在撤销文件流对象时，系统会调用文件流对象的析构函数，自动关闭仍打开着的文件，但是对文件的操作完成后，还是应及时调用文件流对象的成员函数关闭相应文件，这样有利于系统收回相应资源。另外，操作系统对可以同时打开的文件数也是有限制的。

ifstream、ofstream、fstream 三个文件流类各有一个成员函数，可用来关闭文件，用法相同：

```
void ifstream::close();
void ofstream::close();
void fstream::close();
```

例如：

```
ifstream infile("f1.dat");      //打开文件 f1.dat
inflile.close();                //关闭文件 f1.dat
```

下面对文件的打开方式做几点说明：

（1）文件的打开方式可以是上述枚举常量，也可以是多个通过位或"|"运算符来连接的枚举常量（标志）。

（2）当打开方式中不含有 ios::ate 或 ios::app 选项时，文件指针被自动移到文件的开始位置，即字节地址为 0 的位置。

（3）当用输入文件流对象调用成员函数 open() 打开一个文件时，打开方式参数可以省略，默认按 ios::in 方式打开，若打开方式参数中不含有 ios::in 选项，则会被自动加上。

5.3.3 文本文件的输入/输出（读/写）

文件流类 ifstream、ofstream 和 fstream 并未直接定义文件操作的成员函数，对文件的操作通过调用其基类 ios、istream 和 ostream 中的成员函数实现。这样，对文件流对象的基本操作与标准输入/输出流的操作相同，即可通过提取运算符"＞＞"和插入运算符"＜＜"来读/写文件。

【例 5.10】 复制一个文本文件到一个目标文件中。

程序如下：

```
#include<fstream>
#include<iostream>
using namespace std;
int main()
{
```

```
        char ch,f1[256],f2[256];
        cout<<"请输入源文件名？";
        cin>>f1;
        cout<<"请输入目标文件名？";
        cin>>f2;
        ifstream in(f1,ios::in);
        ofstream out(f2);
        if(!in)    { cout<<"\n 不能打开源文件："<<f1; return -1; }
        if(!out) { cout<<"\n 不能打开目标文件："<<f2; return -1; }
        in.unsetf(ios::skipws);              //Line1
        while(in>>ch)                        //Line2
            out<<ch;                         //Line3
        in.close();
        out.close();
        cout<<"\n 复制完毕！\n";
        return 0;
    }
```

说明：Line1 行设置为不跳过文件中的空格。这是由于提取运算符默认跳过空格，所以文件复制必须包含空格。

对于 Line2 行，首先应该说明 ios 类重载了一个唯一的类型转换运算符"void*"，即 operator void*(){return fail()?0:this;}，其次，Line2 行的表达式 "in>>ch" 的返回值是文件流对象 in。这样，while 语句的判断条件就是一个无法直接判断的文件流对象 in，此时系统自动调用文件流对象 in 的唯一的类型转换运算符"void*"，对其做隐式类型转换，即（void*）in。由此可见，"while(in>>ch)"语句的作用是，文件流对象 in 读入一个字符并判断文件流对象 in 是否出错，若出错则结束循环，否则继续。

当然，上述程序的 Line2 行和 Line3 行还可用以下语句代替：

```
        while(in) {in>>ch;out<<ch;}
```
或
```
        while(!in.fail()) {in>>ch;out<<ch;}
```
或
```
        while(!in.eof()) {in>>ch;out<<ch;}
```
或
```
        while(in.get(ch)) {out<<ch;}
```

【例 5.11】 设文本文件 data1.txt 中有若干实数，每个实数之间用空格或换行符隔开。求文件中这些实数的平均值和实数的个数。

程序如下：

```
        #include<fstream>
        #include<iostream>
        using namespace std;
        int main()
        {
            float sum=0,t;
            int count=0;
```

```
ifstream in("data1.txt",ios::in);
if(!in) { cout<<"不能打开输入文件：\n"; return -1;}
while(in>>t)      //依次读一个实数
{
        sum+=t;count++;
}
cout<<"\n 实数的平均值="<<sum/count<<"，实数的个数="<<count;
in.close();
return 0;
}
```

可用记事本设置文件 data1.txt 中的内容，如下：

20   50.9   30.7   46.6
89   90.8   24   50   50

程序运行结果：

实数的平均值=50.222，实数的个数=9

【例 5.12】 在现有的 data2.txt 文件后面追加信息。
程序如下：

```
#include<iostream>
#include<fstream>
using namespace std;
int main()
{
    cout<<"Opening output file..."<<endl;
    ofstream ofile("data2.txt",ios::app);
    if(!ofile.fail())
    {
        cout<<"Appending to file..."<<endl;
        ofile<<"这是一个向文件中追加信息的例子！";
    }
    else
        cout<<"open fail."<<endl;
    return 0;
}
```

可用记事本建立文本文件 data2.txt，并向文件写入：C++程序设计。
程序运行后，再用记事本打开 data2.txt。
程序运行结果：

C++程序设计。这是一个向文件中追加信息的例子！

5.3.4 二进制文件的输入/输出（读/写）

对二进制文件的读/写要用到文件流的成员函数 read()和 write()。读/写时，不对数据做任何转换，直接传送。

二进制文件的读操作成员函数 read()的声明如下：

```
istream& istream::read(char *t, int n);
istream& istream::read(unsigned char *t, int n);
istream& istream::read(signed char *t, int n);
```

这三个成员函数的功能基本相同，意思是从二进制文件中读取 n 个字节数据到 t 指针所指的缓冲区。

二进制文件的写操作成员函数 write()的声明如下：

```
ostream& ostream::write(const char*t, int n);
ostream& ostream::write(const unsigned char*t, int n);
ostream& ostream::write(const signed char*t, int n);
```

这三个成员函数的功能基本相同，意思是将 t 指针所指缓冲区的前 n 个字节数据写入二进制文件。

为了便于程序判断是否已读到文件的结束位置，从文件中读取数据时，类 ios 提供了一个成员函数 int ios::eof()，当读到文件结束位置时，该函数返回值为非零，否则返回 0。

【例 5.13】 将 1 与 100 之间的所有偶数存入二进制文件 data2.dat 中。

程序如下：

```
#include<fstream>
#include<iostream>
using namespace std;
int main()
{    ofstream out("data2.dat",ios::out|ios::binary);              //Line1
     if(!out){cout<<"data2.dat\n";return -1;}
     for(int i=2;i<100;i+=2)
         out.write((char*)&i,sizeof(int));                        //Line2
     out.close();
     cout<<"\n 程序执行完毕！\n";
     return 0;
}
```

说明：Line1 行指定按二进制方式打开输入文件 data2.dat。Line2 行将整型指针转换成字符型指针，以符合该函数第一个参数类型的要求。

【例 5.14】写一个整型数组和一个浮点型数组到二进制文件 data3.dat 中，然后从 data3.dat 中读取数据并显示。

程序如下：

```
#include<iostream>
#include<fstream>
using namespace std;
int main()
{
    int i_number[5]={10,20,30,40,50};
    float f_number[5]={1.53,2.2,3.0,4.0,5.55};
```

```
        int int_arr[5];
        float float_arr[5];
        ofstream out("data3.dat");                          //打开一个文件
        if(!out)
        {
            cout<<"can not open data3\n";
            return -1;
        }
        out.write((char*)&f_number,sizeof(f_number));       //把数组中的浮点数写入文件
        out.write((char*)&i_number,sizeof(i_number));       //把数组中的整数写入文件
        out.close();
        ifstream in("data3.dat");
        if(!in)
        {
            cout<<"can not open data3\n";
            return -1;
        }
        in.read((char*)&float_arr,sizeof(float_arr));       //从文件中把浮点数读入数组
        in.read((char*)&int_arr,sizeof(int_arr));           //从文件中把整数读入数组
        in.close();
        for(int i=0;i<5;i++)                                //显示浮点数
        {
            cout<<float_arr[i]<<" ";
        }
        cout<<endl;
        for(int i=0;i<5;i++)                                //显示整数
        {
            cout<<int_arr[i]<<" ";
        }
        cout<<endl;
        cout<<"程序执行完毕！\n";
        return 0;
    }
```

程序运行结果：

```
1.53 2.2 3 4 5.55
10 20 30 40 50
```

5.3.5　文件的随机访问

　　C++把每一个文件都看成一个有序的流，如图 5.2 所示。每一个文件以文件结束符（end of file marker）结束或者在特定的字节编号处结束。

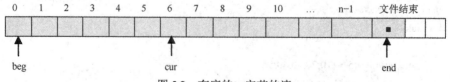

图 5.2　有序的 n 字节的流

当打开一个文件时，该文件就和某个流关联起来了。对文件进行读/写操作实际上受到一个文件定位指针（File position pointer）的控制，输入流的指针也称为读指针，每一次提取操作将从读指针当前所指位置开始，自动将读指针向文件尾移动。输出流指针也称为写指针，每一次插入操作将从写指针当前位置开始，同时自动将写指针向文件尾移动。

按数据存放在文件中的先后顺序进行读/写，称为顺序读/写。文件流类也支持文件的随机读/写，即从文件的任何位置读或写数据。在 C++中可以通过程序移动文件指针，从而实现对文件的随机访问，即可读/写流中的任意一段内容。一般文本文件很难准确定位，所以随机访问多用于二进制文件。

对于输入流来说，用于文件读/写位置定位的成员函数有：

```
istream& istream::seekg(streampos);              //绝对定位，相对于文件头
istream& istream::seekg(streamoff,ios::seek_dir); //相对定位
streampos istream::tellg();                       //返回当前文件读/写位置
```

对于输出流来说，用于文件位置定位的成员函数有：

```
ostream& ostream::seekp(streampos);              //绝对定位，相对于文件头
ostream& ostream::seekp(streamoff,ios::seek_dir); //相对定位
streampos ostream::tellp();                       //返回当前文件读/写位置
```

其中 streampos 和 streamoff 类型等同于 long，而 seek_dir 在类 ios 中定义为一个公有的枚举类型：

```
enum seek_dir
{            //以文件读/写位置相对定位时的参考点
    beg=0;   //以文件开始处作为参考点
    cur=1;   //以文件当前位置作为参考点
    end=2    //以文件结束处作为参考点
}
```

说明：

（1）函数名中的 g 是 get 的缩写，p 是 put 的缩写。

（2）文件读/写位置以字节为单位。

（3）成员函数 seekg(streampos)和 seekp(streampos)都以文件开始处为参考点，将文件读/写位置移到参数所指位置。

（4）成员函数 seekg(streamoff, ios::seek_dir)和 seekp(streamoff, ios::seek_dir)的第二参数的值是文件读/写位置相对定位的参考点，第一参数的值是相对于参考点的移动值，若为负值，则前移，否则后移。

（5）假设按输入方式打开二进制文件流对象，如下：

```
f.seekg(-10,ios::cur); //文件读/写位置从当前位置前移 10 字节
f.seekg(10,ios::cur);  //文件读/写位置从当前位置后移 10 字节
f.seekg(-10,ios::end); //文件读/写位置以文件尾为参考点，前移 10 字节
                       //若文件尾位置值为 6000，则文件读/写位置移到 5990 处
```

（6）在移动文件读/写位置时，必须保证移动后的文件读/写位置大于或等于 0 且小于或等于文件尾字节编号，否则将导致其后的读/写数据不正确。

（7）随机文件的读/写分两步：先将文件读/写位置移到开始读/写位置；再用文件读/写函数读或写数据。

【例 5.15】将 5 与 200 之间的奇数存入二进制文件，依次读取文件中第 30 到 39 位之间的数并输出。

程序如下：

```
#include<iostream>
#include<fstream>
using namespace std;
int main()
{
    int i,x;
    ofstream out("data3.dat",ios::out|ios::binary);
    if(!out) {cout<<"不能打开文件 d.dat\n"; return -1;}
    for(i=5;i<200;i+=2)
        out.write((char*)&i,sizeof(int));
    out.close();
    ifstream f("data3.dat",ios::in|ios::binary);
    if(!f) { cout<<"不能打开文件 d.dat\n"; return -1; }
    f.seekg(30*sizeof(int));        //文件指针移到指定位置
    for(i=0;i<10&&!f.eof();i++)
    {
        f.read((char*)&x,sizeof(int));
        cout<<x<<'\t';
    }
    f.close();
    return 0;
}
```

5.4 面向内存的字符串流

文件对于 C++来说是字符流或二进制流，文件流是以外存文件为输入/输出对象的数据，所以文件流是与设备相关的。可以把流的概念应用到字符串上，这样就可以把字符串看成字符串流。字符串流不是以外存文件为输入/输出对象的，而以内存中用户定义的字符数组为输入/输出对象。字符串流与内存相关，所以也称为内存流。可以用输入/输出操作来完成对字符串流的操作。

文件流类有 ifstream、ofstream 和 fstream，而字符串流类有 istrstream、ostrstream 和 strstream，类名前面的 str 是 string（字符串）的缩写。文件流类和字符串流类都是 ostream、istream 和 iostream 类的派生类，因此对它们的操作方法是基本相同的，向内存中的一个字符数组写数据就如同向文件写数据一样。

建立字符串流对象的方法如下。

1．建立输出字符串流对象

ostrstream 类提供的构造函数的原型为：

```
ostrstream::ostrstream(char*buffer,int n,int mode=ios::out);
```

buffer 是指向字符数组首元素的指针；n 为指定的流缓冲区的大小（一般与字符数组的大小相同，也可以不同）；第 3 个参数是可选的，默认为 ios::out 方式。可以用下列语句建立输出字符串流对象，并与字符数组建立关联：

```
ostrstream strout(a1,20);
```

意思是建立输出字符串流对象 strout，并使 strout 与字符数组 a1 关联，流缓冲区大小为 20。

2．建立输入字符串流对象

istrstream 类提供了两个带参数的构造函数，istrstream 类提供的构造函数的原型为：

```
istrstream::istrstream(char*buffer,int n);
```

buffer 是指向字符数组首元素的指针，用于初始化流对象（使流对象与字符数组建立关联）。可以用下列语句建立输入字符串流对象，并与字符数组建立关联：

```
istrstream strin(a2,20);
```

意思是建立输入字符串流对象 strin，并使 strin 与字符数组 a2 关联，流缓冲区大小为 20。

3．建立输入/输出字符串流对象

strstream 类提供的构造函数的原型为：

```
strstream::strstream(char*buffer,int n,int mode);
```

可以用以下语句建立输入/输出字符串流对象：

```
strstream strio(a3,sizeof(a3),ios::in | ios::out);
```

意思是建立输入/输出字符串流对象，以字符数组 a3 为输入/输出对象，流缓冲区大小与数组 a3 相同。

以上 3 个字符串流类是在头文件 strstream 中定义的，因此在程序中用到 istrstream、ostrstream 和 strstream 类时应包含头文件 strstream。通过下面的例子可以进一步了解怎样使用字符串流。

【例 5.16】 提取一个字符串中的每一位整数，并把它们依次存入一个字符串流中，最后向屏幕输出这个字符串流。字符串从键盘输入，字符串流结束符使用字符"$"。

程序如下：

```
#include<strstream>
#include<iostream>
using namespace std;
int main()
{
```

```
        char a[50];
        char b[50];
        istrstream sin(a);              //定义一个输入字符串流 sin，使用的字符数组为 a
        ostrstream sout(b,sizeof(b));   //定义一个输出字符串流 sout，使用的字符数组为 b
        cin.getline(a,sizeof(a));       //假定从键盘上输入的字符串为
                                        //"Ab108+506,446*555−25/ad763,WfR40jjf:kk{63;99}$"
        char ch=' ';
        int x;
        while(ch!='$')                  //使用"$"字符作为字符串流结束标志
        {
            if(ch>=48 && ch<=57)
            {
                sin.putback(ch);        //把刚读入的一个数字压回流中
                sin>>x;                 //从流中读入一个整数，如果碰到非数字字符
                                        //则认为一个整数结束
                sout<<x<<' ';           //将 x 输出到字符串流 sout 中
            }
            sin.get(ch);                //从 sin 流中读入下一个字符
        }
        sout<<'$'<<ends;                //向 sout 流输出作为结束符的"$"字符和
                                        //一个字符串结束符"\0"
        cout<<b;                        //输出字符串流 sout 对应的字符串
        cout<<endl;
        return 0;
    }
```

程序运行时输入：

Ab108+506,446*555−25/ad763,WfR40jjf:kk{63;99}$↙

程序运行结果：

108 506 446 555 25 763 40 63 99 $

【例 5.17】 在一个字符数组 c 中存放了 N 个整数，以空格相间隔，要求将它们放到整型数组中，然后按从大到小的顺序排列，再存放回字符数组 c 中。

程序如下：

```
#include<strstream>
#include<iostream>
using namespace std;
#define N 10
int main()
{
    char c[50]="18 134 60 -1 -32 39 65 99 361 3";
    int a[N],i,j,t;
    cout<<"array c:"<<c<<endl;          //显示字符数组中的字符串
    istrstream strin(c,sizeof(c));      //建立输入串流对象 strin 并使其与字符数组 c 关联
```

```
        for(i=0;i<N;i++)
            strin>>a[i];                    //从字符数组 c 读入 N 个整数，赋给整型数组 a
        cout<<"array a:";
        for(i=0;i<N;i++)
            cout<<a[i]<<"";                 //显示整型数组 a 中的各元素
        cout<<endl;
        for(i=0;i<N-1;i++)                  //用冒泡法对数组 a 排序
            for(j=0;j<N-1-i;j++)
                if(a[j]<a[j+1])
                    {t=a[j];a[j]=a[j+1];a[j+1]=t;}
        ostrstream strout(c,sizeof(c));     //建立输出字符串流对象 strout 并使其与字符数组 c 关联
        for(i=0;i<N;i++)
            strout<<a[i]<<"";               //将 N 个整数存放在字符数组 c 中
        strout<<ends;                       //加入 "\0"
        cout<<"array c:"<<c<<endl;          //显示字符数组 c
        return 0;
    }
```

程序运行结果：

> array c:18 134 60 -1 -32 39 65 99 361 3　（字符数组 c 原来的内容）
> array a:18 134 60 -1 -32 39 65 99 361 3　（整型数组 a 的内容）
> array c:361 134 99 65 60 39 18 3 -1 -32　（字符数组 c 最后的内容）

说明：

（1）程序中先后建立了两个字符串流 strin 和 strout，与字符数组 c 关联。strin 从字符数组 c 中获取数据，strout 将数据传送给字符数组，分别对同一字符数组进行操作。甚至可以对字符数组交叉进行读/写，输入字符串流和输出字符串流分别有流指针指示当前位置，互不干扰。

（2）用输出字符串流向字符数组 c 写数据时，是从数组的首地址开始的，因此更新了数组的内容。

在学习中应注意以下 5 点：

（1）字符串流输出时是向内存中的一个存储空间写入数据，输入时是从内存中的存储空间读取数据。严格意义上说，这不属于输入/输出（输入/输出一般指的是在内存与外存文件之间的数据传送）。由于 C++的字符串流采用了 C++的流输入/输出机制，因此往往也用输入/输出来表述字符串流。

（2）字符串流类没有 open 成员函数，字符串流不需要打开和关闭文件。因为对象关联的不是文件，而是内存中的某个字符数组。与字符串流关联的字符数组相当于内存中的临时仓库，可以用来存放各种类型的数据（以 ASCII 形式存放），需要时再从中读取。它的用法相当于标准设备（显示器、键盘等），但标准设备不能保存数据，而字符数组中的内容可以随时用 ASCII 字符输出，所以它比外存文件更加方便。另外，字符串流关联的字符数组不一定是专为字符串流而定义的数组，它与一般的字符数组无异，可以对该数组进行其他各种操作。

（3）通过字符串流从字符数组读数据就如同从键盘读数据一样，可以从字符数组读入字符数据，也可以读入整数、浮点数或其他类型的数据。

（4）字符串流所关联的字符数组中没有相应的结束标志，用户要自己指定一个特殊字符作为结束符，在向字符数组写入全部数据后要写入此字符。而每个文件的最后都有一个文件结束符，表示文件的结束。

（5）在建立字符串流对象时，需要确立字符串流与字符数组的关联，该关联需要通过调用构造函数并传递参数来解决。

5.5　自定义数据类型的输入/输出

预定义的标准输入/输出流只能输入/输出基本类型的数据及 STL 库中已经重载的数据类型，如 string。当用户设计自己的类时，为了输入/输出自定义的类型数据，用户可以重载"<<"和">>"运算符。因为这两个运算符的左操作数必须为输出流对象或输入流对象，所以只能重载为类的友元运算符。

重载插入运算符的一般格式为：

> friend ostream&operator<<(ostream&,ClassName&);

函数的返回值必须是对类 ostream 的引用，以便连续使用"<<"运算符。函数的第一个参数必须是对类 ostream 的引用，是"<<"的左操作数；第二个参数为用户自定义类的引用（也可为类的对象），是"<<"的右操作数。

重载提取运算符的一般格式为：

> friend istream&operator>>(istream&,ClassName&);

函数的返回值必须是对类 istream 的引用，以便连续使用">>"运算符。函数的第一个参数必须是对类 istream 的引用，是">>"的左操作数；第二个参数为对用户自定义类的引用（也可为类的对象），是">>"的右操作数。例如，有两个对象 m 和 n，则 cin>>m>>n 相当于 operator>>(operator>>(cin,m),n)。

有了插入和提取运算符的重载，用户在声明自己的类后就可以像输入/输出标准类型数据一样来输入/输出自己的类声明的对象了。用户在自己定义的类中不必定义许多成员函数去完成输入/输出功能，从而使程序更加简单、易读。好的运算符重载能体现面向对象程序设计思想。

【例 5.18】　重载提取和插入运算符，直接输入/输出对象。

程序如下：

```
#include<iostream>
using namespace std;
class CMoney;
ostream&operator<<(ostream&os,CMoney& m);
istream&operator>>(istream&is,CMoney& m);
class CMoney
{
private:
    int Dollar,Cents;
public:
    friend ostream& operator<<(ostream&,CMoney&);
```

```
        friend istream& operator>>(istream&,CMoney&);
        CMoney(int m=0,int c=0) {Dollar=m;Cents=c;}
    };
    ostream& operator<<(ostream&os,CMoney&m)
    {
        os<<"￥"<<m.Dollar<<"元\t"<<m.Cents<<"分\n";
        return os;
    }
    istream& operator>>(istream&is,CMoney&m)
    {
        is>>m.Dollar>>m.Cents;
        return is;
    }
    int main()
    {
        CMoney m;
        cout<<"输入两个整数：";
        cin>>m;                    //等价于 operator>>(cin,m)
        cout<<m;                   //等价于 operator<<(cout,m)
        cout<<"程序执行完毕！\n";
        return 0;
    }
```

执行程序时，若输入数据为：

200 50✓

则程序运行结果为：

￥200 元　　50 分

5.6　综合应用实例

【例 5.19】　下列程序显示并保存 2 到 1000 之间的所有素数，显示和保存素数的格式为：
每行 10 个素数，每个素数占 7 个字符位置，右对齐，最后一行不足 10 个素数时按一行输出。
程序如下：

```
#include<iomanip>
#include<fstream>
#include<cmath>
#include<iostream>
typedef unsigned long UL;
using namespace std;
class CPrime;
ostream& operator<<(ostream&os,CPrime&p);
class CPrime
{   //定义求解[start,end]内所有素数的类
```

```cpp
protected:
    UL start,end;                    //end>start>1
    int IsPrime(UL i);               //若 i 是素数则返回 1，否则返回 0
public:
    CPrime(UL s=2ul,UL e=1000ul);
    UL& Start();                     //设置/取得 start
    UL& End();                       //设置/取得 end
    //向 os 流输出 p 对象在[start,end]内的所有素数
    friend ostream&operator<<(ostream&os,CPrime&p);
};
int CPrime::IsPrime(UL i)
{
    UL j,k=(UL)(sqrt((float)i));
    for(j=2;j<=k;j++)
        if(i%j==0) break;
    if(j>k) return 1; else return 0;
}
CPrime::CPrime(UL s,UL e) { start=s; end=e;}
UL&CPrime::Start() { return start; }
UL&CPrime::End() { return end; }
ostream& operator<<(ostream&os,CPrime&p)
{
    UL i; int count;
    for(i=p.start,count=0;i<p.end;i++)
        if(p.IsPrime(i))
        {
            if(count==10)
            {
                os<<endl<<setw(7);
                count=0;
            }
            else
            {
                os<<setw(7)<<i;
                count++;
            }
        }
    os<<endl;
    return os;
}
int main()
{
    CPrime prime;
    ofstream f("prime.txt");
    cout<<prime;                     //显示 2 到 1000 之间的所有素数
```

```
        f<<prime;                    //向文件流对象 f 输出 2 到 1000 之间的所有素数
        return 0;
    }
```

【例 5.20】 从键盘上接收 6 个学生的数据，要求：
① 把它们存入磁盘的二进制文件中，文件名为 student.dat。
② 将磁盘文件中的第 1、3、5 个学生数据读入程序，并显示出来。
③ 修改第 4 个学生的数据，然后存回磁盘文件原来的位置。
④ 从磁盘文件读入修改后的 6 个学生的数据并显示出来。
程序如下：

```
    #include<iostream>
    #include<fstream>
    #include<string>
    using namespace std;
    struct student
    {
        int num;
        string name;
        float english_score;
        float maths_score;
        float computer_score;
    };

    int main()
    {
        student stud[6];
        int i;
        for (i=0;i<6;i++)    //从键盘上读入 6 个学生的数据
        {
            cout<< endl <<"请输入第"<<i+1<<"个学生的数据："<<endl;
            cout<<"学号：";
            cin>>stud[i].num;
            cout<<"姓名：";
            cin>>stud[i].name;
            cout<<"英语成绩：";
            cin>>stud[i].english_score;
            cout<<"数学成绩：";
            cin>>stud[i].maths_score;
            cout<<"计算机成绩：";
            cin>>stud[i].computer_score;
        }
        fstream iofile;
        //定义一个二进制输入/输出文件流对象
```

```cpp
    //注意：ios::in 和 ios::out 联用时，要求文件存在。否则，打开失败
    iofile.open("student.dat",ios::in|ios::out|ios::binary);
    if(! iofile)
    {
        cerr<<" file open error!"<<endl;
        return −1;
    }
    for(i=0;i<6;i++)          //写 6 个学生的数据到文件中
    {
        iofile.write((char *)&stud[i],sizeof(stud[i]));
    }
    student stud2[6];         //定义一个数组，用来存放从文件中读出的数据
    for(i=0;i<6;i=i+2)
    {
        iofile.seekg(i*sizeof(stud2[i]),ios::beg);    //文件指针定位在第 1、3、5 个学生的数据
        iofile.read((char *)&stud2[i/2],sizeof(stud2[0]));//读数据
        //显示数据
        cout<<stud2[i/2].num<<""<<stud2[i/2].name<<" "<<stud[i/2].english_score<<" "<<stud[i/2].maths_score<<" "<<stud[i/2].computer_score<<endl;
    }
    cout<<endl;
    //修改第 4 个学生的信息
    stud[3].num=9999;
    stud[3].name="Change";
    stud[3].english_score=90;
    stud[3].maths_score=100;
    stud[3].computer_score=100;
    //定位第 4 个学生的位置 beg 为开始位置
    iofile.seekp(3*sizeof(stud[0]),ios::beg);
    iofile.write((char *)&stud[3],sizeof(stud[3]));          //把修改后的数据写入原来的位置
    iofile.seekg(0,ios::beg);
    for( i=0;i<6;i++)         //读出 6 个学生的数据并显示
    {
        iofile.read((char *)&stud[i],sizeof(stud[i]));
        cout<<stud[i].num<<" "<<stud[i].name<<" "<<stud[i].english_score<<" "<<stud[i].maths_score<<" "<<stud[i].computer_score<<endl;
    }
    iofile.close();
    return 0;
}
```

程序运行结果：

请输入第 1 个学生的数据：
    学号：<u>1101</u>✓

姓名：<u>ZHANG</u>✓

英语成绩：<u>60</u>✓

数学成绩：<u>70</u>✓

计算机成绩：<u>80</u>✓

请输入第 2 个学生的数据：

学号：<u>1102</u>✓

姓名：<u>WANG</u>✓

英语成绩：<u>70</u>✓

数学成绩：<u>80</u>✓

计算机成绩：<u>90</u>✓

请输入第 3 个学生的数据：

学号：<u>1103</u>✓

姓名：<u>LI</u>✓

英语成绩：<u>80</u>✓

数学成绩：<u>90</u>✓

计算机成绩：<u>100</u>✓

请输入第 4 个学生的数据：

学号：<u>1104</u>✓

姓名：<u>ZHAO</u>✓

英语成绩：<u>65</u>✓

数学成绩：<u>70</u>✓

计算机成绩：<u>75</u>✓

请输入第 5 个学生的数据：

学号：<u>1105</u>✓

姓名：<u>LIU</u>✓

英语成绩：<u>75</u>✓

数学成绩：<u>80</u>✓

计算机成绩：<u>85</u>✓

请输入第 6 个学生的数据：

学号：<u>1106</u>✓

姓名：<u>YU</u>✓

英语成绩：<u>67</u>✓

数学成绩：<u>60</u>✓

计算机成绩：<u>60</u>✓

1101 ZHANG 60 70 80

1103 LI 70 80 90

1105 LIU 80 90 100

1101 ZHANG 60 70 80

1102 WANG 70 80 90

1103 LI 80 90 100

9999 Change 90 100 100   //修改后的数据

1105 LIU 75 80 85

1106 YU 67 60 60

习题 5

一、选择题

1. 相对于文本文件来说，下面关于二进制文件的说法不正确的是_____。
（A）占用空间小 　　　　　　　　（B）无法在常规的编辑工具中展示
（C）执行效率高 　　　　　　　　（D）可移植性好

2. 下面设置十六进制控制符的是_____。
（A）dec 　　　　　（B）oct 　　　　　（C）hex 　　　　　（D）ws

3. fixed 是输出格式中用到的状态标志，下列说法正确的是_____。
（A）以浮点格式显示浮点数值
（B）以定点格式显示浮点数值（无指数部分）
（C）以定点格式显示浮点数值（有指数部分）
（D）以上说法都不正确

4. 流都有一个状态标志字，下列关于 failbit 的说法正确的是_____。
（A）上次读/写操作成功，但流仍可使用
（B）上次读/写操作成功，但流不可使用
（C）上次读/写操作失败，但流仍可使用
（D）上次读/写操作失败，但流不可使用

5. 关于 eof()函数，下列说法正确的是_____。
（A）执行文件打开的操作函数 　　　（B）用于判断输入/输出错误的函数
（C）判断文件是否结束的函数 　　　（D）执行文件关闭的函数

6. ate 是打开文件的一种方式，下列说法正确的是_____。
（A）可以单独使用 　　　　　　　（B）只要成功打开文件，就清空原来的内容
（C）把文件指针移到文件尾 　　　　（D）能用于文件的追加写入数据

7. seekg(−40,ios::cur)的意思是_____。
（A）读/写位置从当前位置前移 40 字节
（B）读/写位置从当前位置后移 40 字节
（C）读/写位置从当前位置上移 40 字节
（D）读/写位置从当前位置下移 40 字节

二、简答题

1. 什么叫作流？流的提取和插入是指什么？输入/输出流在 C++中起怎样的作用？
2. 什么是字节流、字符流和二进制流？
3. cerr 和 clog 的作用是什么？有何区别？
4. 用什么方法来控制输入/输出流中出现的错误？
5. 比较读/写文本文件与二进制文件的异同。
6. 随机读/写是什么意思？常用于哪种类型的文件？
7. 文件流和字符串流有什么区别？

三、编程题

1. 给下面的程序加注释，并按照其格式写出程序的运行结果。

```cpp
#nclude<iostream>
#include<iomanip>
using namespace std;
int main()
{
    int x=468;
    double y=-3.425648;
    cout<<"x="<<setw(10)<<x;
    cout<<"y="<<setw(10)<<y<<endl;
    cout<<setiosflags(ios::left);
    cout<<"x="<<setw(10)<<x;
    cout<<"y="<<setw(10)<<y<<endl;
    cout<<setfill('*');
    cout<<setprecision(3);
    cout<<setiosflags(ios::showpos);
    cout<<"x="<<setw(10)<<x;
    cout<<"y="<<setw(10)<<y<<endl;
    cout<<resetiosflags(ios::left | ios::showpos);
    cout<<setfill(' ');
    return 0;
}
```

2. 给下面的程序加注释，并写出程序的运行结果。

```cpp
#include<iostream>
#include<fstream>
#include<string>
using namespace std;
void out()
{   ofstream ofile;
    ofile.open("date.txt");
    if(!ofile.fail())
    {   ofile<<"This is test data";
        ofile.seekp(4);
        cout<<ofile.tellp()<<endl;
        ofile.close();
    }
    else
        cout<<"open output fail."<<endl;
}
void in()
{
```

```
        ifstream ifile("date.txt");
        string s;
        if(!ifile.fail())
        {
            ifile.seekg(8);
            cout<<ifile.tellg()<<endl;
            ifile>>s;
            cout<<ifile.tellg()<<endl;
            cout<<s<<endl;
        }
        else
            cout<<"open input fail."<<endl;
    }
    int main()
    {
        out ();
        in();
        return 0;
    }
```

3．用控制符控制格式输出如图 5.3 所示的图形。

图 5.3　图形

4．编写程序，在当前目录下的 data1.txt 文本文件输出 0～20 的整数，含 0 和 20。

5．将 1 与 100 之间的所有奇数存入二进制文件 data2.dat 中，并从中读出，显示到屏幕上。

6．从一个字符串流中输入用逗号分开的每一个整数并显示到屏幕上，以@为串结束标志，如 "318,460 ,155, 278,420 ,727,600,993@"。

7．定义一个浮点型数组，含 20 个元素，从键盘上输入 20 个浮点数，把这些数放到磁盘文本文件中，然后从这个文件中读取这些数据到另一个数组中并输出。求出这些数中的最大值和最小值，以及它们在这 20 个数中的位置（序号）并输出，最后按从小到大的顺序输出 20 个浮点数。

实验 5　输入/输出流的应用

一、实验目的

通过本实验，熟悉标准输入/输出流及流类库的应用，掌握各种输出流格式控制方法，掌握基于流的文件操作方法及实际任务中的具体应用场景，了解基于运算符重载的自定义类型数据输入/输出方法，体会 C++输入/输出流的便利性和高效率。

二、实验要求

1. 掌握标准输入/输出流类和各种输出流格式控制方法；
2. 掌握基于流的文件操作方法；
3. 掌握基于运算符重载的自定义类型数据输入/输出方法。

三、实验内容与步骤

1. 编写程序，实现由随机实数组成的 4*4 下三角矩阵。要求，第 1 行实数保留 1 位小数，第 2 行保留 2 位小数，以此类推。每个实数占 8 位。效果图如下：

程序示例如下：

```
#include <iostream>
#include <iomanip>
#include <cstdlib>
using namespace std;

int main()
{
    float value;
    for(int i=0;i<4;i++)
    {
        for(int j=0;j<=i;j++)
        {
            value=rand()/32765.0f;
            cout<<setw(8)<<fixed<<setprecision(i+1)<<left<<value;
        }
        cout<<endl;
    }
    system("pause");
    return 0;
}
```

思考问题：

（1）如果去掉 fixed 会怎样？

（2）请根据上述示例继续实现矩阵上三角（右对齐）、设置任意填充字符等程序，以便熟悉各种输出格式控制符。

2. 已知文件 data.txt 中存有 10 个 CRect 对象的数据，现要求读取最后一个对象，把它的左上角坐标修改为(100,100)，其他不变，修改后重新写入文件。

分析：首先创建 data.txt 文件，向其中写入 10 个对象数据；然后进行读取、修改、重新写入的操作。

程序如下：

```cpp
#include <iostream>
using namespace std;
#include <cstring>
#include <cstdlib>
#include <fstream>
using namespace std;

class CRect
{
private:
    char color[10];
    int left,top,length,width;
public:
    CRect();
    CRect(char *c, int t, int lef, int len, int wid);
    void SetColor(char *c);        //设置矩形的颜色
    void SetSize(int l, int w);    //设置矩形的大小
    void Move(int t, int l);       //将矩形的左上角移动到指定的点
    void Draw();                   //输出矩形的属性值
};
CRect::CRect()
{
    strcpy(color,"black");
    top=left=length=width=0;
}
CRect::CRect(char *c, int t, int lef, int len, int wid)
{
    strcpy(color,c);
    top=t;
    left=lef;
    length=len;
    width=wid;
}
void CRect::SetColor(char *c)      //设置矩形的颜色
{
    strcpy(color,c);
}
void CRect::SetSize(int l, int w)  //设置矩形的大小
{
    length=l;
    width=w;
}
```

```cpp
void CRect::Move(int t, int l)          //将矩形的左上角移动到指定的点
{
    top=t;
    left=l;
}
void CRect::Draw()                      //输出矩形的属性值
{
    cout<<"矩形左上角坐标为: ("<<left<<","<<top<<")"<<endl;
    cout<<"矩形长和宽分别为: ("<<length<<","<<width<<")"<<endl;
    cout<<"矩形的颜色: "<<color<<endl;
}

char* ecolor[5]={"Red","Green","Blue","White","Yellow"};
int main()
{
    //10 个数据的写入读出
    char colorv[10];
    int leftv,topv,lengthv,widthv;
    ofstream outfile("d:\\data.txt",ios::ate);
    for(int i=0;i<10;i++)
    {
        strcpy(colorv,ecolor[(rand()%5)]);
        leftv=rand()%255;
        topv=rand()%255;
        lengthv=rand()%255;
        widthv=rand()%255;
        CRect r3(colorv,leftv,topv,lengthv,widthv);
        outfile.write((char*)&r3,sizeof(r3));
    }
    outfile.close();
    //按题目要求修改文件内容
    CRect rt;
    ifstream ifs("d:\\data.txt");
    ifs.seekg(0,ios::end);
    streampos lof=ifs.tellg();
    ifs.seekg(-lof/10,ios::end);
    ifs.read((char*)&rt,sizeof(CRect));
    ifs.close();
    rt.Move(100,100);
    ofstream ofs("d:\\data.txt",ios::in);           //打开方式非常重要
    ofs.seekp(-lof/10,ios::end);
    ofs.write((char*)&rt,sizeof(CRect));
    ofs.close();
    //查看修改是否成功
    ifstream infile2("d:\\data.txt",ios::in);
```

```
        CRect r5;
        for(int i=0;i<10;i++)
        {
                infile2.read((char*)&r5,sizeof(r5));
                r5.Draw();
        }
        infile2.close();

        system("pause");
        return 0;
}
```

思考问题：

（1）修改文件内容时，用 ofstream ofs("d:\\data.txt",ios::in);，这里为什么要用 ios::in 方式打开？分别使用 ios::out、ios::ate、ios::app 的打开方式，看看会产生什么样的结果？

（2）定位位置是如何计算的？每个 CRect 对象占多少字节？

3．请用运算符重载实现第 2 题的功能，即用运算符重载实现操作文件。

示例程序（单个数据读写文件）：

```
#include <iostream>
using namespace std;
#include <cstdlib>
#include <cstring>
#include <fstream>

class CRect;
void operator<<(CRect& r,char * FileName);
void operator>>(CRect& r,char * FileName);

class CRect
{
private:
        char color[10];
        int left,top,length,width;
public:
        CRect();
        CRect(char *c, int t, int lef, int len, int wid);
        void SetColor(char *c);         //设置矩形的颜色
        void SetSize(int l, int w);     //设置矩形的大小
        void Move(int t, int l);        //将矩形的左上角移动到指定的点
        void Draw();                    //输出矩形的属性值
};
CRect::CRect()
{
        strcpy(color,"black");
```

```cpp
        top=left=length=width=0;
    }
CRect::CRect(char *c, int t, int lef, int len, int wid)
    {
        strcpy(color,c);
        top=t;
        left=lef;
        length=len;
        width=wid;
    }
void CRect::SetColor(char *c)     //设置矩形的颜色
    {
        strcpy(color,c);
    }
void CRect::SetSize(int l, int w)   //设置矩形的大小
    {
        length=l;
        width=w;
    }
void CRect::Move(int t, int l)        //将矩形的左上角移动到指定的点
    {
        top=t;
        left=l;
    }
void CRect::Draw()                    //输出矩形的属性值
    {
        cout<<"矩形左上角坐标为：("<<left<<","<<top<<")"<<endl;
        cout<<"矩形长和宽分别为：("<<length<<","<<width<<")"<<endl;
        cout<<"矩形的颜色是："<<color<<endl;
    }
void operator<<(CRect& r,char * FileName)   //读文件
    {
        ifstream ifs(FileName);
        ifs.read((char*)&r,sizeof(CRect));
        ifs.close();
    }
void operator>>(CRect& r,char * FileName)   //写文件
    {
        ofstream outfile(FileName,ios::app);
        outfile.write((char*)&r,sizeof(r));
        outfile.close();
    }

int main()
    {
```

```
        CRect r("Red",10,10,100,100);
        r>>"d:\\data.txt";
        CRect r1;
        r1<<"d:\\data.txt";
        r1.Draw();
        system("pause");
        return 0;
    }
```

思考问题：

（1）运算符重载的参数次序有没有关系？是怎样约定的？

（2）请继续完善该示例程序，使之更加合理、有效，使用更方便。

四、编程并上机调试

1．编写程序，实现日历输出。从键盘输入任意的年份（1970—2022）和月份（1—12），在控制台上按照格式输出该年该月的日历。如下图所示。

2．将上题所输出的日历写入文本文件中保存。

第6章

异常处理

程序在运行过程中，出现错误在所难免，如提出内存分配申请时内存空间不足、请求打开的文件不存在、被 0 除等。在出现错误时，如何保证程序继续运行而不至于引起更大的错误甚至导致系统崩溃呢？为了解决这些问题，C++引入异常处理机制。异常处理机制通过抛出异常与处理异常分离的方式，使程序的每个部分只完成自己的本职工作，而不互相干扰，保证了程序的高容错性。本章主要介绍异常的概念、异常的产生及异常的处理机制，并通过实例解释C++异常处理的过程。

通过对本章的学习，应该重点掌握以下内容：

➤ 异常的概念、异常的产生。

➤ 异常的处理机制。

➤ throw、try 和 catch 的用法。

6.1　异常的概念

程序在运行过程中，出现错误在所难免，在出现错误时，要保证程序继续运行，而不至于引起更大的错误，为此，C++引入异常处理机制。异常处理机制通过抛出异常与处理异常分离的方式，使程序的每个部分只完成自己的本职工作，而不互相干扰，保证程序的高容错性。

程序的错误有两种，一种是语法错误，另一种是运行错误。前者是在编译器编译时就可以发现的错误，是容易被检查和发现的错误。后者则是程序运行时，由于程序设计的错误（如指针没有分配空间就使用），或者程序没有预见到使用环境和输入参数的异常（如打印机未打开或网络掉线），而导致程序处理异常数据时出现程序崩溃。因此编写程序时，程序员要预见各种异常情况，尽量考虑到对各种异常情况的处理。

所谓异常（exception）是程序运行过程中，由于环境变化、用户操作失误及其他方面的原因而产生的运行时不正常的情况，它要求程序立即进行处理，否则会引起程序错误甚至崩溃。

常见的引起异常的问题有：空闲内存耗尽、请求打开不存在的文件、被 0 除、打印机未打开、数组越界访问、超出数据处理范围等。

例 6.1 的程序段将会产生异常。

【例 6.1】　计算函数 double div(double a, double b)的值。

```cpp
#include<iostream>
using namespace std;
double div(double,double);
int main()
{
    double x,y,z;
    cout<<"请输入两个数："；
    cin>>x>>y
    cout<< div(x,y);
    return 0;
}
double div(double a,double b)
{
    return a/b;
}
```

例 6.1 中，如果输入的被除数 y 的值为 0，则会引起程序崩溃。上述程序中，函数 div(double a,double b)的功能是返回两数相除的结果，而主调函数的功能是显示两数相除的结果。当被除数为 0 时，函数 div 知道发生异常而无法处理异常，主调函数可以处理异常（返回异常的结果），但是无法确定何时发生异常。

为解决这些类似的问题，C++引入了异常处理机制。

6.2 异常处理机制

6.2.1 异常处理机制的组成

C++提供了 3 个关键字 throw、try 和 catch，用于进行异常处理。C++的异常处理主要包括以下几部分。

（1）抛出异常

如果程序发生异常情况，而在当前的上下文环境中获取不到处理这个异常的足够信息，程序将创建一个包含出错信息的对象并将该对象抛出当前上下文环境，将错误信息发送到更上一层的上下文环境中，这个过程称为抛出（throw）异常。

（2）检测异常

对于被抛出的异常，如果某一个模块能够（或想要）处理这个异常，它就可以检测控制程序段内是否发生异常且抛出异常，这个过程称为检测（try）异常。

（3）捕获异常

如果在 try 语句块的程序段中（包括在其中调用的函数）发现了异常，且抛出了该异常，则这个异常就可以被 try 语句块后的某个 catch 语句捕获并处理，捕获和处理的条件是被抛出的异常类型与 catch 语句的异常类型相匹配。

6.2.2 异常处理的实现

1．异常处理的语法

如果程序发生异常，但是在当前函数中不能处理该异常，则会将其抛出，由调用该函数的上一级函数处理。抛出异常通过 throw 表达式来实现，语法格式如下：

```
throw 表达式;
```

说明：throw 后的表达式表示抛出异常的类型，可以是一个变量、常量或一个对象。throw 语句在语法上与 return 语句相似。下面两条 throw 语句后的表达式都是常量，第一条语句抛出了 int 类型的异常，第二条语句抛出了 const char*类型的异常。

```
throw 1;
throw ("出现异常");
```

try-catch 结构描述如下：

```
try
{
    被检查语句
}
catch(异常类型声明)
{
```

```
        异常处理语句
    }
```

说明：

（1）try 块可以包含任何 C++语句，甚至可以包含整个函数，但是 try 块必须包含能够抛出异常的语句。当被检测函数出现异常时，在 catch 块中获得异常的信息。

（2）try 块和 catch 块作为一个整体出现，并且 catch 块必须紧跟在 try 块之后，中间不能插入其他语句。

（3）try 块也可以单独出现，表示无论是否有异常都不进行处理。

（4）一个 try-catch 结构中只能有一个 try 块，但可以有多个 catch 块，每个 catch 块的异常信息必须是不同的数据类型，以便和不同的异常信息匹配。

例如：

```
    try
    {
        …
    }
    catch (double)          //捕捉 double 类型的异常
    {
    }
    catch (int)             //捕捉 int 类型的异常
    {
    }
    catch (char*)           //捕捉 char *类型的异常
    {
    }
```

（5）try-catch 结构可以和 throw 出现在同一个函数中，throw 抛出异常后，catch 首先匹配本函数抛出的异常，如果匹配，则由本函数 catch 捕捉，否则由上一层函数处理。

（6）throw 可以不包含参数，catch 捕捉后再原样抛出，由上一层函数处理。

（7）异常信息若没有被捕捉，则会发生异常。

（8）在异常处理过程中也可能存在"单个 catch 子句不能完全处理这个异常"的情况，那么该异常处理器在做完局部能够做的事情后，可以再一次抛出这个异常，让上一层函数处理，也就是重新抛出。

（9）如果 throw 语句没有被执行，那么 catch 块将被忽略。在程序实际运行过程中，throw 执行前一般有一个条件判断语句。

（10）如果 catch 中的处理程序执行完毕，而无返回或终止指令，将跳过后面的 catch 块继续执行程序。

（11）C++在异常处理中提供了一个能捕捉所有异常的 catch 块。这个能捕捉所有异常的 catch 块的语法格式为：

```
    catch(…)
    {
        异常处理语句
    }
```

其中，程序中的"…"表示可捕捉所有的异常，但使用该符号就不可能设置参数，也不可能知道所接收到的异常为何种类型。其他部分和普通 catch 块完全一样。

catch(…)可以单独使用，也可以与其他 catch 块一起使用。但是在 C++中，当异常被抛出后，catch 块被检查的顺序与它们在 try 块后出现的顺序相同，并且一旦找到了一个匹配，就不再检查后续的 catch 块，因此 catch(…)与其他 catch 块一起使用时需要放在所有 catch 之后。

（12）catch 在进行类型匹配时并不要求两个类型完全相同。被 throw 抛出的异常数据类型与 catch 处理程序的参数类型进行匹配的过程包括精确匹配和自动数据类型转换的匹配。

下列情况视为二者类型匹配：

- catch 的参数类型与抛出异常严格匹配。
- 抛出为值类型时，如果是简单数据类型，则按照隐形转换规则匹配；如果是类类型，则参数类型是被抛出异常数据类型的公有基类。
- 如果是指针类型，则 catch 的参数类型是指向被抛出指针类型的基类指针。

2．异常处理的执行过程

异常处理的执行过程如下。

（1）如果在保护段执行期间没有引起异常，那么程序就跳过 try 块后面所有的 catch 语句，继续执行最后一个 catch 块后面的程序。

（2）如果在保护段执行期间或在保护段调用的任何函数中（直接或间接调用）有异常被抛出，则将终止执行保护段内之后的语句。抛出异常信息和本层的 catch 块按照上述规则（12）进行数据类型匹配。

（3）如果找到一个匹配的 catch 块，则执行 catch 块中的语句，然后执行所用 catch 块之后的语句。

（4）如果未找到匹配的 catch 块，则本层不处理，由上层 try、catch 按照上述规则处理，如果直至主函数 main()也没有找到匹配的 catch 块，则程序直接终止运行。

【例 6.2】 抛出异常到处理异常的过程。

下面 main()函数的 try 块中包含可能抛出异常的代码，当 try 块中出现异常时，跟随其后的 catch 块将捕获抛出的异常并进行处理，从而不使程序陷入崩溃。

```cpp
#include <iostream>
using namespace std;
double divide(double x1, double x2)
{    //输入偶数，否则产生异常
    if(x2==0)
        throw "除数为 0，无法计算！ ";          //抛出异常
    return x1/x2;
        // 程序其他部分
}
int main()
{
    double x1,x2,dRet ;
    bool bRet = true;
    cout<<"请输入两个数：";
```

```
            cin>>x1>>x2;
            try
            {
                dRet = divide(x1,x2); //divide 可能抛出异常
            }
            catch (char* message)      //捕获异常
            {
                bRet =false;
                cout<<message<<endl;
            }
            if(bRet)
                cout<<x1<<"/"<<x2<<"="<<dRet<<endl;
            cout<<"程序结束！"<<endl;
            return 0;
        }
```

运行结果：

```
请输入两个数：12   0↙
除数为 0，无法计算！
程序结束！
```

【例6.3】 重新抛出异常。

```
#include <iostream>
using namespace std;
void fun2( int x)
{
    throw x;
}
void func3(int a)
{
    try
    {
        fun2(a);
    }
    catch (int x)
    {   //如果异常参数 x<=0 则进行处理，否则继续抛出
        if(x<=0)
        {
            cout<<"func3 中处理异常！"<<endl;
        }
        else
        {
            cout<<"重新抛出异常！"<<endl;
            throw x; //重新抛出
        }
```

```
            }
        }
    int main()
    {
        try
        {
            func3(1);
        }
        catch (int x)
        {
            cout<<"处理了 int 类型的异常！"<<endl;
        }
        return 0;
    }
```

程序运行结果为：

重新抛出异常！
处理了 int 类型的异常！

函数 fun2(int x)抛出异常，抛出异常的信息就是传入的参数 x；在 func3(int a)中调用函数 fun2(a)，并捕获到该异常，获得异常信息；如果异常信息值小于 0，则重新抛出，在主函数中捕获，否则在 func3(int a)函数中处理该异常。

【例 6.4】 类型匹配捕捉异常。

```
    #include <iostream>
    using namespace std;
    void fun2( int x)
    {
        throw "抛出异常";
    }
    void func3(int a)
    {
        try
        {
            fun2(a);
        }
        catch (int x)
        {//如果异常参数 x<=0 则进行处理，否则继续抛出
            cout<<"func3 检测到抛出异常！"<<endl;
        }
    }
    int main()
    {
        try
        {
            func3 (-1);
```

· 237 ·

```
        }
        catch (char* str)
        {
            cout<<"主函数捕获了异常，异常信息："<<str<<endl;
        }
        return 0;
    }
```

程序运行结果为：

主函数捕获了异常，异常信息：抛出异常

讨论：在抛出异常时，异常信息理论上可以是对象、指针，也可以是常量。如果是常量，一般为基本数据类型，占据资源较少，由系统自动收回空间，相对简单；对于指针，如果指针指向的是本地局部变量，由于抛出后局部变量已经销毁，而使 catch 块中获得的指针指向无效地址；如果是从堆中申请的空间，则需要在捕获异常语句中销毁指针，不符合 C++设计的思想，一般不建议使用指针作为传递异常信息的参数。

如果抛出的是一个普通对象，捕获时 catch 中的表达式为值捕获异常时，由于值传递需要调用两次拷贝构造函数（中间要产生一个临时对象），这样会消耗资源，效率较低，同时，传递的对象中有虚函数时也会产生问题。当 catch 为引用捕获异常时，只会调用一次拷贝构造函数（传递给临时对象时调用拷贝构造函数，临时对象传递给 catch 引用参数时，则不调用拷贝构造函数），所以捕获异常时 catch 的表达式建议采用引用方式传递参数。

6.3 异常规范

几乎所有具备商业性质的函数库都不是以源代码的形式发布的，这时程序编写者要准确获得这些函数抛出的异常就非常困难。虽然可以在随函数库发行的帮助文件中对抛出异常进行说明，但是可能由于版本更新等使得文件中的说明和函数实际抛出的异常不完全一致。

为了解决这个问题，C++引入了异常规范（exception specification）。异常规范规定：随着函数声明列出该函数可能抛出的异常，并保证该函数不会抛出其他类型的异常。异常规范也使用了关键字 throw，函数所有可能抛出的异常类型均随着关键字 throw 而插入函数说明中。常见附带异常说明的函数说明有以下 3 种情况。

（1）函数返回类型 函数名(参数列表)throw(类型列表);

（2）函数返回类型 函数名(参数列表)throw();

（3）函数返回类型 函数名(参数列表)。

在第一种情况中，函数所有可能抛出的异常类型都列在类型列表中，其中类型列表可以是一到多种数据类型，包括自定义数据类型。

第二种情况表示函数不会抛出任何类型的异常。

第三种情况就是函数的声明，它表示函数有可能抛出任何类型的异常。由于 C++异常规范并非强制规定，因此在函数说明后附带异常说明并非语法错误，只是良好的编程习惯。

目前有些编译器并不完全支持异常规范，也就是说，当函数抛出的异常类型和函数声明的异常类型不一致时，编译器并不会不让编译通过，有的只是提出警告。

另外，当本层函数调用的函数抛出的异常类型与本层函数声明的类型不同时，编译器不能检查出来，例如：

```
void fun1()
{
    throw 1;
}
void fun2() throw (char*)
{
    fun1();
    throw("异常");
}
```

上述函数中，由于函数 fun1()抛出整型数据，虽然函数 fun2()要求抛出字符串，但是其实际上还可以抛出整型异常，编译器无法检查出这两种异常的不一致。因此，异常规范只是要求程序编写者遵守的一种编程规范，并不强制执行。

【例 6.5】 异常规范的处理。使用附带异常说明的外部函数时，程序编写者可以对函数可能抛出的异常进行处理，这样不会造成程序出现更大的错误。

```
#include <iostream>
#include <windows.h>
using namespace std;
void fun1(int x) throw(int, char*)
//函数抛出异常，异常信息可能为 int 型和 char*型
{
    if(x==0)
        throw 0;
    if(x<0)
        throw "error";
}
void fun2() throw()
//函数不抛出任何异常
{
    int i = 0;
    while(i<10)
    {
        Sleep(1);
        i++;
    }
}
void func3(int x) throw(double)
{
    fun1(x);
}
int main()
{
    try
    {
        fun1(8);
```

```
        }
        catch (int x)
        {
            cout<<"处理了 int 类型的异常"<<endl;
        }
        catch (char* s)
        {
            cout<<"处理了 char*类型的异常"<<endl;
        }
        fun2();
        cout<<"程序结束！"<<endl;
        return 0;
    }
```

6.4　标准库中的异常类

在 C++标准库中提供了一个异常类的基类 exception 及其多个派生类，用于报告 C++标准库中的函数在执行期间遇到的不正常情况。表 6.1 描述了这些异常类。

表 6.1　标准 C++库中提供的异常类

类名	说明	头文件
exception	所有异常类的基类，可以调用它的成员函数 what()获取其特征的显式说明	exception
logic_error	exception 的派生类，预置条件或类不变量之间的冲突	stdexcept
invalid_argument	logic_error 的派生类，表示非法的参数错误	stdexcept
domain_error	logic_error 的派生类，违反预置条件	stdexcept
length_error	logic_error 的派生类，超出数据的最大长度	stdexcept
out_of_range	logic_error 的派生类，参数越界	stdexcept
runtime_error	exception 的派生类，报告程序的运行错误，这些错误仅在程序运行时可以被检测到	stdexcept
range_error	runtime_error 的派生类，违反后置条件	stdexcept
overflow_error	runtime_error 的派生类，目标类型太大	stdexcept

基类 exception 被定义在头文件<exception>中，是 C++标准库函数抛出的所有异常的基类。exception 类的接口如下。

```
    class exception
    {
    public:
        exception() throw();
        exception(const exception &)throw();
        exception& operator=(const exception&)throw();
        virtual ~exception() throw();
        virtual const char* what() const throw();
    };
```

exception 类接口中的函数都有一个空的异常规范 throw()，这表示 exception 类的成员函数不会抛出任何异常。成员函数 what()返回一个字符串，它描述抛出异常的相关信息。what()是一个虚函数，exception 类的派生类可以改写 what()函数，以更好地描述派生类的异常对象。

exception 类也可以被程序编写者用作基类以创建自己的异常类。

6.5　C++11 引入的异常处理

当程序在运行时发生错误，使得程序的继续运行变得毫无意义时，C++中的异常机制提供了一个解决方法。

1．C++98 异常处理（throw）

在函数声明时，使用 throw 指定一个函数可以抛出异常的类型。例如：

```
class Ex
{
public:
    double getVal();
    void display() throw();
    void setVal(int i) throw (char*, double);
private:
    int m_val;
};
```

上述函数的声明指定了该函数可以抛出异常的类型：

getVal() 可以抛出任何异常（默认）；
display() 不可以抛出任何异常；
setVal() 只可以抛出 char* 和 double 类型异常。

从功能上来说，C++98 中的异常处理机制完全能满足我们的需要，正确地处理异常。然而，编译器为了遵守 C++语言标准，在编译时，只检查部分函数的异常规范。

例如，下面程序的执行过程：

```
// 函数声明
extern void funAny(void);                        //可抛出任何异常
void check(void) throw (std::out_of_range);      //仅抛出 std::out_of_range 异常
// 函数的定义执行过程
void check(void) throw(std::out_of_range)
{
    funAny();
    ...
}
```

这个函数默认情况下会调用 std::teminate()。

2．C++11 异常处理（noexcept）

编译器在编译时能够做的检测非常有限，因此在 C++11 中异常声明被简化为以下两种情况：

① 函数可以抛出任何异常（和之前的默认情况相同）；

② 函数不可以抛出任何异常。

在 C++11 中，声明一个函数不可抛出任何异常时，使用关键字 noexcept。

```
void mightThrow();    //  可抛出任何异常
void doesNotThrow() noexcept; // 不可抛出任何异常
```

下面两个函数声明的异常规范在语义上是相同的，都表示函数不可抛出任何异常。

```
void old_stytle() throw();
void new_style() noexcept;
```

它们的区别在于程序运行时的行为和编译器优化的结果。

使用 throw()，如果函数抛出异常，则异常处理机制会进行栈回退，寻找（一个或多个）catch 语句。此时，检测 catch 可以捕获的类型，如果没有，std::unexpected()会被调用。但是 std::unexpected()本身也可能抛出异常。

如果 std::unexpected()抛出的异常对于当前的异常规格是有效的，则异常传递和栈回退会像以前那样继续进行。这意味着，如果使用 throw，编译器几乎没有机会做优化。

事实上，编译器甚至会让代码变得更臃肿、庞大：

（1）栈必须被保存在回退表中；

（2）所有对象的析构函数必须被正确调用（按照对象构建相反的顺序析构对象）；

（3）编译器可能引入新的传播栅栏、新的异常表入口，使得异常处理的代码变得更庞大；

（4）内联函数的异常规范可能无效。

当使用 noexcept 时，std::teminate()函数会被立即调用，而不调用 std::unexpected()。因此，在异常处理的过程中，编译器不会回退栈，这为编译器的优化提供了更大的空间。

简而言之，如果知道函数绝对不会抛出任何异常，那么应该使用 noexcept 而不是 throw()。

6.6　综合应用实例

经常使用异常对象来传递异常信息，因为对象传递的异常信息不仅丰富，而且有利于信息的封装，目前大部分系统提供的异常都是通过异常对象来抛出异常信息的。下面为异常综合应用实例，包含了异常对象和普通异常类型。

【例 6.6】　异常综合应用实例 1。

编写一个程序，设计一个学生类 Student，采用异常处理的方法，在输入学生类 Student 对象的数据时检测成绩输入是否正确。

程序如下：

```
#include<iostream>
#include<iomanip>
using namespace std;
```

```cpp
class Student
{
protected:
    int no;
    char name[20];
    int score;
public:
    Student() {}
    void getScore()
    {
        cout << "请输入学生的学号  姓名   和  成绩 ： " << endl;
        cin >> no >> name >> score;
        if (score >= 100 || score <= 0)    //如果输入的成绩不符合要求（大于100或小于0），则抛出异常
            throw name;
    }
    void disp()
    {
        cout << "    " << setw(4) << no << setw(10) << name << setw(6) << score << endl;
    }
};
int main()
{
    Student stu[4];
    cout << "请输入学生成绩： " << endl;
    for (int i = 0; i < 4; i++)
    {
        try
        {
            stu[i].getScore();
        }
        catch (char *s)
        {
            cout << "   " << s << "   输入的学生成绩不正确" << endl;
            cout << "请重新输入该学生成绩： " << endl;
            stu[i].getScore();
        }
    }
    cout << "输出学生成绩： " << endl;
    for (int i = 0; i < 4; i++)
        stu[i].disp();
    return 0;
}
```

运行结果如图 6.1 所示。

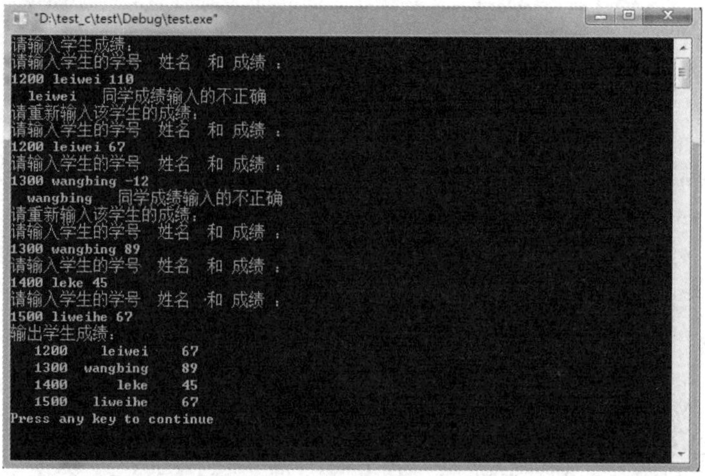

图 6.1 例 6.6 的运行结果

【例 6.7】 异常综合应用实例 2。

程序如下：

```cpp
#include<string>
#include<iostream>
using namespace std;
class CMyException
{    //异常类，该类的对象作为抛出异常时传递的异常参数
public:
    CMyException(string n = "none") : name(n)
    {    //构造函数，根据参数 n 构造一个名字为 n 的异常类对象
        cout << "构造一个 CMyException 对象，名称为：" << name << endl;
    }
    CMyException(const CMyException& e)
    {    //拷贝构造函数，根据参数 e 复制构造一个异常类对象
        name = e.name;
        cout << "复制一个 CMyException 对象，名称为：" << name << endl;
    }
    virtual ~CMyException()
    {
        cout << "销毁一个 CMyException 对象，名称为：" << name << endl;
    }
    string GetName() { return name; }
protected:
    string name;              //异常类对象的名字
};

class CTestClass
{    //测试类，其构造函数可能抛出 int 类型或 char*类型异常
public:
    CTestClass(int x);
```

```cpp
        void print();
private:
    int a;
};


CTestClass::CTestClass(int x)
{    //本层直接处理 char*类型异常，int 类型异常由上层处理
    try
    {
        if (x == 0)
            throw 0;
        if (x>1000)
            throw "x 值太大！";
        a = x;
    }
    catch (char* s)
    {
        cout << "处理了 char*类型异常信息：" << s << endl;
    }
}
void CTestClass::print()
{
    cout << a << endl;
}
void fun1(int x)
{    //可能抛出 CMyException，int 类型异常，但是如果只写 throw(CMyException)，则编译器也
     //能编译通过
    CTestClass a(x);
    a.print();
    CMyException obj2("obj2");
    throw obj2;
}


int main()
{
    try
    {
        //抛出指针异常，需要在捕捉中删除指针
        throw new CMyException("obj1");
    }
    catch (CMyException *e)
    {
        cout << "捕捉一个 CMyException 类型的异常，名称为：" <<
            e->GetName() << endl;
        delete e;
    }
```

```
try
{
    cout << "请输入一个 int 类型的值：";
    int x = 0;
    cin >> x;
    fun1(x);
}
catch (int x)
{
    cout << "处理了 int 类型的异常：" << x << endl;
}
catch (char *s)          //这个捕捉永远不会被处理
{
    cout << "处理了 char*类型的异常：" << s << endl;
}
catch (CMyException &e)          //对象推荐为引用形式
{
    cout << "处理了 CMyException 类型的异常：" << e.GetName() << endl;
}
catch (...)
{
    cout << "处理了所有类型的异常！" << endl;
}
cout << "程序运行结束！" << endl;
return 0;
}
```

程序运行结果如图 6.2 所示。

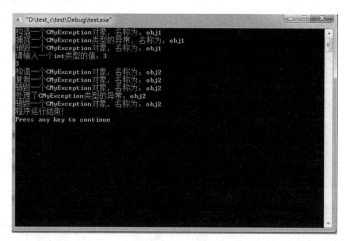

图 6.2　例 6.7 的运行结果

从运行结果发现，fun1 中抛出异常后，调用拷贝构造函数产生一个复制对象，这是由于抛出对象后产生了一个临时对象，catch 块中的数据类型为引用方式，实际上是临时对象的引用。因此，如果 catch 块中采用数据类型值方式，则会再增加一次拷贝构造函数调用。

习题 6

一、简答题

1. 什么是异常？什么是异常处理？
2. 简述 C++的异常处理机制。
3. 在 C++中，如果出现没有捕捉到的异常会怎么样？
4. 如果函数有一个形式为 throw()的异常规范，那么它可以抛出什么异常？如果函数没有异常规范，那么它可以抛出什么异常？
5. 说明命名空间的定义和格式。

二、编程题

1. 编写程序，说明 C++异常处理的 3 个关键字 throw、try 和 catch 的用法。
2. 编写程序，说明什么情况下程序中会出现未被捕捉的异常。
3. 编写程序，采用对象的方式传递异常信息。
4. 用不同命名空间中的相同命名成员处理程序。

实验 6　异常处理

一、实验目的

通过本实验，使学生能够更好地理解 C++语言的异常处理机制和异常继承体系，正确使用异常处理方法（异常捕获与异常抛出），学习自定义异常类的方法，从而编写出更健壮、结构更清晰的 C++程序。

二、实验要求

1. 理解 C++语言的异常处理机制；
2. 正确使用和熟练掌握异常捕获与异常抛出的异常处理方法；
3. 了解以 exception 为基类的异常继承体系和自定义异常类的方法。

三、实验内容与步骤

1. 请阅读示例程序，理解异常抛出的条件和结果，给出程序运行结果，并分析异常起到了什么作用。

程序示例如下：

```cpp
#include <iostream>
#include <cstdlib>
using namespace std;
char* create(char * bigdata,int n)
{
    if(bigdata==NULL)
    {
        bigdata=new char[n];
```

```
                if(bigdata == NULL)
                        throw "Allocation failure";
                }
                return bigdata;
        }
    int main()
    {
            char * mystring=NULL;
            int n;
            cin>>n;
            try
            {
                mystring=create(mystring,n);
                mystring[0]='a';
                for (int i = 0; i <= n; i++) {
                        if(i >= n) throw "out of bound!";
                        int value=rand()%128;
                        if((mystring[0]+value)>=128) throw value;
                        mystring[i] = mystring[0]+value;
                }
            }
            catch (int i)
            {
                cout << "Exception: ";
                cout << "invalid value: " << i << endl;
            }
            catch (char const* str)
            {
                cout << "Exception: " << str << endl;
            }
            catch (...) //
            {
                cout<<"Stop!"<<endl;
            }
            return 0;
    }
```

思考问题：

（1）将 try 内的 value 定义为 char 型是否可以？请验证此时是否会进行自动类型转换？

（2）catch (...)是什么意思？可否将其放到多个 catch 块的前面？

2. 请编写一个判断三角形的函数 void triangle(int a,int b,int c)，判断输入的三个边长能否构成一个三角形，如果不能则抛出异常，并显示异常："边长 a、b、c 无法构成三角形"，在主函数中调用此函数，并捕获异常。

分析：首先创建 data.txt 文件，向其中写入 10 个对象数据；然后进行读取、修改、重新写入的操作。

程序如下：

```cpp
#include<iostream>
#include<string.h>
#include <cstdlib>
using namespace std;
void triangle(int &a,int &b,int &c)
{
    cout<<"输入三角形的边长(a b c)："<<endl;
    cin>>a>>b>>c;
    if(a<=0||b<=0||c<=0)
    {
        throw "边长有负数，不能组成三角形！";
    }
    else
    {
        if((a+b>c)&&(a+c>b)&&(b+c>a))
        {
            cout<<"The triangle created!"<<endl;
        }
        else
        {
            throw "a、b、c 不能组成三角形！";
        }
    }
}
int main()
{
    char t;
    int a,b,c;
    do
    {
        try
        {
            triangle(a,b,c);
            cout<<endl;
        }catch(const char* mesg)
        {
            cerr<< mesg <<endl;
        }
        cout<<endl<<"是否重新输入？(Y/N)：";cin>>t;
    } while (t=='y'||t=='Y');
    cout<<"exit!"<<endl<<endl;
    system("pause");
    return 0;
}
```

思考问题：

（1）判断三角形三边是否合法时，也可以根据返回值来判断，事实上，大多数 C/C++程序都有根据返回值进行异常判断的传统，那么，通过异常实现判断有什么好处？请举例说明。（不一定举本例中的情况，也可以举其他应用异常的情况）

（2）请封装一个三角形类，将异常处理都封装到类成员函数里。

3. 开发一个比较复杂的系统时，我们一般把系统需要用到的各种错误统一定义，建立规范的异常类，以便统一管理。这里我们针对登录异常建立了自定义的登录异常类。

示例程序（单个数据读写文件）：

```cpp
#include<iostream>
#include<cstring>
using namespace std;
#include <cstdlib>
#include <exception>

class loginException:public exception
{
public:
    const char* what()
    {
        return "用户名不存在或密码不正确";
    }
};
void login(char* name,char* pass)
{
    if(strcmp(name,"zzti")!=0||strcmp(pass,"123456")!=0)
        throw loginException();
    else
        cout<<"welcome!"<<endl;
}
int main()
{
    char name[20],pass[20];
    try
    {
        cout<<"请输入用户名：";cin>>name;
        cout<<"请输入密码：";cin>>pass;
        login(name,pass);
    }
    catch(loginException &e)
    {
        cout<<e.what()<<endl;
    }
    system("pause");
```

```
        return 0;
    }
```

思考问题：

（1）what()函数有什么作用？请阅读 C++标准异常类 exception 的定义。

（2）如果想捕获发生异常时的参数情况，例如用户名和密码，应该怎样修改程序？

四、编程并上机调试

1．编写程序，模拟从某账户取款和存款的操作。当操作账户类时，如果取款数大于余额则作为异常输出（自定义异常）。

2．请实现一个相对完整的客户管理系统，功能包括：

（1）管理员登录验证。

（2）客户信息添加，包括姓名、年龄、手机号。添加时检查客户姓名是否存在，若存在则输出异常信息。

（3）客户信息一致性检查，即不允许出现多个用户使用相同手机号的情况，若有，则输出异常信息及重复的手机号。

（4）根据用户名或手机号查询客户信息，若查询不到，则输出异常信息。

请实现上述功能，并将上述系统可能出现的异常情况用 C++自定义类进行统一定义和管理。

第 7 章

模板

模 板是 C++提供的代码重用的主要机制之一。C++的模板机制可以实现类型参数化，即把类型定义为参数，从而实现泛型程序设计。本章主要介绍函数模板、类模板的概念和语法格式等，并通过实例解释模板在程序设计中的使用方法。

通过对本章的学习，应该重点掌握以下内容：

➤ 函数模板的定义、语法格式及使用方法。
➤ 函数模板的实例化。
➤ 类模板的定义及使用方法。
➤ 类模板的实例化。
➤ 派生类和类模板的关系。

7.1　模板的概念

模板也称参数化的类型，利用模板功能可以构造相关函数或类的系列，不仅提高了程序设计的效率，而且对提高程序的可靠性非常有益。

在编程时，经常会遇到这样的情况，对于不同数据类型的参数需要实现相似的函数功能，例如，编写求取两个整型数据中较大值的函数与求取两个实型数据中较大值的函数，它们的程序逻辑相同，程序代码也相同，只是它们的参数类型及函数的返回值类型不同，在 C 语言中就需要编写两个不同的函数，然后将代码重复书写一遍。有时也会遇到同样的具有类似功能的类，例如，一个整型数据集合的类与实型数据集合的类，它们实现的功能相同，但存储的数据类型不同。

怎样实现代码的重用，不需要编写同样功能的函数或类，即可实现对不同数据类型的处理。C++的模板就可解决这样的问题。

C++的程序是由函数和类组成的，因此 C++中的模板可分为函数模板（function template）和类模板（class template），而把函数模板的实例化称为模板函数，把类模板的实例化称为模板类。

在说明一个函数模板后，当编译系统发现有一个相应的函数在调用时，将根据实参中的类型来确认是否匹配函数模板中对应的形参，然后生成一个重载函数，该重载函数的定义体和模板函数的定义体相同，称为模板函数，就是函数模板的实例化。

同样，说明一个类模板后，可以创建类模板的实例，称为模板类。

模板、类、对象和函数之间的关系如图 7.1 所示。

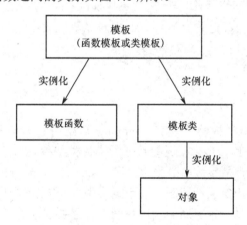

图 7.1　模板、类、对象和函数之间的关系

7.2　函数模板

在介绍函数模板前，先看一个函数重载的例子：求加法的函数。定义 Add()函数时，需要对不同的数据类型分别定义不同的重载版本。

```
int Add(int x , int y)
{
    return x+y;
```

```
    }

    double Add(double x, double y)
    {
        return x+y;
    }

    long Add(long x, long y)
    {
        return x+y;
    }
```

  它们拥有同一个函数名、相同的函数体，却因为参数类型和返回值类型不一样，成为 3 个完全不同的函数。即使它们是二元加法的重载函数，但是不得不为每一个函数编写一组函数体完全相同的代码。如果从这些函数中提炼出一个通用函数，而它又适用于多种不同类型的数据，就会使代码的重用率大大提高。

  这就需要为每种数据类型编写一套相同的函数，那么能否只编写一套代码解决这个问题呢？为了提高代码的重用性，C++引入了函数模板。

7.2.1 函数模板语法

  函数模板定义的语法格式如下：

```
template <class T1, class T2, …>
返回类型 函数名（T1 para， T2 para ）
{
    //函数体
}
```

其中，template 是声明函数模板的关键字。template 后是用 "<>" 括起来且用 "," 分隔的函数模板的模板参数表，如 T1、T2。模板参数分为模板类型参数和模板非类型参数。模板参数代表一种类型，每个模板类型参数前必须用关键字 class 或 typename 标志，class 或 typename 在此处的意思为 "一个用户定义的或固有的数据类型"，和定义一个类时使用的 class 没有任何关系。模板非类型参数是一个普通的参数声明，并且要求在编译期就确定它的值，也就是说，模板非类型参数必须是一个编译期常量。下面看一个函数模板的定义。

```
template <class T, int size>
T Max(T(&array)[size])
{
//函数体
}
```

  这里 T 是一个模板类型参数，在实例化时要用类型作为参数。size 是一个模板非类型参数，用来表示数组 array 的长度，需要在编译之前确定它的值，它是一个常量。

  还可以对函数模板进行声明，模板的声明称作前向声明，即先声明模板，再使用模板，然后在文件的后边或其他文件中给出模板的定义。前向声明的作用和 C++中其他变量的声明一样。前向声明一个 Max()模板，具体如下：

```
Template <class T>
T Max(T x, T y);
```

给出这个声明后，便可以使用该模板，但是需要在其他地方提供函数模板的定义。

可以在程序的任何地方使用模板的模板参数来定义变量、指针及其他对象，然而函数模板参数表不能为空，根据它的特性，函数模板可以产生多重函数以对多种数据类型进行操作。如果函数模板没有参数，那么只能产生一个函数，这就没有必要把函数声明为函数模板了。

7.2.2 函数模板实例化

函数模板是对一组函数的描述，它以类型作为参数。它不是一个实实在在的函数，编译时并不产生任何执行代码。当编译系统在程序中发现有与模板函数中相匹配的函数被调用时，便产生一个重载函数。该重载函数的函数体与函数模板的函数体相同，参数为具体的数据类型，我们称该重载函数为模板函数，它是函数模板的一个具体实例。

函数模板的实例化由编译器来完成，它主要采用下面两个步骤：

（1）根据函数调用的实参类型确定模板形参的具体类型。

（2）用相应的类型替换函数模板中的模板参数，完成函数模板的实例化。

在实例化函数模板时，必须能够通过上下文环境为一个模板实参决定一个唯一的类型或值。如果不能决定这个唯一的类型或值，就会产生编译错误。

【例 7.1】 用模板函数实现求两个数中的较大值。

```cpp
#include<iostream>
using namespace std;
template <class T>
T Max(T x, T y)
{
    return x>y? x:y ;
}
int main()
{
    int x = 8;
    int y = 6;
    cout<<x<<"和"<<y<<"的较大值： ";
    cout<< Max (x, y)<<endl;
    float a = 2.6;
    float b = 5.8;
    cout<<a<<"和"<<b<<"的较大值： ";
    cout<< Max (a, b)<<endl;
    cin.get();
    return 0;
}
```

例 7.1 的程序运行结果如图 7.2 所示。

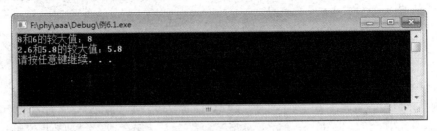

图 7.2　例 7.1 的程序运行结果

比较两个整数和双精度类型，传统的做法就是进行两次函数定义，处理这两次不同的调用。但在这里将 Max()设计成模板函数，从而只需要说明一次，无论是调用 Max(x, y)还是调用 Max(a, b)都没有问题。这是因为当编译器遇到表达式 Max(x,y)时，它就搜索与实参 x,y 相匹配的函数 Max()，由于 x,y 的类型都是 int，这时 int 就替代了函数模板声明的参数 T，调用这个模板函数就可以比较两个整数的大小。如下所示。

```
int Max(int x, int y)
{
        return x>y?x:y ;
}
```

当编译器遇到表达式 Max(a,b)时，就搜索与实参 a,b 相匹配的函数 Max()，由于 a,b 的类型都是 float，这时 float 就替代函数模板声明的参数 T，这个模板函数就可以比较两个单精度数据的大小。如下所示。

```
float Max(float x, float y)
{
        return x>y?x:y ;
}
```

其实例化如图 7.3 所示。

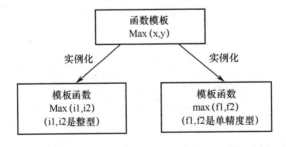

图 7.3　函数模板的实例化

从上面的例子中可以看到，函数模板是不能直接执行的，需要实例化为模板函数后才能执行。

【例 7.2】　有关指针的函数模板。

```
#include<iostream>
using namespace std;
template<class T>
```

```
    T sum(T *array, int size=0)
    {
        T total =0;
        for(int i=0;i<size;i++)
                total+=array[i];
        return total;
    }
    int main()
    {
        int array[10]={1,2,3,4,5,6,7,8,9,10};
        int total ;
        double total2;
        double array1[10]={1.1,1.2,1.3,1.4,1.5,1.6,1.7,1.8,1.9,10};
        total = sum(array,10);
        total2 = sum(array1,10);
        cout<<"整数数组的元素之和为：    "<<total<<endl;
        cout<<"双精度数组的元素之和为：    "<<total2<<endl;
        cin.get();
        return 0;
    }
```

例 7.2 的程序运行结果如图 7.4 所示。

图 7.4　例 7.2 的程序运行结果

在程序中，分别执行两个模板函数。其中 sum(array,10)用模板实参整型数组 array 实例化函数模板的形参 T，它是指向整型类型的指针；其中 sum(array1,10)用模板实参双精度数组 array1 实例化函数模板的形参 T，它是指向双精度类型的指针。

7.2.3　函数模板中模板参数隐式转换产生的错误

函数模板有一个特点，虽然函数模板中的类型参数 T 可以实例化为各种类型，但是采用类型参数 T 的每一个参数必须实例化成完全相同的类型。模板类型不具有隐式的类型转换。例如，在 int 与 char 之间、float 与 int 之间、float 与 double 之间等的隐式转换。如果不注意这一点，就会出现运行错误。

【例 7.3】　分析下面程序中的错误。

```
    #include<iostream>
    using namespace std;
    template <class T>
```

```cpp
T Max(T x, T y)
{
    return (x>y) ? x: y;
}
int main()
{
    int n= 3,m=7;
    char ch1='f',ch2='y';
    double d1=2.4,d2=8.9;
    cout<<Max(n,m)<<endl;
    cout<<Max(ch1,ch2)<<endl;
    cout<<Max(d1,d2)<<endl;
    cout<<Max(n,ch1)<<endl;        //错误
    cout<<Max(n,d1)<<endl;         //错误
    cout<<Max(d2,ch2)<<endl;       //错误
    return 0;
}
```

例 7.3 的程序运行时产生的错误如图 7.5 所示。

	说明	文件	行	列	项目
1	error C2782: "T Max(T,T)" : 模板 参数 "T" 不明确	aaa.cpp	16	1	例6.3
2	error C2782: "T Max(T,T)" : 模板 参数 "T" 不明确	aaa.cpp	17	1	例6.3
3	error C2782: "T Max(T,T)" : 模板 参数 "T" 不明确	aaa.cpp	18	1	例6.3

图 7.5　例 7.3 的程序运行时产生的错误

上述程序编译时，Max(n,m)、Max(ch1,ch2)和 Max(d1,d2)能正常使用函数模板分别产生相应类型的模板函数，获取正确的结果，但最后三条语句在编译时产生错误，原因是 Max 模板参数 T 的各参数之间必须保持完全一致的类型，但这 3 条语句的实参类型与模板形参类型不一致，如 Max(n,d1)中的实参 n 和 d1 分别为整型和双精度类型，系统在编译时找不到与 Max(int, double)相匹配的函数定义，虽然它们可以进行隐式的类型转换，但模板类型不能识别这种类型转换，从而不能调用相应的函数进行转换处理，导致产生编译错误。

解决这种问题的方法有两种：

（1）采用强制类型转换，如将调用语句：

Max(n,d1);

改写成：

Max(n,(int)d1); // 强制将 double 类型的变量 d1 转换为 int 类型

（2）用非模板函数重载函数模板

该模板函数假定 x 和 y 是可以比较的，如果是两个对象的比较，则必须重载 ">" 操作。如果没有 ">" 操作的数据类型或对象，则无法实例化，必须重载 Max()函数。例如，比较两个字符串指针的操作，重载的 Max()函数如下：

char*Max(char*str1,char *str2)

```
{
        return (strcmp(str1,str2)>0)?str1,str2;
}
```

当出现调用语句：

```
Max("asdfa","gfhfhfh");
```

时，执行的就是这个重载的非模板函数。在 C++中，函数模板与同名的非模板函数重载时，调用的顺序如下：

（1）寻找一个与参数完全匹配的函数，若找到就调用它。

（2）寻找一个函数模板，将其实例化，产生一个匹配的模板函数，若找到就调用它。

（3）如果（1）、（2）都失败了，再试一试低一级的对函数的重载方法，例如，通过类型转换产生参数匹配，若找到就调用它。

（4）若（1）、（2）、（3）都没找到匹配的参数，则出错。

7.2.4 用户定义的参数类型

可以在函数模板形参表和对模板函数的调用中使用类的类型和其他自定义的类型。如果是这样，就必须重载模板函数中对类变量产生作用的基本运算符。

【例 7.4】 分析以下程序的执行过程。

```
#include<iostream>
using namespace std;
class Coord          //坐标类 Coord
{
public:
    Coord(int x1,int y1)
    {
        x= x1;
        y=y1;
    }
    int getX()
    {
        return x;
    }
    int getY()
    {
        return y;
    }
    int operator < (Coord &c); //重载 "<" 运算符
private:
    int x,y;
};
int Coord::operator < (Coord &c) //重载 "<" 运算符的函数定义
```

```
{
    if (x<=c.x)
        if(y<c.y)
            return 1;
    return 0;
}
```

//对函数模板 min()的声明，其功能是比较大小

```cpp
template <class T >
T &min(T &obj1, T &obj2);

int main()
{
    Coord coord1(6,9);
    Coord coord2(6,12);
    Coord coord3=min(coord1,coord2);//利用重载"<"运算符比较 min 的 coord 对象
    cout<<"较小的坐标：("<<coord3.getX()<<" , "<<coord3.getY()<<" ) "<<endl;
    //利用标准的"<"运算符比较 min 的 double 对象
    double d1=23.45,d2=34.78;
    cout<<"较小的数："<<min(d1,d2)<<endl;
    cin.get();
    return 0;

}
```
//函数模板 min()的定义

```cpp
template<class T >
T &min(T &obj1, T &obj2)
{
    // 如果函数被实例化为类类型，则对"<"运算符进行重载，否则使用标准"<"运算符
    if(obj1<obj2)
        return obj1;
    return obj2;
}
```

例 7.4 程序的运行结果如图 7.6 所示。

图 7.6　例 7.4 的程序的运行结果

上述程序说明了一个坐标类 Coord。如果函数 min()用 Coord 类的对象进行实例化，则它必须要找出类 Coord 的两个对象 coord1 和 coord2 中的较小对象。为此，必须在 Coord 类中重载标准运算符"<"。在主函数 main()中的语句如下：

```
coord3=min(coord1,coord2);
```

使用 coord3 可获取 coord1 和 coord2 中的较小对象，而 coord1 和 coord2 的比较则通过重载运算符"<"完成。而语句：

```
cout<<"较小的数："<<min(d1,d2)<<endl;
```

执行时，使用标准的运算符"<"来比较两个 double 类型的变量。

7.2.5 函数模板和模板函数

由 7.1.2 节可知，定义函数模板后，当编译系统发现了一个对应的函数调用时，将根据实参的类型来确认是否匹配函数模板中对应的形参，然后生成一个重载函数，称该重载函数为模板函数。二者之间的关系可以表述如下。

（1）函数模板与模板函数的关系类似于类与对象的关系。函数模板与类的定义相似，而模板函数与对象的定义相似。

（2）函数模板是个模板，用来生成函数。模板函数是个函数，由函数模板生成。

（3）函数模板是程序编写者用代码写出来的，模板函数是编译系统在编译时根据函数模板自动生成的。

（4）函数模板是模板的定义，是一类函数的抽象，代表了一类具有相同功能的函数，不能够实际执行。模板函数是函数模板的实例，代表具体函数，具有程序代码，占用内存空间，可以实际执行。

7.2.6 使用函数模板需要注意的问题

使用函数模板需要注意以下几个问题。

（1）函数模板中的每一个类型参数在函数参数表中必须至少使用一次。下面所示的声明是不正确的。

```
template <class T1, class T2>
void func1(T1 para1)
{
//函数体
}
```

这个函数模板声明了两个参数 T1 和 T2，但函数本身只使用了参数 T1，而没有使用参数 T2。

（2）在全局域中声明的与模板参数同名的对象、函数或类型，在函数模板中将被隐藏。

```
int para1; //全局变量
template <class T1, class T2>
void func2(T1 para1)
{
//函数体，在函数体中访问 para1 时，访问的其实是 T1 类型的 para1，而不是全局整型变量的 para1。
}
```

（3）函数模板定义中声明的对象或类型不能与模板参数同名。

```
template <class T>
T Max(T x, T y)
{
    typedef float T; //error，定义的类型和模板参数同名
    return x<y? x:y;
}
```

（4）模板类型参数名可以用来指定函数模板的返回类型。

（5）模板参数名在同一模板参数表中只能使用一次，但可在多个函数模板声明或定义之间重复使用。

```
template <class T, class T> //error，模板参数名重复使用
T Max(T x, T y)
template <class T >
T Max(T x, T y)
template <class T > //ok，模板参数名 T 在不同模板之间重复使用
T min(T x, T y)
```

（6）一个模板的定义和多处声明所使用的模板参数名无须相同。

```
//模板的前向声明
template <class T>
T Max(T x, T y);
//模板的前向声明
template <class U>
U Max(U x, U y);
//模板的定义
template <class Type> //ok，定义和多处声明使用的模板参数名无须相同
Type Max(Type x, Type y)
{
//函数体
}
```

（7）函数模板如果有多个模板类型参数，则每个模板类型参数前面都必须用关键字 class 或 typename 修饰，并且这两个关键字可以混用。

```
template <class T, typename U> //ok，class 和 typename 可以混用
T func2(T a, U b);
template <class T, U> //error，每个模板参数前面都必须用 class 或 typename 修饰
T func3(T a, U b);
```

（8）模板参数在函数参数表中出现的次数没有限制。

7.3 类模板

在 C++中，不但可以设计函数模板来满足对不同类型数据的同一功能的要求，还可以设

计类模板来表达具有相同处理方法的数据对象。

类模板使我们在声明一个类时，能够将实现这个类所需要的某些数据类型（包括类的数据成员的类型、成员函数的参数的类型或成员函数返回值的类型）参数化，使之成为可以处理多种类型数据的通用类，而在构建类对象时，可指定参数所代表的实际数据类型，将通用类实例化。

简单地说，类模板就是一个抽象的类，代表类的一般特性，就像类能够用来定义对象一样，可以用类模板来创建类，所有的类都有共同的特性。接下来详细讨论类模板的相关内容。

7.3.1 类模板的语法

类模板定义的语法格式如下：

```
template <class T1, class T2, …>
class 类名
{
    类成员声明
}
```

其中，template 是声明类模板的关键字。template 后是用"< >"括起来且用","分隔的类模板参数表。模板参数分为模板类型参数和模板非类型参数。模板类型参数代表一种类型，每个模板类型参数前必须用关键字 class 或 typename 修饰，class 或 typename 在此处的意思为"一个用户定义的或固有的数据类型"。模板非类型参数由一个普通的参数声明构成，代表一个常量表达式。

可以看出，类模板定义中各部分的意义和函数模板定义中各部分的意义几乎相同。在类模板中，类中成员的声明方法与普通类成员的声明方法几乎相同，只是它的各个成员通常要用到模板参数 T1、T2 等。

如果类模板成员函数的定义在类模板之外，则定义类模板成员函数的语法格式如下：

```
template < class T1, class T2, …>
返回类型 类名< T1, T2, …>::成员函数 1(形式参数表)
{
    成员函数定义体
}
template < class T1, class T2, …>
返回类型 类名< T1, T2, …>::成员函数 2(形式参数表)
{
    成员函数定义体

}
…
```

下面定义一个 Buffer 类模板，模板成员函数的定义放在类模板之外。

```
class Buffer
{
```

```
public:
    Buffer();
    T get();              //获取数据的函数
    void put(T x);        //设置数据的函数
private:
    T a;
    int empty ;
};

//模板成员函数的定义格式
template <class T>
Buffer <T>::Buffer()
{
    empty = 0;
}

template <class T>
T Buffer <T>::get()
{
    if(empty==0)
    {
        cout<< "the buffer is empty "<<endl;
        exit(1);
    }
    return a;
}
...
```

通过上面的例子可以看出，类模板的定义和一个普通类定义基本相同，只不过在类模板的定义中要加上模板定义的关键字和模板参数列表。

7.3.2 类模板实例化

类模板的定义中指定了根据一个或多个实际的类型或值的集合来构造单独类的方法，同样，类模板不能直接使用，必须先实例化为相应的模板类，这种从通用的类模板定义中生成类的过程称为类模板实例化。

类模板实例化的格式：

    类名 类型实参表 对象表

其中，"类型实参表"应与该类模板中的"类型形参表"匹配；"对象表"是定义该模板类的一个或多个对象。

下面通过用 int 类型实例化 Buffer 类模板来解释模板实例化的详细过程。如果在一段程序代码中出现下面一行代码：

    Buffer <int> i1,i2;

将生成一个新类，类名是 Buffer <int>，Buffer 类模板中的所有代码将被复制到 Buffer<int>类中，并用实参 int 替换 Buffer 类模板中的模板类型参数 T。这样，一个针对 int 类型的 Buffer<int>类就从通用类模板定义中创建出来了，同时定义了一个 Buffer<int>类的对象 i1 和 i2。

1. 实例化与代码复制

根据类模板实例化的过程可知，每次用不同的数据类型取代模板类型参数实例化新的 Buffer 类时，将复制 Buffer 类模板的所有代码，并用实际类型替换模板类型参数。分析下面的代码段。

```
int main()
{
    Buffer <int> i1,i2;
    Buffer <student> stu1;
    Buffer <double >d;
    ...
}
```

在这个代码段中，用 3 种不同的数据类型实例化 Buffer 类模板，编译器将分别用 int、struct 变量 student 和 double 替换模板 Buffer 中的 T，并形成 3 个不同的没有关系的类，类名分别是 Buffer<int>、Buffer<student>、Buffer<double>，这 3 个类都是由一个类模板实例化而来的，其区别就是里面的参数 T 不同，如果对 main()函数编译，则生成的目标文件将有 Buffer 类模板的不同形式的 3 份代码备份。下面给出实例化后类 Buffer<double>的代码。

```
class Buffer
{
public:
    Buffer();
    double get();          //获取数据的函数
    void put(double x);    //设置数据的函数
private:
    double a;
    int empty;
};

Buffer <double>::Buffer()
{
    empty=0;
}

double Buffer <double>::get()
{
    if(empty==0)
    {
        cout<<"the buffer is empty "<<endl;
        exit(1);
```

```
        }
        return a;
    }
    void Buffer <double>::put(double x)
    {
        empty++;
        a = x;
    }
```

创建其他数据类型（如 stuct student、float 等的 TCoord 类）的处理方法与上面的例子相同，只要将模板类型参数换成相应实参的数据类型即可。当然，可以用其他任意的数据类型（如结构体）实例化类模板，它的处理方法与上面的处理方法也相同。

当用具体类型实例化类模板时，类模板定义中的模板类型参数被具体类型取代，这样类模板的实例就可以像普通类一样使用。但是，对于模板非类型参数，实例化时赋给的实参必须是一个常量，否则就会出现错误。

2. 成员函数实例化

当用特定的模板类型参数实例化类模板时，并不是所有的成员函数都将被实例化。编译器会根据实际需要，实例化那些显式或隐式被调用的成员函数。而那些从没有被调用过的成员函数将不会被实例化。分析下面的代码。

```
#include<iostream>
#include <cstdlib>
using namespace std;
struct student
{
    int id;
    int score;
}
template <class T>
class Buffer
{
public:
    Buffer();
    T get();          //获取数据的函数
    void put(T x);    //设置数据的函数
private:
    T a;
    int empty ;
}

//定义模板成员函数的格式
template <class T>
Buffer <T>::Buffer()
{
```

```
        empty = 0;
    }

    template <class T>
    T Buffer <T>::get()
    {
        if(empty==0)
        {
            cout<<"the buffer is empty "<<endl;
            exit(1);
        }
            return a;
    }
    template <class T>
    void Buffer <T>::put(T x)
    {
        empty++;
        a = x;
    }

    int main()
    {
        student s={1022,78};
        Buffer <int> i1,i2;
        Buffer <student> stu1;
        Buffer <double >d;
        i1.put(13);
        i2.put(-101);
        cout<<i1.get()<<"        "<<i2.get()<<endl;
        stu1.put(s);
        cout<<"the student's id is "<<stu1.get().id<<endl;
        cout<<"the student's score is "<<stu1.get().score<<endl;
        cout<<d.get()<<endl;
        return 0;
    }
```

程序运行结果为：

```
13      -101
the student's id is 1022
the student's score is 78
the buffer is empty
```

在这段代码中，用 int 类型实例化 Buffer 类模板，生成新类——Buffer<int>类。大家知道，在 C++中需要使用构造函数创建类的对象，所以在创建 Buffer<int>类时，编译器实例化 Buffer<int>类合适的构造函数。根据 C++的语法，当遇到 main()函数的结束标志"}"时，C++将析构 Buffer<int>类的对象 i1 和 i2，即 Buffer<int>类的析构函数会被隐式调用，所以编译器实例化 Buffer<int>类的析构函数。此时，在代码中不需要生成 Buffer<int>类的任何其他成员函数，只有当程序中调用 Buffer<int>类的 put()函数时，编译器实例化成员函数 Buffer<int>::put()，否则不对该成员函数实例化。

3．类模板实例化的特点

根据上面的论述可知，类模板实例化有以下几个特点。

（1）只有当类模板实例真正使用时，编译器才会实例化类模板。

（2）实例化类模板时，除构造函数和析构函数外，不会自动实例化类模板的其他成员函数。

（3）对于模板非类型参数，实例化时赋给的实参必须是常量，否则就会出现错误。

4．类模板和模板类

由类模板定义可知，指定具体的模板类型参数后，编译器就可以根据类模板和模板类参数创建一个具体的类，这个类是由类模板生成的，又称作模板类。类模板和模板类之间的关系可以表述如下。

（1）类模板是对类的抽象，代表一类具有相同功能的类，这些类的成员函数返回值、成员函数形参及数据成员的数据类型不同，它不能定义对象。模板类是类模板的实例，代表一个具体的类，这个具体的类可以定义对象。

（2）类模板是个模板，用来创建新类。模板类是个具体的类，由类模板创建而成。

（3）类模板是程序编写者用代码写出来的，模板类是编译系统在编译时根据类模板自动生成的。

（4）类模板是对现实事物更高级别的抽象，不能实际执行；模板类是对现实事物一般级别的抽象，具有程序代码，占用内存空间，可以实际执行。

（5）类模板是模板的定义，不是实际的类，模板类才是实实在在的类。

【例 7.5】 分析以下程序的执行过程。

```
#include<iostream>
#include<iomanip>
using namespace std;
template <class T>
class Array
{
    T *elements;          //数组名
    int size;             //数组的长度
public:
    Array(int s);         //构造函数，对数组的元素进行初始化
    ~Array();
    T &operator[](int);   //重载下标运算符
    void operator=(T);    //重载等号运算符
};

template <class T>        //类模板成员函数的定义
```

```
Array<T>::Array(int s)
{
    size = s;
    elements = new T[size];
    for(int i=0;i<size;i++)
        elements[i] = 0;
}
template <class T>
Array<T>::~Array()
{
    delete elements;
}


template <class T>
T& Array<T>::operator[](int index)
{
    return elements[index];
}
template <class T>
void Array<T>:: operator=(T temp)
{
    for(int i=0;i<size;i++)
        elements[i] = temp;
}


int main()
{
    int i,n=10;
    Array<int> arr1(n);        //产生整型模板类及对象 arr1
    Array<char> arr2(n);       //产生字符型模板类及对象 arr2
    for( i=0;i<n;i++)
    {
        arr1[i] = 'a'+i;        //调用重载运算符
        arr2[i] = 'a'+i;
    }
    cout<<"      ASCII 码        字符"<<endl;
    for(i=0;i<n;i++)
        cout<<setw(8)<<arr1[i]<<setw(12)<<arr2[i]<<endl;
    return 0;
}
```

例 7.5 程序的运行结果如图 7.7 所示。

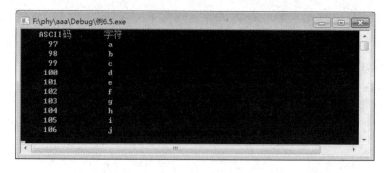

图 7.7　例 7.5 程序的运行结果

上述程序中说明了一个类模板 Array<T>，有两个私有数据指向 T 类型的指针 elements 和 size，分别代表类型为 T 的数组和数组的大小。当实例化模板类时，指向定义类型的数组对象。

构造函数 Array<T>::Array(int s) 为数组对象赋初值。

析构函数 Array<T>::~Array()　释放数组占有的内存。

T& Array<T>::operator[](int index)，重载下标运算符，使得 Array 的对象可看作一个数组对象，可以存放数据。

void Array<T>::operator=(T temp)，重载等号运算符，使得 Array 的每个对象都可以被赋值。

在主程序 main()执行时，类模板 Array<T>实例化两个模板类 Array<int>和 Array<char>，其实例化的对象分别为 arr1 和 arr2，分别存放 ASCII 码及对应的字符，然后通过语句：

```
for( i=0;i<n;i++)
{
    arr1[i] = 'a'+i;   //调用重载运算符
    arr2[i] = 'a'+i;
}
```

分别调用类模板中的重载下标运算符函数和重载赋值运算符函数，实现对模板类 arr1 和 arr2 的赋值，类模板、模板类和对象间的关系如图 7.8 所示。

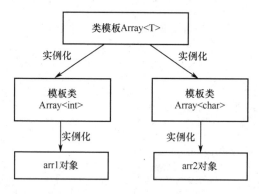

图 7.8　例 7.5 类模板、模板类和对象间的关系

【例 7.6】　设计一个类模板 Sample，实现对数组的二分查找算法。

```
#include<iostream>
using namespace std;
```

```cpp
#define Max 100
template <class T>
class Sample
{
    T A[Max];
    int n;
    public:
        Sample(){}
        Sample(T a[],int i);
        int seek(T c);
        void disp()
        {
            for(int i=0;i<n;i++)
                cout<<A[i]<<"   ";
            cout<<endl;
        }
};

template<class T>
Sample<T>::Sample(T a[],int i)
{
    n = i;
    for(int j=0;j<n;j++)
        A[j] = a[j];
}
template<class T>
int Sample<T>::seek(T c)
{
    int low=0,high = n-1,mid;
    while(low<=high)
    {
        mid = (low+high)/2;
        if(A[mid]==c)
            return mid;
        else if(A[mid]<c) low = mid+1;
        else
            high=mid-1;
    }
    return -1;
}
int main()
{
    char a[]="acegkmpwxz";
    Sample<char> s(a,10);
    cout<<"元素序列：";
```

```
            s.disp();
            cout<<"元素'g'的下标：  "<<s.seek('g')<<endl;
            cin.get();
            return 0;

        }
```

例 7.6 程序的运行结果如图 7.9 所示。

图 7.9   例 7.6 程序的运行结果

读者可自行分析该程序。

7.3.3   类模板的派生和继承

派生和类模板都是从已有类型构造新类型的机制，都是 C++实现代码重用的机制，常用于编写具有共性的代码。在 C++中，这两种机制可以进行组合，用于解决各种各样的实际问题。派生和类模板的组合一般有 3 种具体的技术：①从类模板派生类模板；②从类模板派生非类模板类；③从非类模板派生类模板。

使用这 3 种技术可以解决许多实际问题。例如，可以使用第一种技术来建立类模板的层次结构；使用第二种技术从类模板创建具体的类，而不是让编译器自动创建那些不满足要求的类；使用第三种技术能够从现存类中创建类模板，程序编写者可以由此创建基于非模板类库的类模板。下面具体讨论这 3 种技术。

1. 从类模板派生类模板

可以从一个类模板中派生出一个新的类模板，它与普通的类派生基本相同。例如，从坐标 TCoord 类模板派生类模板时，认为 TCoord<T>是一个完整的类名，如派生出新的类模板 TDerivedCoord1。

```
        //父类
        template<class T>
        class TCoord
        {
        public:
            TCoord();
            TCoord(T x, T y);
            ~TCoord();
            T getx();
            T gety();
        private:
```

```
        T x;
        T y;
};
//派生类
template<class T>
class TDerivedCoord1: public TCoord<T>
{
public:
        TDerivedCoord1(T a, T b, T c) : z(a), TCoord<T>(a,b) {}
private:
        T z;
};
```

TDerivedCoord1 由类模板 TCoord<T>派生而得，TDerivedCoord1 的数据成员和成员函数类型由模板参数 T 确定，因此 TDerivedCoord1 仍是一个类模板。

2. 从类模板派生非类模板类

可以从任意一个类模板中派生一个非类模板类，当编译器不再为类模板创建新类时使用该项技术。分析下面的例子。

```
class TDerivedCoord2: public TCoord<int>
{
public:
        TDerivedCoord2(int a, int b, int c) : z(c),TCoord<int>(a,b) {}
private:
        int z;
};
```

类 TDerivedCoord2 是从类 TCoord<int>公有继承而来的，类 TCoord<int>是一个具体的类，因此类 TDerivedCoord2 也是一个具体的类，而非一个类模板。当从类模板派生非类模板时，程序编写者必须为基类模板指定具体的模板参数，否则不能派生出非类模板。在上面的例子中不能从类模板 TCoord<T>派生出具体类 TDerivedCoord2，而必须用具体类型，如 int、double等，代替模板参数 T 后进行派生，才能得到非类模板。

3. 从非类模板派生类模板

从非类模板派生出类模板的技术可以把现存类库中的类转换为通用的类模板。

```
template <class T>
class TDerivedCoord3: public TDerivedCoord2
{
public:
        TDerivedCoord3(int a, int b, int c, T d):q(d), TDerivedCoord2(a,b,c) {}
private:
        T q;
};
```

在上面 TDerivedCoord3 的定义中，使用了前面生成的非类模板类 TDerivedCoord2 作为基类，派生出一个新的类模板 TDerivedCoord3。

从上面的讨论可以看出，模板不一定非要在类层次的根部（一般情况下是在根部），利用继承可以使一个类变成类模板，也可以使一个类模板变成一个具体的类。

7.3.4　使用类模板的注意事项

定义类模板时需注意以下问题。

（1）类模板中，表示一个类时用类模板名加<模板参数>。如果在定义一个类模板时用到了另一个类模板，则采用以下方式定义。

```
Template <class T>
Class TRect
{
public:
    TRect();
    Get();
    ...
private:
    TCoord<T> p1;    // TCoord <T>表示一个类
    ...
};
```

当构造函数的声明和实现分开时，构造函数实现的函数名应该是如下格式：

模板类名称<模板参数>::模板类名称()

注意，作用域运算符前面有<模板参数>，而作用域运算符后没有，这点和普通的类不同。

上述代码中 TRect 的构造函数实现的函数名为：

```
TRect<T>:: TRect()        //作用域运算符前面是 TRect<T>，后面为 TRect()
{
    ...
}
```

普通成员函数实现的函数名为：

模板类名称<模板参数>::成员函数名()

如上述代码 TRect 类成员函数 Get 的显示为：

```
TRect<T>::Get()
{
    ...
}
```

（2）每一个类模板参数必须在类模板体内至少被使用一次。

（3）在全局域中声明的与类模板参数同名的对象、函数或类型，在类模板体内被隐藏。

（4）在类模板定义中声明的对象或类型不能与类模板参数同名。

（5）同一类模板参数名在同一类模板参数表中只能被使用一次，但是可以在多个类模板声明或定义之间被重复使用。

（6）在类模板的实现和声明分开的情况下，每个带模板参数的成员函数实现时，必须定义模板参数，参数名可以和声明的不同。例如：

```
template <class TT>    //必须定义参数名，但是模板参数名可以不同，这里 T 变为了 TT
TT TCoord <TT>::getx()
{
    return x;
}
```

7.4 C++11 标准的模板新内容

C++11 标准在模板定义和使用方面引入了一些新特征。

7.4.1 模板的右尖括号

之前的 C++标准中，模板套模板时右尖括号不能连在一块，否则会和右移操作符混淆，如 vector< map< int, int> >，右边的两个 ">" 要分开。

而在 C++11 中，将这种限制取消了，编译器能够判断出 ">>" 是右移操作符还是模板参数的结束标记。

7.4.2 别名模板

别名模板（alias template）：带模板参数的类型别名。

类型别名（type alias）是 C++11 新引入的语法形式：

```
using newtype = oldtype;
```

在语法功能上，它相当于传统 C/C++语言中的 typedef 语句：

```
typedef oldtype newtype;
```

可以看出，类型别名中原有类型和别名的定义顺序与 typedef 语句正好相反。除此之外，类型别名与 typedef 语句还有一点不同，类型别名可以加上模板参数形成别名模板。

```
template<typename ...> using newtype = oldtype<...>;
```

注：C++11 引入类型别名意图取代 typedef 语句的原因在于：无法直接在 typedef 语句的基础上直接构建别名模板。这是因为 typedef 语句自身存在某些局限，直接给 typedef 加上模板参数会带来语法解析上的问题。

看下面一段代码：

```
template <typename T, typename U>
struct A{};
//C++中 typedef 的使用方式
```

```
template<typename T>
struct B
{
    typedef   A<T, int> type;
};
//C++11 中模板别名的使用方式

template<typename T>
using C = A<T, int>;

template<typename T>
using D = typename B<T>::type;
```

代码说明：

假设有一个带两个模板参数 T 和 U 的类模板 A。现在需要声明一个只带一个模板参数 T 的类模板，使其等价于模板参数 U 为 int 类型的模板 A。也就是说，需要一个模板参数 T 为任意类型、模板参数 U 为 int 类型的模板 A 的别名，或者说 A<T,int>的别名。

在 C++11 出现之前，答案为类模板 B。要定义类型别名，必然要使用 typedef，但由于 typedef 不能带模板参数，所以 typedef 必须被嵌入一个带模板参数的类模板里面。在模板参数为 T 的类模板 B 里面，类型 type 被定义成 A<T,int>的别名。也就是说，typename B<T>::type 被定义成 A<T,int>的别名。

在 C++11 出现之后，答案为别名模板 C。类型别名直接就可以带模板参数，C<T>直接被定义成了 A<T,int>的别名。

如果出于某种原因，在定义别名的时候无法使用类模板 A 而只能使用类模板 B，别名模板也能发挥作用。这里 D<T>直接被定义成了 typename B<T>::type 的别名。由于后者是 A<T,int> 的别名，所以 D<T>其实也是 A<T,int>的别名。

这段代码展示了别名模板的主要用途：

（1）为部分模板参数固定的类模板提供别名。

（2）为类模板中嵌入的类型定义提供别名。

7.4.3 函数模板的默认参数

在 C++98/03 中，类模板可以有默认参数，如下：

```
template<typename T, typename U = int, UN = 0>
struct Foo
{
    ...
};
```

不支持函数的默认模板参数如下：

```
template< typename T = int>        //在 C++98/03 中不被支持
void func(void)
{
```

```
    ....
};
```

在 C++11 中，可以支持函数模板的默认参数，如下：

```
template< typename T = int> //在 c++98/03 中不被支持
void func(void)
{
    ...
};
int main(){
    func(); //使用了默认模板参数 int
    return 0;
}
```

当所有模板参数都有默认参数时，函数模板的调用如同一个普通函数。对于类模板而言，即使所有参数都有默认参数，在使用时也必须在模板名后面加"<>"进行实例化。

函数模板的默认参数在使用规则上也和其他的默认参数有所区别，例如，没有必须写在参数表最后的位置。

```
template<typename R = int, typename U> //默认模板参数没有必须写在参数表最后的位置
R func(U val)
{
    return val;
}
int main(void)
{
    func(123);
    return 0;
}
```

在调用函数模板时，显示指定模板的参数，参数填充顺序为从右向左。

```
func<long> (123); //将参数从右向左填充，若 U 被视为 long 类型，则返回的 123 为 long 类型
```

注：自动推导函数模板参数类型。

（1）在 C++语言中实现了这一自动推导模板参数的功能。凡是可以推导出的模板参数"值"，就无须在模板实参列表中写明。

（2）当默认模板参数和模板参数自动推导同时使用时，若函数模板无法自动推导出参数类型，则编译器将使用默认模板参数，否则使用自动推导出的参数类型，即自动推导类型优先。可参考如下代码。

```
template<typename T>
void f(T val)
{
    cout << val << endl;
}
tempalte<typename T>
```

```
        struct identity
        {
            typedef T type;
        };
        template<typename T = int>
        void func(typename identity<T>::type val, T = 0)
        {
            …
        };
        int main()
        {
            f("hello world");   //自动推导模板参数，T 为 const char*
            func(123);          //T 为 int
            func(12,12.0);      //T 为 double，因为 func 中的第二个参数为 12.0，所以参数模板 T 被优先
                                //自动推导为 double

            return 0;
        }
```

7.4.4 变长参数

C++98/03 只有固定模板参数。C++11 中加入了新的表示法，允许出现任意个数、任意类别的模板参数，不必在定义时将参数的个数固定。

（1）变长参数类模板

语法如下：

```
        template<typename... Value>
        class tuple
        {
            类模板语句体...
        };
```

实参的个数也可以是 0，所以 tuple<> someInstanceName 这样的定义也是可以的。
若不希望产生实参个数为 0 的变长参数模板，则语法如下：

```
        template<typename First, typename... Rest>
        class tuple
        {
            类模板语句体...
        };
```

（2）变长参数函数模板

除在类模板参数中能使用 "..." 表示不定长模板参数外，在函数模板参数中也可使用同样的表示法代表不定长参数。语法如下：

```
        template<typename... Params>
        void printf(const std::string &strFormat, Params... parameters);
```

其中，Params 与 parameters 分别代表模板与函数的变长参数集合，被称为参数包（parameter pack）。参数包必须要和运算符"..."搭配使用。

（3）变长参数的使用

变长参数模板中，变长参数包无法像一般参数一样在类或函数中使用，因此典型的手法是以递归的方法取出可用参数，示例程序如下：

```
void pringf(const char *s)
{
    while(*s)
    {
        if(*s=='%'&&*(++s)!='%')
            throw std::runtime_error("无效的格式化字符串：缺少参数");
            std::cout<<*s++;
    }
}
template<typename T, typename... Args>
void printf(const char *s, T value, Args... args)
{
    while(*s)
    {
        if(*s=='%'&&*(++s)!='%')
        {
            std::cout<<value;
            printf(*s ? ++s: s,args...);    //即便是*s==0 也会产生调用，以便检测更多的类型参数
            return;
        }
        std::cout<<*s++;
    }
    throw std::logic_error("没有传递给 printf 函数额外的参数");
    std::cout<<*s++;
}
```

printf 会不断地递归调用自身：函数参数包 args...在调用时，会被模板类别匹配分离为 Tvalue 和 Args... args，直到 args...变为空参数，才会与简单的 printf(const char *s) 形成匹配，退出递归。

（4）变长参数模板的数量

求变长参数的数量的示例程序如下：

```
template<typename ...Args>
struct SomeStruct
{
    static const int size = sizeof...(Args); //  sizeof...(Args) 的结果是编译器常数
}
```

SomeStruct<Type1, Type2>::size 是 2，而 SomeStruct<>::size 会是 0。

7.5 综合应用实例

本节介绍两个复杂的例子，分别是函数模板和类模板的使用方法。

【例 7.7】 实现快速排序的函数模板。

```cpp
#include<iostream>
#include<iomanip>
#include<cstdlib>
using namespace std;
template<class T>
inline void Swap(T &v1,T &v2)    //数据交换的函数模板
{
    T temp = v2;
    v2 = v1;
    v1 = temp;
}


template <class T>
void QuickSort(T *array, int high,int low=0)           //快速排序的函数模板
{
    while(high>low)
    {
        int i = low;
        int j = high;
        do
        {
            while(array[i]<array[low]&&i<j) i++;
                while(array[--j]>array[low]) ;
            if(i<j)
                Swap(array[i],array[j]);
        }while(i<j);
            Swap(array[low],array[j]);
        if(j-low>high-(j+1))
        {
            QuickSort(array,j-1,low);
            low = j+1;
        }
        else
        {
            QuickSort(array,high,j+1);
            high = j-1;
        }
    }
}
```

```
int main()
{
    int dim;
    cout<<" How many integers?"<<endl;
    cin>>dim;
    int *arrs = new int[dim+1];
    int i ;
    for(i=0;i<dim;i++)
        arrs[i] = rand();
    cout<<"……….unsorted…………."<<endl;
    for(i=0;i<dim;i++)
        cout<<setw(8)<<arrs[i];
    cout<<endl;
    QuickSort(arrs,dim);
    cout<<"………. sorted…………."<<endl;
    for(i=0;i<dim;i++)
        cout<<setw(8)<<arrs[i];
    delete arrs;
    system("pause");
    return 0;
}
```

例 7.7 程序的运行结果如图 7.10 所示。

图 7.10　例 7.7 程序的运行结果

【例 7.8】　一个栈的类模板 TStack 的实现。

以下是一个栈的类模板的例子，该模板实现了一个栈的基本功能，如入栈、出栈、判断栈空或满等。栈中存放数据的类型由实例化时的模板类型参数决定。

程序如下：

```
#include <iostream>
using namespace std;
template <class T>
class TStack
{    //模板类 TStack，实现栈的基本功能，存放的数据类型由模板参数 T 决定
public:
    TStack(int = 20);
    ~ TStack();
    int push(const T&);
```

```cpp
        int pop(T&);
        int stackEmpty();
        int stackFull();
        void print();
    private:
        int size;           //栈的最大存储容量
        int top;            //栈顶元素的下标
        T *stackPtr;        //指向栈起始地址的指针
};
/////////////////////////////////////////////////
//类模板的实现
template <class T>
TStack<T>:: TStack(int s)
{//构造一个容量为（0,500]的栈
    if(s < 0 || s > 500)
        size = 20;
    else
        size = s;
    top = 0;
    stackPtr = new T[size*sizeof(T)];
}
template <class T>
TStack<T>::~TStack()
{
    delete [] stackPtr;
}
template <class T>
void TStack<T>::print()
{//从栈底到栈顶输入栈中元素
    cout<< "Stack(";
    for(int i=0; i<top; i++)
    {
        cout<< stackPtr[i];
        if(i<top-1)
        cout<< ", ";
    }
    cout<< ")\n";
}
template <class T>
int TStack<T>::push(const T& item)
{//入栈
    if (!stackFull())
    {
        stackPtr[top++] = item;
        return 1;
```

```cpp
    }
    return 0;
}
template <class T>
int TStack<T>::pop(T& item)
{//出栈
    if (!stackEmpty())
    {
        item = stackPtr[--top];
        return 1;
    }
    return 0;
}
template <class T>
int TStack<T>::stackEmpty()
{//判栈空
    if(top==0)
        return 1;
    else
        return 0;
}
template <class T>
int TStack<T>::stackFull()
{//判栈满
    if(top>=size)
        return 1;
    else
        return 0;
}
/////////////////////////////////////////////////
//test.cpp 测试程序
int main()
{                        //实例化 TStack 的 3 个对象，每个对象做 5 次入栈操作
                         //每次操作后都打印出栈中所有元素
    TStack<int> s1;      //实例化一个存放 int 类型数据的类 TStack<int>
                         //并定义栈对象 s1
    cout<<"栈 s1 信息如下:"<<endl;
    int i;
    for ( i=0; i<5; i++)
    {
        s1.push(i*10);   //元素 i*10 入栈
        s1.print();      //打印栈中所有元素
    }
    TStack<double> s2;   //实例化一个存放 double 类型数据的类 TStack<double>
```

```
                              //并定义栈对象 s2
        cout<<endl<<"栈 s2 信息如下:"<<endl;
        for(i=0; i<5; i++)
        {
            s2.push(i*1.1);      //元素 i*1.1 入栈
            s2.print();          //打印栈中所有元素
        }
        char array[5][10] = {"one", "two", "three", "four", "five"};
        TStack<char*> s3;        //实例化一个存放 char*类型数据的类 TStack< char*>
                                 //并定义栈对象 s3
        cout<<endl<<"栈 s3 信息如下: "<<endl;
        for(i=0; i<5; i++)
        {
            s3.push(array[i]);
            s3.print();          //打印栈中所有元素
        }
        return 0;
    }
```

例 7.8 程序的运行结果如图 7.11 所示。

图 7.11　例 7.8 程序的运行结果

习题 7

一、简答题

1．定义函数模板时应该注意哪些问题？

2．已知下列模板定义：

```
    template <class T>
```

```
        T Max1( const T* array, int size ) { /* ... */ }
        template <class T>
        T Max2(T p1,T p2) { /* ... */ }
        double d1, d2;
        float f1, f2;
        char c1, c2;
        int ai[5] = { 511, 16, 8, 63, 34 };
```

下列哪些调用是错误的，为什么？

（1）Max2(c2, 'c');

（2）Max2(d1, f1);

（3）Max1(ai, c1);

3．定义类模板时应该注意哪些问题？

4．简述类模板实例化的过程。

二、编程题

1．编写一个单链表的类模板 Link，并实现其主要操作 Delete 和 Insert。

2．编写一个函数模板 sort，使用 sort 对第 1 题中的 Link 按关键字排序。

实验 7　模板的应用

一、实验目的

通过本实验，能理解模板的本质和作用，掌握函数模板、类模板的定义方法，以及模板函数、模板类的具体应用。在此基础上，学习并熟悉标准模板库（STL）的若干容器及算法的应用，以提高开发效率。

二、实验要求

1．理解模板的作用。

2．掌握函数模板和类模板的定义方法和应用。

3．熟练运用标准模板库（STL）的若干容器及算法完成编程任务。

三、实验内容与步骤

1．编写程序，实现加法的函数模板定义，使之能够执行多种数据类型的加法运算，包括复数类型的数据。

程序示例如下：

```
        #include<iostream>
        using namespace std;

        template<class T>
        T tplus(T a,T b)
        {
            return a+b;
```

```
        }
        class mycomplex
        {
        public:
            double real,imag;
            mycomplex(){}
            mycomplex(double r,double i){real=r; imag=i;}
        };
        ostream& operator<<(ostream& os,mycomplex a)
        {
            os<<a.real<<"+"<<a.imag<<"i"<<endl;
            return os;
        }
        mycomplex operator+(mycomplex& a,mycomplex& b)
        {
            return mycomplex(a.real+b.real,a.imag+b.imag);
        }

        int main(){
            cout<<tplus(2,3)<<endl;
            cout<<tplus(2.1,3.5)<<endl;
            mycomplex a(1.5,2.1),b(2.5,3.7);
            cout<<tplus(a,b)<<endl;
            return 0;
        }
```

思考问题：

（1）为什么要重载复数的"+"运算？在重载中将返回值类型改为"mycomplex&"可以吗？

（2）请实现类似的减法、乘法、除法操作，并与标准模板库（STL）中定义的算术类函数对象进行比较。

2．请编程实现动态数组的模板类。

分析：所谓动态数组是指数组大小不固定，可以随着元素的增加而自动扩容，扩容的标准是每次扩大1倍。当然，可以想象，当数据量越来越大时，扩容带来的空间浪费也越多。

程序如下：

```
        #include<iostream>
        using namespace std;

        template<class T>
        class MyArray
        {
        private:
            int nTotalSize;        //数组总长度
            int nValidSize;        //数组有效长度
```

```cpp
        T* m_pData;              //数据
public:
    MyArray(int nSize=3)
    {
        m_pData=new T(nSize);
        nTotalSize=nSize;
        nValidSize=0;
    }
    void Add(T value)
    {
        if(nValidSize<nTotalSize)
            m_pData[nValidSize++]=value;
        else
        {
            int i=0;
            T* tmpData=new T[nTotalSize];
            for(i=0;i<nTotalSize;i++)
                tmpData[i]=m_pData[i];
            delete [] m_pData;
            m_pData=NULL;
            nTotalSize*=2;
            m_pData=new T[nTotalSize];
            for(i=0;i<nValidSize;i++)
                m_pData[i]=tmpData[i];
            delete [] tmpData;
            m_pData[nValidSize++]=value;
        }
    }
    int GetSize()
    {
        return nValidSize;
    }
    T Get(int pos)
    {
        return m_pData[pos];
    }
    virtual ~MyArray()
    {
        if(m_pData!=NULL)
        {
            delete[] m_pData;
            m_pData=NULL;
        }
    }
};
```

```
int main()
{
    MyArray<int> obj;
    obj.Add(1);
    obj.Add(2);
    obj.Add(3);
    obj.Add(4);
    for(int i=0;i<obj.GetSize();i++)
    {
        cout<<obj.Get(i)<<" ";
    }
    return 0;
}
```

思考问题：

（1）请阅读程序，分析该数组扩容时是如何体现"动态分配、销毁、再分配"的思想的。

（2）这个模板类同样可适用于其他数据类型的动态数组，这体现了模板的作用。还有其他方法实现动态数组吗？

（3）扩容时每次扩大 1 倍，在数据量较大时（例如数据集有 10001 个数据），是比较浪费的，那是否有更合理的扩容倍数呢？请查阅相关资料，特别是标准模板库（STL）的设计资料。

3．请使用标准模板库（STL）的 vector 容器，实现如下功能：一个整型向量，初始化元素为 1～10，删除第 5 个元素，在屏幕上显示向量元素值；删除第 2～5 个元素，在屏幕上显示向量元素值。

示例程序（单个数据读写文件）：

```
#include<iostream>
using namespace std;
#include <vector>

int main()
{
    vector<int> vec;
    for(int i=0;i<10;i++)
        vec.push_back(i);
    //删除第 5 个元素
    vec.erase(vec.begin()+4);
    cout<<"删除第 5 个元素后的向量内容是"<<endl;
    for(int i=0;i<vec.size();i++)
        cout<<vec[i]<<" ";
    cout<<endl;
    //再删除第 2～5 个元素
    vec.erase(vec.begin()+1,vec.begin()+5);
```

```
cout<<"删除第 2～5 个元素后的向量内容是"<<endl;
for(int i=0;i<vec.size();i++)
        cout<<vec[i]<<" ";
cout<<endl;

return 0;
}
```

思考问题：

（1）这里我们用到了 vector 的删除函数，请学习并运用 vector 的其他成员函数。

（2）vector 属于动态数组，其容量是如何计算的？如何扩容的？

（3）标准模板库（STL）中定义了很多好用的容器、算法，通用容器有 list、deque 等，通用算法有 find、sort 等。请同学们自行学习和使用，体会其便利性。

四、编程并上机调试

1. 编写函数模板，实现求 2 个数、3 个数中的最大值、最小值。在主函数中针对不同类型的数据进行测试。

2. 编写程序，实现如下功能：已知画图基类 Shape，定义其派生类，包括多态函数 Draw，圆类 Circle、正方形类 Square。创建一个含有 Shape 指针的 vector，指向多个 Shape 子对象，首先画出每个 Shape，并按其长度进行升序排序；其次画出每个 Circle，并按其半径进行升序排序。

第 **8** 章

标准模板库(STL)的介绍及应用

STL （Standard Template Library，标准模板库）是一个 C++ 通用库，1994 年 7 月由美国国家标准学会（ANSI）纳入 C++ 标准，成为 C++ 库的重要组成部分。从广义上讲，STL 主要由容器、迭代器和算法三大部分组成。从实现层次看，基于模板技术，STL 以一种类型参数化的方式实现。在 STL 中，几乎所有的代码都采用了类模板和函数模板的方式，这与传统的由函数和类组成的库相比，提供了更好的代码重用机会。STL 倡导新的编程风格——泛型程序设计。

通过本章的学习，应该重点掌握以下内容：

➢ 标准模板库（STL）的基本概念。

➢ 标准模板库（STL）的组成部分。

➢ 命名空间的概念及使用。

➢ 容器的概念及使用。

➢ 迭代器的概念及使用。

➢ 算法的概念及使用。

➢ 标准模板库（STL）的应用。

8.1 标准模板库（STL）的概念

8.1.1 什么是 STL

STL 最初是由惠普实验室的开发的一系列组件，后来被引入标准 C++库中，是标准 C++库的重要补充之一。STL 包含了众多在计算机科学领域常用的基本数据结构和基本算法。其中模板是实现 STL 的基础，为 C++程序员提供了一个可扩展的应用框架，高度体现了软件的可复用性。

从逻辑层次来看，STL 体现了泛型程序设计的思想，引入了多个新名词，如容器、算法、迭代器等。与 OOP 中的多态一样，泛型程序设计也是一种软件复用技术。从实现层次看，STL 以一种类型参数化的方式实现，这种方式基于一个刚引入 C++标准中的语言特性——模板。在 STL 中，几乎所有的代码都采用了类模板和函数模板的方式，这与传统的由函数和类组成的库相比，有更强的代码重用能力。除此之外，还有许多 C++的新特性为 STL 的实现提供了方便。

从广义上讲，STL 的代码分为 3 类：容器、迭代器和算法。这 3 类代码被组织成如下头文件：<algorithm><deque><functional><iterator><vector><list><map><memory><numeric><queue><set><stack>和<utility>。

8.1.2 STL 的组成部分

STL 是一个 C++通用库，其各部分的结构如图 8.1 所示。与其他 C++标准类库一样，STL 主要包括容器类，容器是能够保存其他类型对象的类，甚至可以包含混合类型的对象。可以使用算法对容器进行各种操作，但是必须以迭代器为中介。

图 8.1 STL 结构图

1. 容器

容器是能够保存其他类型对象的类。C++的容器可以包含混合类型的对象，即容器类可以包含一组相同类型或一组不同类型的对象。当容器类包含相同类型的对象时，称为同类容器类；当容器类包含不同类型的对象时，称为异类容器类。

2. 迭代器

迭代器从作用上来说是 STL 最基本的部分，但理解起来比较困难。简单地说，迭代器是指针的泛化，它允许编程者以相同的方式处理不同的数据结构（容器）。迭代器是访问容器的中介。

3. 算法

算法就是按照一组定义明确的步骤来解决某个问题的过程，理论上，它不依赖于任何特定的计算机编程语言。STL 提供了大约 70 个实现算法的函数模板。熟悉了 STL 后，当需要实现的功能与算法模板功能相同时，只需要通过调用算法模板，就可以完成所需要的功能，大大地提升了效率。

8.1.3　STL 对 C++的影响

STL 对 C++的编程思想影响极大。在 STL 出现之前，C++支持 3 种基本的编程样式——面向过程编程、数据抽象和面向对象编程。在面向对象编程中更注重的是对数据的抽象，即所谓的抽象数据类型，而算法则通常被附于数据类型之中。几乎所有的客体都可以被看成类或对象（即类的实例），通常人们所看到的算法被作为成员函数包含在类中，构成继承体系。在 STL 出现之后，C++可以支持一种新的编程模式——泛型程序设计。这一思想和面向对象的程序设计思想有着明显区别，主要体现在泛型程序设计中，大部分基本算法也被抽象、泛化，独立于与之对应的数据结构，用相同或相近的方式处理各种不同情形。

因此，C++不仅仅是面向对象的程序设计语言，它的优势在于既满足了面向对象，又实现了泛型编程。在实际运用的时候，两者的结合使用往往可以使问题的解决更高效。

8.2　容器

在实际开发过程中，数据结构本身的重要性往往不逊于操作数据结构算法的重要性，尤其当程序中存在对时间特性要求很高的部分时，数据结构的选择就显得更加重要。经典的数据结构数量有限，但是程序编写者常常重复使用一些为了实现向量、链表等结构而编写的代码，这些代码十分相似，只是为了适应不同数据的变化而在细节上有所不同。容器为编程者提供了方便，它允许重复利用已有的代码去构造特定类型下的数据结构，通过设置的类模板，STL 容器对最常用的数据结构提供支持，这些模板的参数可以是容器中指定元素的数据类型，从而将许多重复而乏味的工作简化。

8.2.1　容器简介

容器是能够保存不同类型类的对象，C++的容器利用泛型编程技术，可以对存储的对象进行灵活处理。容器可以自动管理存储元素的存储空间，并可以利用成员函数直接访问或者利用迭代器间接访问其存储的元素。对于不同类型的容器，有特定的访问方法。容器的名字就是需要包含的头文件。

容器类库的 4 种类型如下。

1. 顺序容器（Sequence Containers）

按照线性序列存储的容器，数据元素构成一个序列，是无序的。STL 提供了数组（array

C++11)、向量（vector）、双向链表（list），单向链表（forward_list）、双队列（deque）等。

2．容器适配器（Container Adaptors）

适配器类在基础顺序容器的基础上实现了一些自己的操作，提供了顺序容器的不同接口。STL 提供了栈（stack）、队列（queue）、优先队列（priority_queue）。其中栈和队列是基于双队列实现的，优先队列是基于向量实现的。

3．关联容器（Associative Containers）

按照排序算法，以一定顺序存储元素的容器，要求关键值对象必须是可比较的，如果不可比较，必须重载比较运算符才可利用关联容器存储。顺序存储的特点是查找速度较快，但是插入速度相对较慢。STL 提供了集合（set）、多重集合（multiset）、映射（map）和多重映射（multimap）这些不同类型的容器。

4．无序关联容器（Unordered Associative Containers）

无序关联容器按照哈希运算来计算存储对象的位置，要求存储的对象必须是可哈希的，否则必须重载哈希运算方可存储。与关联容器相比，其访问存储对象的速度更快，时间复杂度为 O(1)，在 C++11 标准中提供了这些类型的容器：无序集合（unordered_set）、无序多重集合（unordered_multiset）、无序映射（unordered_map）和无序多重映射（unordered_multimap）。

表 8.1 是对于每种容器各方面特性的描述。

表 8.1　容器的特性

容器名（头文件）	描述	类型	说明
数组（array）	固定大小的顺序容器，与普通数组存储方式相同	顺序容器	C++11
向量（vector）	连续存储数组元素，但是大小可以动态变化，在堆中存储		
双向链表（list）	由节点组成的双向链表，每个节点包含一个元素，可以双向访问		
单向链表（forward_list）	由节点组成的单向链表，每个节点包含一个元素，只能向前访问		C++11
双队列（deque）	可以高效地在头尾两端插入和删除元素		
栈（stack）	按照后进先出的排列，封装了 deque<T>	容器适配器	
队列（queue）	按照先进先出的排列，封装了 deque<T>		
优先队列（priority_queue）	每次从队列中取出的是具有最高优先权的元 vector<T> 容器		
集合（set）	已排序好的元素集合，元素不能重复	关联容器	
多重集合（multiset）	类似于 set，但是允许存在重复元素		
映射（map）	存储{关键字,值}，已按照关键字排序，不能重复		
多重映射（multimap）	存储{关键字,值}，已按照关键字排序，可以重复		
无序集合（unordered_set）	按照哈希运算计算存储位置的元素集合，元素不能重复	无序关联容器	C++11
无序多重集合（unordered_multiset）	类似于 unordered_set，但是允许存在重复元素		C++11
无序映射（unordered_map）	存储{关键字,值}，按照哈希运算计算关键字的存储位置，关键字不能重复		C++11
无序多重映射（unordered_multimap）	存储{关键字,值}，按照哈希运算计算关键字的存储位置，关键字能重复		C++11

8.2.2　容器的结构

所有的 STL 容器都是定义在命名空间 std 中的一个模板类，由头文件给出。在容器类中定义了一些常用的类型、函数等。下面简要介绍这些定义。

1.常用的类型

这些类型适用于所有容器，含义如表 8.2 所示。

表8.2　容器中常用的类型

类型名	值的类型	描述
value_type	值类型	容器中存放元素的类型
size_type	长度	用于计算容器中项目数和检索顺序容器的类型（不能对 list 检索）
difference_type	距离	引用相同容器的两个迭代器相减结果的类型（list 和关联容器没有定义）
iterator	迭代器	指向容器中存放元素类型的迭代器
const_iterator	常迭代器	指向容器中存放元素类型的常量迭代器，只能读取容器中的元素
reverse_iterator	逆向迭代器	指向容器中存放元素的逆向迭代器，这种迭代器在容器中逆向迭代
const_reverse_iterator	常逆向迭代器	指向容器中存放元素类型的常逆向迭代器，只能读取容器中的元素
pointer	指针	容器中存放元素类型的指针
const_pointer	常指针	容器中存放元素类型的常量指针，这种指针只能读取容器中的元素及进行 const 操作
reference	引用	容器中存放元素类型的引用
const_reference	常引用	容器中存放元素类型的常量引用，这种引用只能读取容器中的元素和进行 const 操作

2.常用的函数

与容器定义一些常用的类型一样，容器也在 public 部分定义了一些常用函数，这些函数是 STL 标准容器类所通用的。表 8.3 给出了这些常用的函数。

表8.3　容器中常用的函数

函数名	功能描述	备注
默认构造函数	默认函数	
拷贝构造函数	将容器初始化为现有同类容器的副本	
析构函数	不再需要容器时进行内存整理	
empty()	容器中没有元素时返回 true，否则返回 false	
max_size()	返回容器中最大的元素个数	
size()	返回容器中当前的元素个数	
operator=	将一个容器赋给另一个容器	
swap(b)	交换两个容器的元素	

还有一些函数只适用于顺序容器和关联容器，如表 8.4 所示。

表8.4　只适用于顺序容器和关联容器的公用函数

函数名	功能描述	备注
begin()	有两个版本返回 iterator 或 const_iterator，引用容器第一个元素	不适用于容器适配器
end()	有两个版本返回 iterator 或 const_iterator，引用容器最后一个元素后面一位	不适用于容器适配器

函数名	功能描述	备注
rbegin()	有两个版本返回：reverse_iterator 或 const_reverse_iterator，引用容器最后一个元素	不适用于容器适配器
rend()	有两个版本返回：reverse_iterator 或 const_reverse_iterator，引用容器第一个元素前面一位	不适用于容器适配器
erase(p, q) 或 erase(p)	从容器中清除一个或多个元素	不适用于容器适配器
clear()	清除容器中的所有元素	不适用于容器适配器

8.2.3 容器的使用

所有 STL 容器都属于标准命名空间，因此使用容器时必须包含如下语句：

```
using namespace std;
```

向量（vector）、列表（list）、队列（queue）、集合（set）和映射（map）是最常用的几种容器（关于容器定义的详细介绍参见附录 A 常用容器与算法介绍），下面介绍这几种容器的使用方法。

1．vector

vector 的行为方式完全是一个数组，它的内存空间完全是连续的，只不过这个数组的大小是可变的，对编程者来说，除出现内存耗尽的情况外（这种情况一般不可能发生），不必关心这个数组的大小，尽管添加元素。

实际上，vector 在初始化的时候，会申请一定的内存空间，用来储存数据，一旦所申请的空间不够用了，它会在其他地方开辟一块新的内存空间，然后将原内存空间中的元素全部复制到新的内存空间中。如果不特殊指定，每次新申请的内存空间通常是原内存空间的两倍。对这一处理过程，编程者不必关心，由 STL 来解决。

使用 vector 时必须包含头文件：

```
#include <vector>
```

以存储整型数据为例，定义如下：

```
vector<int> iv;              //构造一个 vector, iv 相当于一个数组
vector<int> iv1 ={2};        //构造一个 vector，其中包含一个元素，元素值为 2
vector<int> iv2 = {3,4};     //构造一个 vector，其中包含两个元素，元素值分别为 3 和 4
vector<int> iv3(iv1);        //构造一个 vector，并将 iv1 中的元素全部复制到 iv3 中
```

在 iv 中增加一个数，值为 5：

```
iv.push_back(5);
```

可以获得当前数组的大小（即包含元素的个数）：

```
iv.size();          //这时其值应为 1
iv.capacity();      //指容器在必须分配新的存储空间之前可以存放的元素总数
```

也可以采用如下方式增加元素：

  int n = 5;iv.push_back(n);

也可以在任意位置插入元素：

  iv.insert(iv.begin(),n); //第一个参数是插入位置，必须在 iv.begin() 和 iv.end() 之间

此时：

  iv.size()==3;   //这时其值应为 3
  iv.capacity()==4;   //表示空间大小，注意其和 size 函数的区别

原 iv 空间的大小为 2，向 iv 中加入元素时发现空间不足，则以原空间的 2 倍申请一块新的内存（不同的编译器申请新空间大小的算法不同）。

可以像普通数组一样使用 iv（注意不能越界）：

  int n1 = iv[0];   //n1 的值就是 iv 中第一个元素的值

可以直接设置 iv 的大小：

  iv.resize(10);   //这时 iv 的大小为 10，然后为每一个元素赋值 iv[0],iv[1],…

删除尾部的一个元素：

  iv.pop_back();   //iv 的大小减 1

可以直接清空 iv：

  iv.clear();   //iv 的大小变为 0

可以判断 iv 是否为空：

  iv.empty()==true;

注意：

vector 可以存储任意类型的数据，可以是普通变量、结构体变量，还可以是类定义的对象。

当存储对象时，push_back 操作要调用对象的拷贝构造函数，将对象复制到 vector 对象中，注意按照规则重载拷贝构造函数和赋值操作。

operator[] 只能用来取得已经存在的元素，而不能向 vector 中添加元素，如下面的代码是错误的：

  vector< int > iv;
  iv[0] = 1; //错误，vector 的空间还没有被分配

operator[] 和正常数组的使用方法一样，也同样没有越界检查，如果通过 iv[10] 的方式访问一个只有 9 个元素的 vector，不会被提示出错，但这样做可能会有无法预料的情况发生，因此必须避免。

2. list

相对于 vector 的线性存储空间，list 采用双向链式存储，它每次添加或删除一个元素，就会申请或释放一个元素的空间，然后用指针将它们联系起来。这样做的好处是精确配置内存，

绝对没有一点浪费，而且对于元素的插入和删除，list 都是常数时间。list 实际上是一个双向链表。指定元素时，则需要通过起始指针遍历到指定的指针位置，时间复杂度为 O(N)。

使用 list 容器必须包含头文件<list>：

    #include<list>

创建一个 list 对象：

    list<char > listChar;   //声明一个 list<char>类型的空列表
    list<int> listInt2 ={2, 3};   //声明一个 list<int>类型的列表，它的长度为 2，值为 2,3

向 list 中插入元素：

    listChar.push_back('a');   //把一个数据放到一个 list 的最后面
    listChar.push_front ('b');   //把一个数据放到一个 list 的最前面

判断 list 是否为空：

    listChar.empty()==true

对 list 进行排序：

    listChar.sort();

向 list 中插入一个对象：

    listChar.insert(myList.end(), 'c');   //在 list 末尾插入字符"c"
    char ch[3] ={'a', 'b', 'c', 'd'};
    listChar.insert(ListChar.begin(), &ch[0], & ch[3]); /*在开始位置插入 3 个字符到 list 中，这里第二个参数为数组的起始位置，第三个参数为数组的结束位置*/
    listChar.insert(ListChar.begin(),2,'s');   //在开始位置插入两个值为"s"的元素

在 list 中删除元素：

    listChar.pop_front();   //删除第一个元素
    listChar.pop_back();   //删除最后一个元素
    listChar.erase(listChar.begin());   //使用 iterator 删除第一个元素
    listChar.erase(listChar.begin(),listChar.end()); //使用 iterator 删除所有元素
    listChar.remove('c');   //使用 remove 函数删除指定的对象

forward_list 是 C++11 新增的列表容器，使用方法和列表基本类似。需要注意的是，list 是由双向链表实现的，而 forward_list 是由单向链表实现的，提供了 O(1)复杂度元素插入，不提供 size()方法。当不需要双向迭代时，具有比 list 更高的利用率。

3．queue

queue 就是 C++中表示队列的容器。它是一个先进先出的数据结构，元素在队尾入队，在队首出队。

使用 queue 容器必须包含头文件<queue>：

    #include<queue>

创建一个 queue 对象：

```
queue<int> q1;
queue<string> q2;
```

元素入队：

```
q1.push(3);              //将 3 加入队列的队尾
q2.push("Hello");        //将"Hello"加入队列的队尾
```

元素出队：

```
q1.pop();                //弹出队列的第一个元素，注意，并不会返回被弹出元素的值
```

访问队首元素：

```
q1.front();              //返回最早入队的元素
```

访问队尾元素：

```
q1.back();               //返回最后入队的元素
```

判断队列是否为空：

```
q1.empty();              //当队列为空时，返回 true
```

返回队列中的元素个数：

```
q1.size();
```

4．set

set 是一个集合，里面可以有多个元素，元素之间必须是排好序的，任意两个元素不能相同，因此其查找的效率较高。

使用 set 容器必须包含头文件<set>：

```
#include<set>
```

创建 set 对象：

```
set<int> s1;
set<string> s2;
```

向集合中插入元素：

```
s1.insert(3);
s2.insert("Hello");
```

元素的查找：

```
s1.find(3);         //查找值为 3 的元素
```

元素的删除：

```
s1.erase(2);        //删除值为 2 的元素
```

5．map

map 是以(关键字,值)的方式存储元素的集合，按照关键字排序，每一个元素对应一个唯一的关键字，访问时按照关键字检索到对应的值，要求关键字对象必须是可排序的，也就是可以进行比较操作的。

使用 map 容器必须包含头文件<map>：

```
#include<map>
```

创建 map 对象：

```
map<string, int> m1;
```

向 map 中加入元素：

```
m1.insert("maths", 90);    //加入一个关键字为"maths"、值为 90 的元素
```

删除元素

```
m1.erase("maths");         //删除关键字为"maths"的元素
```

访问元素

```
int i=m1["maths"];          //访问关键字为"maths"的元素
```

修改元素

```
m1["maths"]=95;           //修改关键字为"maths"的元素
```

6．无序关联容器

C++中有序容器 map 和 set 都是通过二叉树进行排序的，搜索和插入的平均复杂度均为 $O(log(size))$，在插入元素时，会根据"<"操作符比较元素大小，判断元素是否相同，并选择合适的位置插入容器，遍历时，也是按"<"操作符进行逐个遍历。

无序容器中的元素不进行排序，内部通过哈希表实现，插入和删除元素的平均复杂度为 $O(1)$，在不关心内部元素的顺序时，能显著提升性能。

C++11 中引入了两组无序容器：

（1）unordered_map 和 unordered_multimap

（2）unordered_set 和 unordered_multiset

unordered_map 与 map 在内部实现上有很大的不同。map 使用的数据结构为二叉树，而 unordered_map 内部是哈希表的实现方式，哈希 map 理论上的查找效率为 $O(1)$。unordered_set 的数据存储结构也是哈希表方式的结构，除此之外，无序容器中的元素在插入时不会自动排序。无序关联容器要求关键字对象是可以哈希的。如果对象所在的类无法进行哈希运算，则必须重载其哈希运算。

它们的用法与原有的 map/multimap 和 set/multiset 基本相同。这里来比较一下 map 和 unordered_map 的用法，代码如下：

```
#include <iostream>
#include <string>
```

```
#include <unordered_map>
#include <map>
using namespace std;
int main()
{
    //两组结构按同样的顺序初始化
    unordered_map<int, string> u = {
        {1, "1"},
        {3, "3"},
        {2, "2"}
    };
    map<int, string> v = {
        {1, "1"},
        {3, "3"},
        {2, "2"}
    };
    //分别对两种容器进行遍历
    cout << "unordered_map" << endl;
    for( const auto & n:u)
        cout << "Key:[" << n.first << "] Value:[" << n.second << "]\n";

    cout << endl;
    cout << "map" << endl;
    for( const auto & n:v)
        cout << "Key:[" << n.first << "] Value:[" << n.second << "]\n";
    return 0;
}
```

程序运行结果为：

```
unordered_map
Key:[2] Value:[2]
Key:[3] Value:[3]
Key:[1] Value:[1]
map
Key:[1] Value:[1]
Key:[2] Value:[2]
Key:[3] Value:[3]
```

从运行结果可见 map 容器中的数据在遍历时是有序输出的。

7. array 容器(C++11 支持)

array 容器是 C++11 标准中新增的顺序容器，简单来说，就是在 C++普通数组的基础上，添加了一些成员函数和全局函数。相对于数组，array 容器封装了一些操作函数，同时能够使用 STL 中的容器算法等；array 保存在栈内存中，相比堆内存中的 vector，我们能够灵活快速地访问里面的元素。因此 array 兼有数组的高效与 vector 的强大功能。

array 是将元素置于一个固定大小的数组中加以管理的容器，使用 array 只需指定其类型和大小即可。array 可以随机存取元素，支持通过索引直接存取，可以用[]操作符或 at()方法对元素进行操作，也可以使用迭代器进行访问。不支持动态的增加、删除操作。array 可以完全替代 C++语言中的数组，使操作数组元素更加安全。使用时注意要包含头文件#include <array>。

array 容器的大小是固定的，无法动态地扩展或收缩，这也就意味着，在使用该容器的过程中无法通过增加或移除元素而改变其大小，它只允许访问或替换存储的元素。

（1）array 容器构造函数

array 容器采用模板类实现，array 对象的默认构造形式如下：

```
array<T,B> A;
```

其中 T 为元素存储类型，B 为存储空间的大小，即容器大小，A 为容器对象名。

例如：

```
array<int, 5> a1;          //一个存放 5 个 int 的 array 容器
array<float, 4> a2;        //一个存放 4 个 float 的 array 容器
array<Student, 2> a3;      //一个存放 2 个 Student 的 array 容器
```

（2）array 的大小

```
array.size(); //返回容器中元素的个数
```

（3）array 的数据存取

第一种方法使用下标操作，例如：a1[0] = 100;

第二种方法使用 at()方法操作，例如：a1.at(2) = 100;

第三种方法是接口返回的引用。例如：a1.front()，即数组第一个元素；a1.back()，即数组最后一个元素。例如：

```
a3.front() = 111;
a3.back() = 222;
```

（4）array 迭代器访问

```
array.begin();         //返回容器中第一个元素的迭代器
array.end();           //返回容器中最后一个元素后面的迭代器
array.rbegin();        //返回容器中倒数第一个元素的迭代器
array.rend();          //返回容器中倒数最后一个元素的后面的迭代器
array.cbegin();        //返回容器中第一个元素的常量迭代器
array.cend();          //返回容器中最后一个元素后面的常量迭代器
array.crbegin();       //返回容器中倒数第一个元素的常量迭代器
array.crend();         //返回容器中倒数最后一个元素的后面的常量迭代器
```

【例 8.1】 array 的使用举例。

程序如下：

```
#include <string>
#include <iterator>
#include <iostream>
#include <algorithm>
#include <array>
```

```
using namespace std;
int main() {
    //初始化
    array<int, 3> a1={2, 1, 3};
    array<int, 3> a2 = {5, 4, 6};
    array<string, 5> a3 = { string("aa"), "bbb", "ccc", "ddd", "eee" };
    array< string, 5>::iterator it;
    //支持容器操作
    sort(a1.begin(), a1.end());
    //支持范围
    for(const auto&s:a1)
        cout << s <<' ';
    cout << '\n';
    for(const auto&s:a2)
        cout << s <<' ';
    cout << '\n';
    //使用普通迭代器输出
    for (it = a1.begin(); it != a1.end(); it++) {
        cout << *it << " "; //可以修改 *it 的值
    }
    return 0;
}
```

程序运行结果：

```
1 2 3
5 4 6
aa bbb ccc ddd eee
```

运行结果的第 1 行是 a1 经过排序后的结果；第 2 行是 for 循环输出的 a2 的内容；第 3 行是使用普通迭代器输出的 a3 的内容。

【例 8.2】 vector 容器的完整程序。构建一个 string 型 vector 对象，将字符串输入，然后累加并输出。

程序如下：

```
#include <iostream>
#include <string>
#include <vector>
using namespace std;
int main()
{
    vector<string> v;              //string 是一个标准字符串类
    char str[10];
    for(int i =0;i<40;i++)
    {
        memset(str,0,10);
        sprintf(str,"%d",i);
```

```
        v.push_back(str);          //将 str 转化为 string 对象，插入 vector 对象的尾部
    }
    string ss;
    for(int j =0;j<v.size();j++)
    {
        string s1 = v[j];
        s1 +=", ";
        ss += s1;
    }
    cout<<ss;
    return 0;
}
```

程序运行结果：

0, 1, 2, 3, 4, 5, 6, 7, 8, 9, 10, 11, 12, 13, 14, 15, 16, 17, 18, 19, 20, 21, 22,
23, 24, 25, 26, 27, 28, 29, 30, 31, 32, 33, 34, 35, 36, 37, 38, 39

【例 8.3】 list 容器的完整程序。初始化一个 list 的非空实例，然后将 list 中的元素输出。
程序如下：

```
#include<list>
#include<iostream>
using namespace std;
int main()
{
    list<int> seq = (8, 9);    //初始化一个长度为 8，元素值都为 9 的 list<int>类型列表
    list<int>::const_iterator i = seq.begin();    //i 指向 seq 的第一个元素
    int count = seq.size();    //count 为 seq 的元素个数
    while(count)    //从头到尾输出 seq 的每一个元素
    {
        cout<<"list 元素"<<count<<": "<<*i<<endl;    //*i 为位置是 i 的元素的值
        count--;
        i++;
    }
    return 0;
}
```

程序运行结果：

```
    list 元素 8：9
    list 元素 7：9
    list 元素 6：9
    list 元素 5：9
    list 元素 4：9
    list 元素 3：9
    list 元素 2：9
    list 元素 1：9
```

8.3　迭代器

泛型编程倡导使用通用的方式编程。STL 通过 C++的模板机制实现了算法与数据类型的无关性，以及容器（数据结构）与数据类型的无关性，但是模板机制无法解决算法与容器的分离问题，为此 STL 中引入了迭代器技术。迭代器是一种抽象的设计概念，它提供了一种方法，允许依序访问某个容器所含的各个元素，而无须暴露该容器的内部结构。迭代器是一种类似指针的对象，而指针的各种行为中最常见且最重要的便是解析和成员访问。

每一种 STL 容器都提供了专属迭代器。迭代器是算法与容器之间的接口，算法通过迭代器访问容器中的元素。如果一个算法采用迭代器作为参数，则它可作用于多种容器，即使这些容器互不相同。

STL 中有 5 种类型的迭代器，它们的关系如图 8.2 所示。

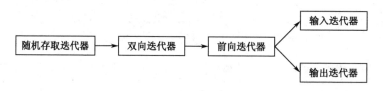

图 8.2　迭代器的关系

不同的迭代器满足不同的需求，每种迭代器都有自己特定的操作。图 8.2 中，箭头表示左边的迭代器能够满足右边迭代器需要的条件。例如，某个算法需要一个双向迭代器（bidirectional iterator），可以把一个随机存取迭代器（random access iterator）作为参数；反之则不行。STL 提供的所有算法几乎都是通过迭代器存取元素序列进行工作的，每一个容器都定义了其本身所专有的迭代器，用于存取容器中的元素。每种迭代器的作用如表 8.5 所示。

表 8.5　不同迭代器的作用

迭代器类型	功能描述
输入迭代器	从容器中读取元素。输入迭代器只能一次向前移动一个元素。输入迭代器只支持一遍算法，同一输入迭代器不能两次遍历一个序列
输出迭代器	向容器写入元素。输出迭代器只能一次向前移动一个元素。输出迭代器只支持一遍算法，同一输出迭代器不能两次遍历一个序列
前向迭代器	组合输入迭代器和输出迭代器的功能，并将保留在容器中的位置作为状态信息，支持多遍算法
双向迭代器	组合正向迭代器和逆向迭代器的功能（逆向迭代器即为从容器末尾到容器开头）
随机存取迭代器	组合双向迭代器的功能与直接访问容器中任何元素的功能，即可以向前或向后跳过任意元素

迭代器部分主要由头文件<utility><iterator>和<memory>组成。<utility>是一个很小的头文件，它包括了贯穿在 STL 中几个模板的声明；<iterator>中提供了迭代器使用的许多方法；而<memory>则以不同寻常的方式为容器中的元素分配存储空间，同时也为某些算法执行期间产生的临时对象提供机制，<memory>中的主要部分是类模板 allocator，它负责产生所有容器中的默认适配器。

8.3.1 输入迭代器

输入迭代器（input iterator）是最普通的类型，输入迭代器是在每一个位置进行读操作的迭代器。能够使用"=="和"!="测试是否相等；使用"*"访问数据；使用"++"操作递推迭代器到下一个元素或到达 past-the-end 值。输入迭代器支持以下 6 种操作。

（1）++i：前置自增迭代器。

（2）i++：后置自增迭代器。

（3）*i：引用迭代器指向的值作为右值。

（4）i1=i2：将一个迭代器赋值给另一个迭代器。

（5）i1==i2：比较迭代器的相等性。

（6）i1!=i2：比较迭代器的不等性。

下面看一个模板函数 find()，以理解迭代器及其使用方法。

```
template <class InputIterator, class T>
InputIterator find(InputIterator first, InputIterator last, const T&value)
{
        while (first != last && *first != value)
                ++first;
        return first;
}
```

模板函数 find()在容器中查找值为 value 的元素，然后返回一个指向对象 iterator 的指针。在 find()中，如果参数 first 和 last 指向不同的容器，则该算法可能陷入死循环。

8.3.2 输出迭代器

输出迭代器（output iterator）只能向一个序列写入数据，它可以被修改和引用。通常用于将数据从一个位置复制到另一个位置。由于输出迭代器无法读取对象，因此一般不会在搜索和其他算法中使用它。要想读取一个复制的值，必须使用输入迭代器（或它的继承迭代器）。此外，输出迭代器还具有一项功能，使用"*i"复引用迭代器，作为左值。

注意：对输入和输出迭代器，一旦取出或放入值后，就只能前进，不可多次取出或放入。

输出迭代器支持以下 6 种操作。

（1）++i：前置自增迭代器。

（2）i++：后置自增迭代器。

（3）*i = V：写入迭代器指向的值，作为左值。

（4）i1=i2：将一个迭代器赋值给另一个迭代器。

（5）i1==i2：比较迭代器的相等性。

（6）i1!=i2：比较迭代器的不等性。

【例 8.4】 输出迭代器。

程序如下：

```
#include <iostream>
```

```
#include <algorithm>
#include <vector>
using namespace std;
double darray[10] = {1.0, 1.1, 1.2, 1.3, 1.4, 1.5, 1.6, 1.7, 1.8, 1.9};
vector<double> vdouble(10);        //double 型 vector
int main()
{
    vector<double>::iterator outputIterator = vdouble.begin();        //输出迭代器
    copy(darray, darray + 10, outputIterator);        //将 darray 复制到容器 vdouble 中
    while (outputIterator != vdouble.end())
    {
        cout << *outputIterator <<" ";
        outputIterator++;
    }
    return 0;
}
```

程序运行结果：

1 1.1 1.2 1.3 1.4 1.5 1.6 1.7 1.8 1.9

上面的程序使用通用算法 copy()将 double 中的数组 darray 复制到容器 vdouble 中，然后使用输出迭代器从头到尾将容器中的元素值输出。这里，copy()是 STL 的通用算法，它的作用是将一个序列从头到尾复制到另一个序列中。

8.3.3　前向迭代器

前向迭代器（forward iterator）既可以用来读，也可以用来写，它结合了输入迭代器和输出迭代器的功能，并能够保存迭代器的值，以便从其原先位置开始重新遍历。它能够向前推进到下一个值，但是不能递减，它包含了输入迭代器和输出迭代器的所有操作。

下面的模板函数 fill()展示了前向迭代器的使用方法：

```
template <class ForwardIterator, class T>
void fill(ForwardIterator first, ForwardIterator last, const T &x);
long *p = new int[100];
fill(p, p+10, 0);
fill(p+11, p+100, 10);
```

上面的代码实现的功能为：使用前向迭代器将数组 p 的前 10 个元素赋值为 0，后 90 个元素赋值为 10。

8.3.4　双向迭代器

双向迭代器（bidirection iterator）既可以用来读，也可以用来写，它与前向迭代器类似，除具有前向迭代器的功能外，还可以递减，即双向迭代器不仅允许++，而且允许--。所有的

STL 容器都提供了双向迭代器的功能，以便于数据的写入和读出。

下面的模板函数 reverse()以双向迭代器为参数对容器进行逆向排序。

```
template <class BiIterator>
void reverse (BiIterator first, BiIterator last);
reverse(vdouble.begin(), vdouble.end());
```

8.3.5　随机访问迭代器

随机访问迭代器（random access iterator）可以通过跳跃的方式访问容器中的任意数据，从而使数据的访问更加灵活。随机访问迭代器作为功能最强大的迭代器，可以任意存取迭代器，可以任意前进和后退。容器 vector、string 和 deque 都提供了随机访问迭代器。指向数组的指针可以作为数组的随机访问迭代器。

8.3.6　迭代器的使用

从前面的讨论可以知道，如果要访问容器，必须使用迭代器。下面分析一个例子，以帮助理解迭代器的使用方法。

【例 8.5】从标准输入设备读入 5 个整数，使用输出迭代器输出这 5 个整数。然后，使用 STL 通用算法 sort()对 vector 中的元素排序，再输出 vector 中排序后的元素。

程序如下：

```
#include <iostream>
#include <algorithm>
#include <vector>
using namespace std;
const int ReadLine=5;
int main()
{
    vector<int> myList;
    int temp;
    for(int i=0 ;i<ReadLine;i++)          //读取 ReadLine 个整数，并将结果存到 myList 中
    {
        cout<<"请输入一个整数："；
        cin >> temp;          //读入整数
        myList.push_back(temp);          //将读入的整数存到 myList 的最后
    }
    cout<<"从头到尾输出容器中的元素： "<<endl;
    vector<int>::iterator outputIterator = myList.begin();
    while (outputIterator != myList.end())
    {
        cout << *outputIterator <<"   ";
        outputIterator++;
    }
```

```
        sort(myList.begin(),myList.end());        //将 myList 中的元素排序
        cout<<endl<<"排序后输出结果："<<endl;
        outputIterator = myList.begin();
        while (outputIterator != myList.end())
        {
            cout << *outputIterator <<"   ";
            outputIterator++;
        }
        cout<<endl;
        return 0;
    }
```

程序运行结果：

```
    请输入一个整数：32↙
    请输入一个整数：23↙
    请输入一个整数：78↙
    请输入一个整数：85↙
    请输入一个整数：56↙
    从头到尾输出容器中的元素：
    32  23  78  85  56
    排序后输出结果：
    23  32  56  78  85
```

8.4　算法

算法是 STL 中最常用的部分，它实际上就是一系列的函数模板，当然也可以操作不同类型的数据。

8.4.1　算法和函数对象

从广义上讲，算法是按照一组定义明确的步骤来解决某个问题的过程。理论上，它不依赖于任何特定的计算机编程语言。在 STL 中，算法是一些模板函数，它并不像传统库函数那样，以预先编译好的对象模块组成可链接库。STL 算法的实现独立于单独的容器类型。

以下是 find 算法的代码示例：

```
    template <class InputIterator, class T>
    InputIterator find(InputIterator first, InputIterator last, const T&value)
    {
        while (first != last && *first != value)
            ++first;
        return first;
    }
```

find 算法并不是针对特定容器的操作，而是通过迭代器实现对所用容器的操作。算法不

直接访问容器中的元素，对元素的所有访问和遍历都通过迭代器实现，实际的容器类型可能是一个容器，也可能是内置数组，通过模板参数 class T 实现特定数据类型的操作。迭代器提供了指针的泛化，不仅用来指向普通的指针，也可以用来指向 STL 的迭代器。

STL 提供了 70 个算法，由头文件<algorithm><numeric>和<functional>组成。头文件<algorithm>是所有 STL 头文件中最大的一个，它由许多函数模板组成，每个函数在很大程度上都是独立的，其中常用的功能包括比较、交换、查找、遍历操作、复制、修改、移除、反转、排序、合并等。头文件<numeric>很小，只包括几个在序列上进行简单数学运算的函数模板，以及加法和乘法在序列上的一些操作。头文件<functional>中则定义了一些类模板，用于声明函数对象。

8.4.2 算法分类介绍

STL 提供了 70 多个算法，按照不同的分类方法可以将这些算法分成不同的类别。按照算法功能的不同，可以将算法分成 8 类：查找、排序、数值计算、比较、集合、容器管理、统计和堆操作。根据算法对容器的影响，可以将算法分成 4 类：非修正算法、修正算法、排序算法和数值计算算法。下面按照第二种分类方法对 STL 库中的算法进行简要介绍。

1. 非修正算法

使用非修正算法，不会对容器中的元素进行任何修改，这类算法包括 adjacent_find()、find()、find_end()、find_first()、count()、mismatch()、equal()、for_each()和 search()等，这些算法都包含在头文件<algorithm>中。下面以 for_each()算法为例，说明这类算法的用法，代码如例 8.6 所示。

【例 8.6】 非修正算法示例程序。

程序如下：

```cpp
#include <iostream>
#include <string>
#include <list>
#include <algorithm>
using namespace std;
void print(string& str)
{
    cout << str << endl;
}
int main ()
{
    list<string> fruit;                      //定义一个 list <string>列表 fruit
    fruit.push_back("橘子");                 //将元素放入列表末端
    fruit.push_back("苹果");
    fruit.push_back("香蕉");
    fruit.push_front("菠萝");
    fruit.push_front("西瓜");
    for_each(fruit.begin(), fruit.end(), print);   //对列表中的元素逐个进行 print 操作
```

```
            return 0;
        }
```

程序运行结果：

西瓜
菠萝
橘子
苹果
香蕉

例 8.6 中定义了一个存放字符型元素的列表 fruit，然后使用 list 操作将几个元素依次放入列表的末尾，最后使用算法 for_each() 将列表中的元素逐个输出。通用算法 for_each(InIt first, InIt last, Fun f) 的功能是对序列中的每个元素 x 都调用 f(x) 函数进行操作。

2. 修正算法

在实际应用中，经常需要对容器中的元素进行修改和写操作，这类能够对容器中的元素进行修改的算法称为修正算法。修正算法包括 copy()、copy_backward()、fill()、generate()、partition()、random_shuffle()、remove()、replace()、rotate()、reverse()、swap()、swap_ranges()、transform() 和 unique() 等。下面看一个例子，以理解修正算法的使用。

【例 8.7】 修正算法示例程序。

程序如下：

```cpp
#include<vector>
#include<algorithm>
#include<iostream>
using namespace std;
int main()
{
    vector<int> vec;
    vector<int>::iterator iter;          //定义一个存放 int 型数据的 vector
    for(int i=0;i<=5;i++)
        vec.push_back(i);                //连续向 vec 中放入 5 个 int 型数据
    //从头到尾输出 vec 中的所有元素
    cout<<"初始 vec =(";
    for(iter= vec.begin();iter!= vec.end();iter++)
        cout<<*iter<<" ";
    cout<<")"<<endl;
    fill(vec.begin(), vec.end(), 1);     //将 vec 中的所有元素都赋值为 1
    //从头到尾输出 vec 中的所有元素
    cout<<"执行 fill 操作后 vec = (";
    for(iter= vec.begin();iter!= vec.end();iter++)
        cout<<*iter<<" ";
    cout<<")"<<endl;
    replace(vec.begin(), vec.end(), 1, 5);
    //从头到尾输出 vec 中的所有元素
```

```
        cout<<"执行 replace 操作后 vec = (";
        for(iter= vec.begin();iter!= vec.end();iter++)
            cout<<*iter<<" ";
        cout<<")"<<endl;
        return 0;
    }
```

程序运行结果：

初始 vec = (0 1 2 3 4 5)
执行 fill 操作后 vec = (1 1 1 1 1)
执行 replace 操作后 vec = (5 5 5 5 5)

上面例子定义了一个存放 int 类型元素的向量 vec。将整数 1~5 依次放入 vec，从头到尾打印输出 vec 中的元素。然后使用通用算法 fill()将 vec 中的元素都置为 1，再打印输出。接着使用通用算法 replace()将 vec 中的 1 都替换成 5，再打印输出。这里，通用算法 fill(FwdIt first, FwdIt last, const T& x)的作用是将一个特定值 x 赋给序列中的所有元素。通用算法 replace(FwdIt first, FwdIt last, const T& vold, const T& vnew)的作用是将一个序列中等于一个特定值 vold 的所有元素都替换成另一个特定值 vnew。

3. 排序算法

对于一个序列来说，排序可能是最经常对其进行的操作，也是最重要的操作。STL 提供了大量的算法进行排序操作，以完成对容器内元素各种各样的排序要求。由于排序需要大量移动容器内的元素，因此排序算法用到的迭代器都是随机存取迭代器。STL 的排序算法包括 sort()、stable_sort()、partial_sort()、partial_sort_copy()、nth_element()、binary_search()、lower_bound()、upper_bound()、equal_range()、merge()、includes()、push_heap()、pop_heap()、make_heap()、sort_heap()、set_union()、set_intersection()、set_difference()、set_symmetric_difference()、min()、min_element()、max()、max_element()、lexicographica;_compare()、next_permutation()和 prev_permutation()等。下面给出一个例子以了解 sort()的使用，代码如例 8.8 所示。

【例 8.8】 排序算法示例程序。

程序如下：

```
#include <iostream>
#include <algorithm>
#include <functional>
#include <vector>
using namespace std;
class CBinaryGroup
{
public:
    friend bool less_second(const CBinaryGroup & m1, const CBinaryGroup & m2);
    CBinaryGroup(int a, int b):first(a), second(b){}
    bool operator < (const CBinaryGroup &m)const
    {
```

```
            return first < m.first;
        }
        int getFirst(){return first;}
        int getSecond(){return second;}
    private:
        int first;
        int second;
    };
    bool less_second(const CBinaryGroup & m1, const CBinaryGroup & m2)
    {
        return m1.second < m2.second;
    }
    int main()
    {
        vector<CBinaryGroup> vect;
        int i;
        for( i=0 ; i<10 ; i++)
        {
            CBinaryGroup my(10−i, i*3);
            vect.push_back(my);
        }
        cout<<"原始 vector 的元素为："<<endl;
        for(i = 0 ; i < vect.size(); i ++)
            cout<<"("<<vect[i].getFirst()<<","<<vect[i].getSecond()<<") ";
        cout<<endl;
        sort(vect.begin(), vect.end());
        cout<<"第一次排序后 vector 为："<<endl;
        for(i = 0 ; i < vect.size(); i ++)
            cout<<"("<<vect[i].getFirst()<<","<<vect[i].getSecond()<<") ";
        cout<<endl;
        sort(vect.begin(), vect.end(), less_second);
        cout<<"第二次排序后 vector 为："<<endl;
        for(i = 0 ; i < vect.size(); i ++)
            cout<<"("<<vect[i].getFirst()<<","<<vect[i].getSecond()<<") ";
        cout<<endl;
        return 0;
    }
```

程序运行结果：

```
原始 vector 的元素为：
(10,0) (9,3) (8,6) (7,9) (6,12) (5,15) (4,18) (3,21) (2,24) (1,27)
第一次排序后 vector 为：
(1,27) (2,24) (3,21) (4,18) (5,15) (6,12) (7,9) (8,6) (9,3) (10,0)
第二次排序后 vector 为：
(10,0) (9,3) (8,6) (7,9) (6,12) (5,15) (4,18) (3,21) (2,24) (1,27)
```

例 8.8 中用到了一个自定义的二元组类 CBinaryGroup。在 main()函数中，定义了一个存放 CBinaryGroup 类型数据的向量 vect，并向 vect 中放入了 10 个 CBinaryGroup 数据。打印输出 vect 中的元素后，使用通用算法 sort(RanIt first, RanIt last)将 vect 中的元素排序，再打印输出 vect 中的元素，然后使用通用算法 sort(RanIt first, RanIt last, Pred pr)将 vect 中的元素排序，再打印输出。目的是比较不同的输出结果以理解 sort()算法的作用。这里，sort()是 STL 通用算法，sort(RanIt first,RanIt last)的作用是使序列中的元素以升序方式存储，使用"operator<"进行比较。sort(RanIt first, RanIt last, Pred pr)的作用是使序列中的元素以升序方式存储，使用函数对象 pr 进行比较。

4．数值计算算法

数值计算算法主要是对容器中的元素进行数值计算。这类算法包括 accumulate()、inner_product()、partial_sum()、adjacent_difference()和一些推广的数值算法。

STL 提供的算法可以避免编程者重复编写同样的代码，提高了编程效率。上面对 STL 提供的算法做了简单介绍。如果想要熟练掌握 STL 算法，以便在编写程序时熟练应用，需要仔细了解每个算法的功能、参数等相关技术指标，甚至阅读相应的头文件。

8.5 综合应用实例

本节介绍的实例是从标准设备读入整数，然后按照从小到大的顺序对输入的整数进行排序，最后输出排序的结果。本节介绍 3 种实现方法，以帮助读者更好地理解 STL 的使用。

【例 8.9】 排序实现算法例题。

程序如下：

```
#include <cstdlib>
#include <iostream>
using namespace std;
const int max_size = 10;        //数组允许放置的元素的最大个数
int compare(const void *arg1, const void *arg2);
int main()
{
    int num[max_size];        //整型数组
    //从标准输入设备读入整数，同时累计输入个数，直到输入的是非整型数据为止
    cout<<"请输入不超过 10 个整数，以输入非整型数据结束！"<<endl;
    for (int n = 0; cin >> num[n]; n ++);
    qsort(num, n, sizeof(int), compare);        //C++标准库的快速排序函数
    //将排序结果输出到标准输出设备
    cout<<"排序后的结果为："<<endl;
    for (int i = 0; i < n; i ++)
        cout << num[i] << " ";
    return 0;
}
//比较两数大小，如果*(int*)arg1 比*(int*)arg2 小，则返回-1；如果*(int*)arg1 比
// *(int*)arg2 大，则返回 1；如果*(int*)arg1 等于*(int*)arg2，则返回 0
```

```
intcompare(const void *arg1, const void *arg2)
{
    return (*(int*)arg1 < *(int*)arg2) ? −1 :(*(int*)arg1 > *(int*)arg2) ? 1 : 0;
}
```

程序运行结果:

请输入不超过 10 个整数,输入非整型数据结束!
<u>612 32 30 53 6 87 54 43 54 #</u>↙
排序后的结果为:
6 30 32 43 53 54 54 87 612

例 8.9 中,如果输入的整数个数超过 10,则程序会异常结束。例 8.10 为使用 STL 的容器和算法实现排序并输出的程序。

【例 8.10】 部分使用 STL 容器和算法实现排序。

程序如下:

```
#include <iostream>
#include <vector>
#include <algorithm>
using namespace std;
int main()
{
    vector<int> num;
    int element;
    //从标准输入设备读入整数,直到输入的是非整型数据为止
    cout<<"请输入 n 个整数,输入非整型数据结束! "<<endl;
    while (cin >> element)
        num.push_back(element);
    sort(num.begin(), num.end());
    cout<<"排序后的结果为: "<<endl;
    for (int i = 0; i < num.size(); i ++)
    cout << num[i] << "\n";
    return 0;
}
```

程序运行结果:

请输入 n 个整数,输入非整型数据结束!
<u>612 32 30 53 6 87 54 43 54 #</u>↙
排序后的结果为:
6 30 32 43 53 54 54 87 612

本例中,输入的整数个数没有限制。例 8.11 中的程序完全使用 STL 改写例 8.10 中的代码。

【例 8.11】 全部使用 STL 容器和算法实现的排序例题。

程序如下:

```
#include <iostream>
```

```
#include <vector>
#include <algorithm>
#include <iterator>
using namespace std;
int main()
{
    typedef vector<int> int_vector;
    typedef istream_iterator<int> istream_itr;
    typedef ostream_iterator<int> ostream_itr;
    typedef back_insert_iterator< int_vector > back_ins_itr;
    int_vector num;
    //从标准输入设备读入整数，直到输入的是非整型数据为止
    cout<<"请输入 n 个整数，输入非整型数据结束！"<<endl;
    copy(istream_itr(cin), istream_itr(), back_ins_itr(num));
    sort(num.begin(), num.end());
    cout<<"排序后的结果为："<<endl;
    copy(num.begin(), num.end(), ostream_itr(cout, "\n"));
    return 0;
}
```

程序运行结果：

请输入 n 个整数，输入非整型数据结束！
<u>612 32 30 53 6 87 54 43 54 #↙</u>
排序后的结果为：
6 30 32 43 53 54 54 87 612

从上面的例子可以看出，第一种实现方法（见例 8.9）是一个和 STL 毫无关系的传统风格的 C++程序，其中部分代码可读性非常差，尤其是 compare()函数。第二种实现方法（见例 8.10）将第一种方法中的部分代码改用了 STL 的组件，看起来比第一种方法简洁，没有使用 compare()函数。第三种实现方法（见例 8.11）中几乎每行代码都与 STL 有关，并且包含了 STL 中几乎所有的组件，如容器、迭代器、算法等，程序看起来也简洁、易懂。仔细分析、比较这 3 种实现方法，可体会到 STL 给 C++带来的改变。

习题 8

一、简答题

1. 简述什么是 STL 框架。
2. 简述什么是容器。
3. 简述什么是迭代器。
4. 简述什么是算法。
5. 容器可以分为几类，分别是什么？
6. 迭代器可以分为几类，分别是什么？

7. 算法可以分为几类，分别是什么？

二、编程题

1. 在 STL 的容器 list 的基础上进行封装，实现一个 stack 的基本功能，并编写程序，验证所实现的 stack。

2. 使用 STL 模板编写程序，管理一个班级学生的面向对象课程成绩，要求能够实现以下功能：

（1）增加学生成绩；

（2）删除特定条件的学生成绩；

（3）查找特定学生的成绩或查找特定成绩的学生；

（4）对学生成绩按照从高到低的顺序排列；

（5）输出所有学生的成绩。

3. 定义一个函数对象 Middle，使它能对 3 个对象进行运算，返回中间值。再定义一个具有同样功能的函数 middle()。给出使用函数对象 Middle 和函数 middle() 的例子，比较二者的区别。

实验 8 标准模板库（STL）

一、实验目的

通过本实验，掌握 STL 的基本使用方法，学习在程序设计中使用容器解决实际问题，从而进一步体会容器在提高代码可重用性及程序开发效率方面的重要性。

二、实验要求

1. 掌握各类容器的不同特征；

2. 掌握容器类定义，以及使用容器队形的基本方法；

3. 掌握使用 STL 中各种算法库的基本方法。

三、实验内容与步骤

编写程序，定义一个学生信息结构体，包含学号、姓名、性别、成绩，实现根据学号信息，进行增加、删除和查找操作，并统计成绩大于 60 分的学生人数。

分析：本实验要求容器实现对学生信息的存储，根据学号对学生实现增、删、查，可以采用关联容器方式，提高运行效率。对容器的数据进行统计操作，可以考虑通过 STL 提供的算法库中的函数 std::count_if 直接实现。

程序如下：

```
#include <algorithm>
#include <map>
#include <string>
#include <iostream>
using namespace std;
typedef struct _STUDENT
{
```

```
        string _sNo;          //学号
        string _sName;        //姓名
        bool _bMale;          //性别
        int nScore;           //成绩
}STUDENT;
void print(const map<string, STUDENT>& m)
{
    for (auto& x : m)
    {
        cout << "学号：" << x.second._sNo;
        cout << "姓名：" << x.second._sName;
        cout << "性别：" << (x.second._bMale ? "男" : "女");
        cout << "成绩：" << x.second.nScore << std::endl;
    }
}
bool check_pass(std::pair<const string, STUDENT>   x)
{
    if (x.second.nScore > 60)
        return true;
    else
        return false;
}
```

程序中 std::pair 主要的作用是将两个成员组合成一个对象，这两个成员可以是同一类型或者不同类型。可以用.first 和.second 来分别访问这两个成员。

```
int main()
{
    map<string, STUDENT> mStudent = { {"20011225",{"20011225","张三",true,75}}
        ,{"20011221",{"20011221","张三",true,65}}
        ,{"20011223",{"20011223","李四",true,42}}
        ,{"20011224",{"20011224","王五",true,55}}
        ,{"20011226",{"20011226","小英",false,75}}
    };
    cout << "初始输出:\n";
    print(mStudent);
    mStudent["20011220"] = { "20011220","小明",true,62 };   //添加
    cout << "增加后输出:\n";
    print(mStudent);
    auto it = mStudent.find("20011223");
    if (it != mStudent.end())
        mStudent.erase(it);
    cout << "删除后输出:\n";
    print(mStudent);
    mStudent["20011221"].nScore = 40;   //成绩改成 40
    cout << "修改后输出:\n";
```

```
        print(mStudent);
        auto nCount = std::count_if(mStudent.begin(), mStudent.end(),check_pass); // ①统计成绩大于 60
分的人数

        cout << "成绩大于 60 分的人数: " << nCount << endl;
        return 0;
    }
```

程序①中 count_if(start, end, condition)返回在[start, end)范围内满足特定条件 condition 的元素数量。其中参数 start、end 是迭代器，start 指向范围内第一个元素的位置，end 指向范围最后一个元素后面。参数 condition 是判断满足的条件，条件是只能有一个参数的函数，一般为遍历的元素，函数返回值类型是布尔类型。

当然，①处可以通过匿名函数实现，如下：

```
        auto nCount = std::count_if(mStudent.begin(), mStudent.end(),
                            [](std::pair<const string, STUDENT>& x) {
                                return x.second.nScore > 60;
                            });
```

可以看到，通过使用容器，以及 STL 提供的通用算法，较为方便地实现了题目的要求，代码简洁，而且运行效率较高。

四、编程并上机调试

编写程序，输入 10 个学生信息（学生信息结构体同上面的程序），去掉最高分、最低分，输出平均成绩，在解题过程中，要求尽量使用 STL 提供的算法，而不是用循环实现。

第 9 章

C++线程技术

C++ 标准出现之前，C++语言没有对并发编程提供语言级别的支持，这使得我们在编写可移植的并发程序时，存在诸多的不便。现在 C++11 中增加了线程及线程相关的类，有力地支持了并发编程，使得编写的多线程程序的可移植性得到了很大的提高。

通过对本章的学习，应该重点掌握以下内容：

➢ 进程与线程的区别。

➢ 线程类的常用成员函数。

➢ 互斥锁的应用。

9.1　线程的概念

在日常生活中，很多事情都是可以同时进行的。例如，一个人可以一边听音乐，一边打扫房间，还可以一边吃饭，一边看电视。在使用计算机时，很多任务也是可以同时进行的，例如，一边浏览网页，一边打印文档。

计算机能够同时执行多项任务，得益于多线程技术的支持。计算机中的 CPU 即使是单核的，也可以同时执行多个任务，因为操作系统执行多个任务时，实际上是让 CPU 对多个任务轮流交替执行。C++11 中增加了线程及线程相关的类，实现了对多线程程序的支持。

9.1.1　进程

在一个操作系统中，每个独立执行的程序都可称为一个进程，也就是"正在运行的程序"。目前大部分计算机上安装的都是多任务操作系统，能够同时执行多个应用程序，最常见的有 Windows、Linux、UNIX 等。在 Windows 操作系统下，使用鼠标右键单击任务栏，选择"任务管理器"选项可以启动任务管理器窗口，在图 9.1 所示窗口的"后台进程"选项卡中可以看到当前正在运行的程序，也就是系统所有的进程。

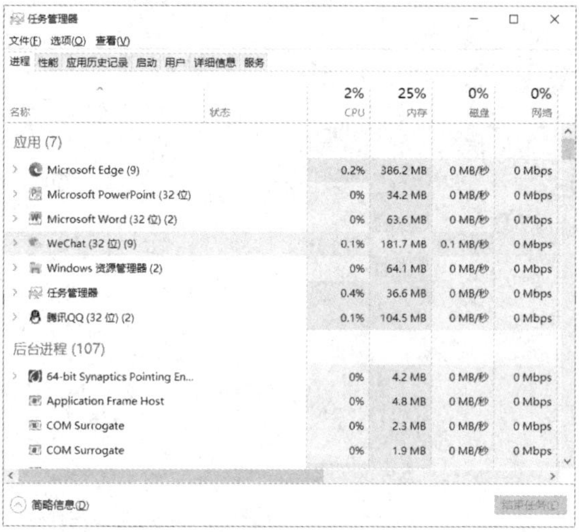

图 9.1　任务管理器

在计算机中，所有的应用程序都是由 CPU 执行的，对于一个 CPU 而言，在某个时间段只能运行一个程序，也就是说只能执行一个进程。操作系统会为每一个进程分配一段有限的 CPU 使用时间，CPU 在这段时间中只执行某个进程，在下一段时间会去执行另一个进程。由于 CPU 运行速度很快，能在极短的时间内在不同的进程之间进行切换，所以给人以同时执行多个进程的感觉。

每个运行的程序都是一个进程，在一个进程中还可以有多个独立的程序片段（执行单元）同时运行，这些程序片段可以看作程序执行的一条条线索，被称为线程（Thread）。操作系统的每一个进程中都至少存在一个线程（称为主线程）。例如，当一个 C++程序启动时，就会产生一个进程，该进程会默认创建一个主线程，在这个主线程上会运行 main()函数中的代码。

线程可以利用进程所拥有的资源，在引入线程的操作系统中，通常都是把进程作为分配资源的基本单位，而把线程作为独立运行和独立调度的基本单位，由于线程比进程更小，基本上不拥有系统资源，故对它的调度所付出的开销就会小得多，能提高系统在多个程序间并发执行的效率。

9.1.2　多线程

利用线程编程就叫作多线程处理。多线程是为了同步完成多项任务，C++使用多个函数实现不同功能，然后将不同的函数生成不同的线程，并同时执行这些线程（执行不同线程时可能存在一定的先后顺序，但总体上可以看作同时执行）。

线程就像火车的每一节车厢，而进程则是火车。车厢离开火车是无法跑的，同理，火车也不可能只有一节车厢。多线程的出现就是为了提高效率和并发执行。

9.1.3　进程与线程的区别

进程和线程的主要区别在于它们属于不同的操作系统资源管理方式。进程有独立的地址空间，一个进程崩溃后，在保护模式下不会对其他进程产生影响，而线程只是一个进程中的不同执行路径。线程有自己的堆栈和局部变量，但线程没有独立的地址空间，一个线程中断就等于整个进程中断，所以多进程的程序要比多线程的程序健壮，但在进程切换时，耗费资源较大，效率较低。但对于一些要求同时进行并且要共享某些变量的并发操作，只能用线程，不能用进程。

（1）简而言之，一个程序至少有一个进程，一个进程至少有一个线程。

（2）线程的划分尺度小于进程，使得多线程程序的并发执行效率高。

（3）另外，进程在执行过程中拥有独立的内存单元，而多个线程共享内存，能够极大地提高程序的运行效率。

（4）线程在执行过程中与进程还是有区别的。每个独立的进程都有一个程序运行的入口、顺序执行序列和程序的出口。但是线程不能够独立执行，必须依存在应用程序中，由应用程序提供多个线程执行控制。

（5）从逻辑角度来看，多线程的意义在于，一个应用程序中，可以同时执行多个程序片段。但操作系统并没有将多个线程看作多个独立的应用，来实现进程的调度和管理及资源分配。这就是进程和线程的重要区别。

（6）线程执行开销小，但不利于资源的管理和保护；进程则相反。同时，线程适合在 SMP（多核处理机）机器上运行，而进程则可以跨机器迁移。

（7）线程的调度是由操作系统根据当前系统的状况决定的，也就是说创建单线程后，需要执行线程时，何时执行线程，以及执行过程中线程会不会被调出，这些都是操作系统执行的，程序员没有权限。

9.2　C++的线程类

C++11 标准中提供的线程类叫作 std::thread，基于这个类创建一个新的线程非常简单，只需要提供线程函数或者函数对象即可，并且可以同时指定线程函数的参数。首先来了解一下这个类提供的构造函数和一些常用的成员函数。

9.2.1　线程类的构造函数

```
thread() noexcept; // ①
thread(thread&& other) noexcept; // ②
template< class Function, class... Args >
explicit thread(Function&& f, Args&&... args); // ③
thread(const thread&) = delete; // ④
```

构造函数①：默认构造函数，构造一个线程对象，在这个线程中不执行任何动作。

构造函数②：移动构造函数，将 other 的线程所有权转移给新的 thread 对象。之后，other 不再执行线程。

构造函数③：初始化构造函数，创建线程对象，并在该线程中执行函数 f()中的业务逻辑，args 是要传递给函数 f()的参数。任务函数 f()的可选类型有很多，如普通函数、类成员函数、匿名函数等。

构造函数④：使用"=delete"显示删除拷贝构造，不允许线程对象之间的拷贝。

【例9.1】　使用无参数函数、有参数函数和类成员函数创建线程的方法。

```cpp
#include <iostream>
#include <thread>
#include <functional>
using namespace std;
void thread1_fun()
{
    for (int i = 0; i < 20; ++i)
        cout << "thread1..." << endl;
}
void thread2_fun(const int &N)
{
    for (int i = 0; i < N; ++i)
        cout << "thread2..." << endl;
}
class A
{
public:
    void thread_fun(const int& N)
    {
        for (int i = 0; i < N; ++i)
            cout << "thread2..." << endl;
    }
    void ThreadStart()
    {
```

```
            //在类中，第一个参数必须是 this 参数，指向本对象
            th = thread(std::bind(&A::thread_fun, this,nn));
        }
        A():nn(20)
        {
        }
        ~A()
        {
            th.join(); //等待子线程 th 退出
        }
    private:
        thread th;
        int nn;
    };
    int main(int argc, char* argv[])
    {
        thread th1(thread1_fun); //实例化一个线程对象 th1，该线程开始执行
        int nn = 20;
        thread th2(std::bind(&thread2_fun, nn));
        th1.join(); //主线程要等待子线程 th1 退出，不然会产生不可预知的后果
        th2.join(); //主线程要等待子线程 th2 退出，不然会产生不可预知的后果
        cout << "main quit..." << endl;
        return 0;
    }
```

注意：对于多线程程序，由于操作系统是根据系统运行情况进行调度的，每次运行时，系统的状况不一样，运行结果就不一样，因此就不给出运行结果了。

9.2.2　线程类的常用成员函数

thread 类还提供了很多实用的成员函数，表 9.1 中列出了几个最常用的成员函数。

表 9.1　thread 类的常用成员函数

成员函数	功能
get_id()	获取当前 thread 对象的线程 ID
joinable()	判断当前线程是否支持调用 join()成员函数
join()	阻塞当前 thread 对象所在的线程，直至 thread 对象表示的线程执行完毕，所在的线程才能继续执行
detach()	将当前线程从调用该函数的线程中分离出去，让它们彼此独立执行
swap()	交换两个线程的状态

1．get_id()

应用程序启动之后默认只有一个线程，这个线程一般称为主线程或父线程，通过线程类创建出的线程一般称为子线程，每个被创建出的线程实例都对应一个线程 ID，这个 ID 是唯一的，可以通过这个 ID 来区分和识别已经存在的线程实例，获取线程 ID 的函数叫作 get_id()，

函数原型如下：

```
id get_id() const noexcept;
```

【例 9.2】 使用 get_id()函数获取线程 ID 的示例程序。

```cpp
#include <iostream>
#include <thread>
#include <chrono>
using namespace std;
void func(int num, string str)
{
    for (int i = 0; i < 3; ++i)
    {
        cout << "子线程: i = " << i << "num: "
            << num << ", str: " << str << endl;
    }
}
void func1()
{
    for (int i = 0; i < 3; ++i)
    {
        cout << "子线程: i = " << i << endl;
    }
}
int main()
{
    cout << "主线程的线程 ID: " << this_thread::get_id() << endl;
    thread t(func, 520, "i love you");          //①
    thread t1(func1);                            //②
    cout << "线程 t 的线程 ID: " << t.get_id() << endl;
    cout << "线程 t1 的线程 ID: " << t1.get_id() << endl;
    return 0;
}
```

程序运行结果（不唯一）：

```
主线程的线程 ID: 1
线程 t 的线程 ID: 2
线程 t1 的线程 ID: 3
子线程: i =0
子线程: i = 0num: 520, str: i love you
子线程: i = 1
子线程: i = 2
子线程: i = 1num: 520, str: i love you
子线程: i = 2num: 520, str: i love you
```

在①处，thread t(func, 520, "i love you")创建了子线程对象 t，func()函数会在这个子线程

中运行。func()是一个回调函数，线程启动之后就会执行这个任务函数，编程者只需把要实现的任务写在此函数中即可。func()函数的参数是通过 thread 的参数进行传递的，520, "i love you"字符串都是调用 func()函数需要的实参。

线程类的构造函数③是一个变参函数，因此无须担心线程任务函数的参数个数问题。

任务函数 func()一般返回值指定为 void，因为子线程在调用这个函数时不会处理其返回值。

在②处，thread t1(func1)中子线程对象 t1 中的任务函数 func1()没有参数，因此在线程构造函数中就无须指定。

通过线程对象调用 get_id()就可以获得这个子线程的线程 ID，如：t.get_id()，t1.get_id()。基于命名空间 std 中的 this_thread 得到当前线程的线程 ID。

2．join()和 detach()

（1）join()函数

join 的字面意思是连接一个线程，意味着主动等待线程的终止（线程阻塞）。在某个线程中通过子线程对象调用 join()函数，当调用这个函数的线程被阻塞时，子线程对象中的任务函数依然会继续执行。当任务执行完毕后，join()函数会清理当前子线程中的相关资源并返回，同时，调用该函数的线程解除阻塞，继续向下执行。该函数的原型如下：

void join();

如果要阻塞主线程的执行，只需要在主线程中通过子线程对象调用 join()函数即可，当调用 join()函数的子线程对象中的任务函数执行完毕时，主线程的阻塞也就随之解除了。join()函数让主线程等待子线程执行结束后，再进行下一步，意思就是让主线程挂起。

【例 9.3】 在主线程中使用 join()函数的示例程序。

```cpp
#include <iostream>
#include <thread>
using namespace std;
void show()
{
    for (int i = 0; i < 5; ++i)
    {
        cout<<"i:"<<i<<endl;
    }
}
int main()
{
    thread t(show);
    cout<<"执行了 main 函数"<<endl;
    return 0;
}
```

程序运行结果：

```
执行了 main 函数
terminate called without an active exception
```

```
i:0
i:1
i:2
i:3
i:4
```

默认情况下，主线程运行结束销毁时会将与其关联的子线程一并销毁，但是这时有可能子线程中的任务还没有执行完毕。从上面的程序运行结果可以看出，主线程已经结束，而子线程仍在执行，所以产生了一个异常结束。

在上面 main()函数代码中调用 join()函数，修改如下：

```cpp
int main()
{
    thread t(show) ;        //让该线程执行上面的 show 函数
    //让主线程等子线程运行结束后，再执行下一步
    t.join();
    cout << "执行了 main()函数  " <<endl;
    return 0;
}
```

程序运行结果：

```
i:0
i:1
i:2
i:3
i:4
执行了 main()函数
```

从程序运行结果可以看出，子线程运行结束后，又继续执行了主线程 t.join()下面的代码。

（2）detach()函数

detach()函数的作用是进行线程分离，分离主线程和创建出的子线程。在子线程分离之后，它可以脱离主线程独立运行，从此和主线程再也没有任何关系。任务执行完毕后，子线程会自动释放自己占用的系统资源。该函数的原型如下：

```cpp
void detach();
```

detach()函数既没有参数，也没有返回值，编程者只需要在子线程对象创建成功后，通过线程对象调用该函数即可。

【例 9.4】 在主线程中使用 detach()函数的示例程序。

```cpp
#include <iostream>
#include <thread>
using namespace std;
void show()
{
    for (int i = 0; i < 10; ++i)
    {
```

```
        cout<<"i:"<<i<<endl;
    }
}
int main()
{
    thread t(show) ;
    t.detach();
    cout << "执行了 main()函数 " <<endl;
    return 0;
}
```

程序运行结果：

```
执行了 main()函数
i:0
i:1
i:2
i:3
i:4
```

注意：detach()函数不会阻塞线程，子线程和主线程分离之后，在主线程中就不能再对这个子线程做任何控制了，比如，通过 join()函数阻塞主线程，等待子线程中的任务执行完毕，或者调用 get_id()获取子线程的线程 ID。

9.2.3　线程类的静态函数

由于线程的调进调出也要消耗一定的资源，因此尽量使线程不被调出，才能取得更好的运行效果，基于此，thread 线程类还提供了一个静态函数，用于获取当前计算机的 CPU 核心数，根据这个结果在程序中创建出数量相等的线程。每个线程独自占有一个 CPU 核心，这些线程就不用分时复用 CPU 时间片，此时程序的并发效率是最高的。

注意：线程并不是越多越好，如果创建了大量的线程，可能会使每个线程频繁被调进调出，而任务没有被执行。

【**例 9.5**】　获取当前计算机的 CPU 核心数示例程序。

```
#include <iostream>
#include <thread>
using namespace std;
int main()
{
    int num = thread::hardware_concurrency();
    cout << "CPU number: " << num << endl;
}
```

9.3 实现线程同步

当使用多个线程来访问同一个数据时，非常容易出现线程安全问题（比如多个线程都在操作同一数据，从而导致数据不一致），C++用同步机制来解决这些问题。C++11 标准为解决"线程间抢夺公共资源"提供了多种同步方案，其中常用的是互斥锁和条件变量。

9.3.1 互斥锁

什么是互斥锁（互斥量）？举例说明，办公室有一台打印机（共享数据 a），你要用打印机（线程 1 要操作数据 a），同事王老师也要用打印机（线程 2 也要操作数据 a），但是打印机同一时间只能给一个人用，此时规定，不管是谁，在用打印机之前都要向领导申请许可证（lock），用完后再向领导归还许可证（unlock），许可证只有一个，没有许可证的人需要等着在用打印机的人用完后才能申请许可证，这个许可证就是互斥量。互斥量保证使用打印机这一过程不被打断。

C++11 标准库规定，互斥锁用 mutex 类（位于 std 命名空间中）的对象表示，该类定义在<mutex>头文件中。mutex 类提供了 lock()和 unlock()成员函数，分别完成"加锁"和"解锁"功能。

【例 9.6】 线程互斥锁示例程序。

```cpp
#include <mutex>              // std::mutex
#include <chrono>            // std::chrono::seconds()
#include <iostream>
#include <thread>                 // std::thread
using namespace std;
int n = 0;
mutex mtx;               // 定义一个 mutex 类对象，创建一个互斥锁
void threadFun()
{
    while(n<10)
    {
        //对互斥锁进行"加锁"
        mtx.lock();
        n++;
        cout << "ID" << this_thread::get_id() << " n = "<< n << endl;
        //对互斥锁进行"解锁"
        mtx.unlock();
        //暂停 1 秒
        this_thread::sleep_for(chrono::seconds(1));
    }
}

int main()
{
```

```
thread th1(threadFun);
thread th2(threadFun);
th1.join();
th2.join();
return 0;
}
```

程序运行结果为（不唯一）：

```
ID2 n = 1
ID3 n = 2
ID3 n = 3
ID2 n = 4
ID3 n = 5
ID2 n = 6
ID3 n = 7
ID2 n = 8
ID2 n = 9
ID3 n = 10
```

程序中，访问公共变量 n 的线程有 2 个，为了避免它们之间竞争资源，我们对 threadFun() 函数中访问变量 n 的过程引入了互斥锁机制。

如果不使用互斥锁机制，运行结果可能如下：

```
ID2 n = 1
ID3 n = 2
ID3 n = 3
ID2 n = 3
ID3 n = 4
ID2 n = 5
ID2 n = 7
ID3 n = 6
ID2 n = 8
ID3 n = 9
ID2 n = 10
```

从运行结果中可以看出，多个线程都在操作同一数据公共变量 n，导致数据不一致。

基于 RAII（Resource Acquisition Is Initialization，资源获取初始化），C++11 提供了两个使用互斥锁的模板：

std::lock_guard，与 Mutex RAII 相关，方便线程对互斥量上锁。

std::unique_lock，与 Mutex RAII 相关，以独占所有权的方式（unique owership）操控 mutex 对象的上锁和解锁操作。

下面以 std::unique_lock 为例，介绍互斥锁的使用方法。

【例 9.7】 std::unique_lock 示例程序。

```
#include <iostream>
#include <thread>
```

```cpp
#include <mutex>
std::mutex mt;
int nTotal = 0;
void task_a()
{
    for (int n = 0; n < 1000; n++)
    {
        std::unique_lock<std::mutex> lck1(mt);
        //生成对象 lck1，调用其构造函数而加锁 mt
        nTotal += n;
        //此处，系统调用销毁对象 lck1，调用其析构函数而解锁 mt
    }
}
int main()
{
    std::thread th1(task_a);
    std::thread th2(task_a);
    th1.join();
    th2.join();
    return 0;
}
```

9.3.2 条件变量

在多线程编程中，常常使用条件变量来等待某个事件的发生。

C++11 标准库中提供了两种表示条件变量的类，分别是 condition_variable 和 condition_variable_any，它们都定义在<condition_variable>头文件中。为了避免线程间抢夺资源，条件变量通常和互斥锁搭配使用，condition_variable 类表示的条件变量只能和 unique_lock 类表示的互斥锁搭配使用，能够用来阻塞一个线程或者同时阻塞多个线程，直到另外一个线程在相同的scondition_variable 对象上调用了 notification 函数，来唤醒当前线程。而 condition_variable_any 类表示的条件变量可以和任意类型的互斥锁（如递归互斥锁、定时互斥锁等）搭配使用。

这里以 condition_variable_any 为例，讲解 C++11 标准库中条件变量的基本用法。每个 condition_variable_any 类的对象都表示一个条件变量，该类提供的成员函数如表 9.2 所示。

表 9.2　条件变量常用函数

成员函数	功能
wait()	阻塞当前线程，等待条件成立
wait_for()	阻塞当前线程的过程中，该函数会自动调用 unlock()函数解锁互斥锁，从而令其他线程使用公共资源。当条件成立或者超过了指定的等待时间（比如 3 秒），该函数会自动调用 lock() 函数对互斥锁加锁，同时令线程继续执行
wait_until()	和 wait_for()功能类似，不同之处在于，wait_until()函数可以设定一个具体时间点（如 2021 年 4 月 8 日的某个具体时间），当条件成立或者等待时间超过了指定的时间点，函数会自动对互斥锁加锁，同时线程继续执行
notify_one()	向其中一个正在等待的线程发送"条件成立"的信号
notify_all()	向所有等待的线程发送"条件成立"的信号

当 condition_variable_any 对象的某个 wait()函数被调用时，它使用 lock（通过 mutex）来锁住当前的线程，当前的线程会被系统调入阻塞线程（blocking thread）队列，一直被阻塞（进入睡眠等待状态），直到有其他的线程在同一个 condition_variable 对象上调用 notify 等相关函数来唤醒它。

【例 9.8】 使用条件变量实现线程同步的示例程序。

```cpp
#include <iostream>
#include <thread>                        // std::thread
#include <mutex>                         // std::mutex, std::unique_lock
#include <condition_variable>            // std::condition_variable_any
#include <chrono>                        // std::chrono::seconds()
using namespace std;
mutex mtx;                               //创建一个互斥锁
condition_variable_any cond;             //创建一个条件变量
void print_id()
{
    mtx.lock();
    //阻塞线程，直至条件成立
    cond.wait(mtx);
    cout << "----threadID " << this_thread::get_id() <<" run" << std::endl;
    //等待 2 秒
    this_thread::sleep_for(chrono::seconds(2));
    mtx.unlock();
}

void go()
{
    cout << "go running\n";
    //阻塞线程 2 秒
    this_thread::sleep_for(chrono::seconds(2));
    //通知所有等待的线程条件成立
    cond.notify_all();
}
int main()
{
    //创建 4 个线程执行 print_id()函数
    std::thread threads[4];
    for (int i = 0; i < 4; ++i)
        threads[i] = thread(print_id);
    //执行 go()函数唤醒所有线程
    go();
    //等所有线程执行完，主线程才能继续执行
    for (auto& th : threads)
    {
        th.join();
```

```
        }
        return 0;
    }
```

程序运行结果为：

```
go running
—threadID 2 run
—threadID 4 run
—threadID 5 run
—threadID 3 run
```

在程序中创建 4 个子线程，使用 condition_variable_any 对象 cond 的 wait(mtx)函数使 4 个子线程进入阻塞状态，在主线程中调用 go()函数，通过 cond.notify_all()唤醒 4 个子线程。

9.4　综合应用实例

生产者消费者问题是多线程并发中一个非常经典的问题，分四种情况，分别为：单生产者-单消费者模型，单生产者-多消费者模型，多生产者-单消费者模型，多生产者-多消费者模型。本节给出其中最简单的模型：单生产者-单消费者模型。

单生产者-单消费者模型分别有一个生产者和一个消费者，生产者向产品库中放入产品，消费者则从产品库中取走产品，产品库采用先进先出机制，且有一定的容积限制。就可能存在以下情况：

（1）对于生产者而言，如果生产产品的速度较快，而消费者取出产品的速度较慢，当产品数量超过产品库的容积限制时，生产者再放入产品时需要等待，直到消费者取出产品之后，产品库腾出一定的容积，生产者才能继续往产品库中放置新的产品；

（2）对于消费者，如果消费者取走产品的速度较快，则可能面临产品库中没有产品可取出的状态，此时需要等待生产者放入产品后，即产品库不空的情况下，消费者才能继续取出产品。

C++11 实现单生产者-单消费者模型的代码如下：

```
#include<iostream>
#include<thread>
#include<queue>
#include<condition_variable>
#include<mutex>
using namespace std;
std::mutex mut;//该 mutex 会被 condition_variable 使用
std::queue<int> data_queue;//在生产者线程和消费者线程间传递数据
const  int nNmax = 10;    //假定产品库最大值为 10
std::condition_variable con_not_full, con_not_empty;
bool bRun = true;

void Consumer_fun()//生产者
{
    for (int i = 1; i < 1000; ++i)
```

```cpp
        {
            std::unique_lock<std::mutex> lk(mut);//这里可以用 lock_guard 或者 unique_lock
            con_not_full.wait(lk, [] {return data_queue.size()< nNmax; });
            //lambda 表达式用于检测 queue 的值是否小于 nMax，这里可以是任意的函数对象
            data_queue.push(i);//
            con_not_empty.notify_one();//唤醒一个阻塞在条件变量的线程，若有多个阻塞线程，会选
择一个来唤醒；若没有阻塞的线程则什么也不做
        }
    }
    void Producer_fun()//消费者
    {
        while (bRun)//不断消费
        {
            int data;
            {
                std::unique_lock<std::mutex> lk(mut);
                con_not_empty.wait(lk, [] {return !data_queue.empty(); });
                //lambda 表达式用于检测 queue 是否为空，这里可以是任意的函数对象
                auto d = data_queue.front();
                data_queue.pop();
                con_not_full.notify_one();
                data = move(d);//本例中是整数，不需要，如果是大对象则非常需要
            }//这里已经解锁，因为仅需要对队列加锁
            cout << data << std::endl;//解锁之后，对数处理
        }
    }
    int main() {
        thread thread_Consum, thread_Producer;
        thread_Consum = thread(Consumer_fun);
        thread_Producer = thread(Producer_fun);
        thread_Consum.join();
        thread_Producer.join();
        system("pause");
        return 0;
    }
```

习题 9

1．启动两个相同的线程函数，同时对一个变量进行累加，分别比较加锁和不加锁状态下，变量的累加结果。

2．实例中的使用条件是产品库库存量有限情况下的生产者和消费者的情况，实际上，应用队列技术可以在产品库库存量无限的情况下求出生产者和消费者的情况，试着编写程序。

第 *10* 章

C++数据库技术

C++ 通过使用 ODBC、ADO 或数据库本身的 API 函数，可以方便地操作各种主流数据库。本章以 MySQL 为例讲解数据库知识和 SQL 基本语法结构，并详细介绍 C++连接 MySQL 数据库及操作数据的过程。

通过对本章的学习，应该重点掌握以下内容：

➢ 主流关系型数据库的特点。

➢ SQL 的功能。

➢ C++数据库访问技术。

10.1 数据库概述

数据库，顾名思义，就是存放数据的仓库。只是这个仓库不仅是存储在计算机存储设备上的，而且是按照一定的格式存储数据的。数据库（Database，简称 DB）是长期存储在计算机内、有组织的、可共享的大量数据的集合。数据库中的数据，按一定的数据模型组织、描述和存储，具有较小的冗余度、较高的独立性和扩展性，并为各种用户所共享。概括来说，数据库具有永久存储、有组织和可共享三个基本特点。

数据库是数据的集合，数据有多种表现形式，可以是数字、文本、图像、音频、视频等，按统一的结构形式存放于统一的存储介质内，是多种应用数据的集成。常用的关系型数据库有 Microsoft SQL Server、Oracle、MySQL、Microsoft Access 等。

关系型数据库，即其存储格式可以直观地反映实体间的关系。关系型数据库和常见的表格比较类似，关系型数据库中表与表之间有很多复杂的关联关系。常见的小型关系型数据库有 MySQL、SQL Server等。在轻量或者小型的应用中，使用不同的关系型数据库对系统的性能影响不大，但是在构建大型应用时，则需要根据应用的业务需求和性能需求，选择合适的关系型数据库。

10.1.1 主流关系型数据库的特点

每种关系型数据库都有一定的适用范围和优缺点，下面简单介绍一下常用主流关系型数据库的适用范围和优缺点。

1. Microsoft SQL Server

Microsoft SQL Server 是真正的客户机/服务器体系结构数据库，具有图形化的用户界面，系统管理和数据库管理更加直观、简单和方便，丰富的编程开发接口为用户进行程序设计提供了更大的选择余地。与 Windows 系统完全集成，安装在其他操作系统下比较困难，但使用过程简单、便捷，适用于中小型项目的开发。

2. Oracle

Oracle 数据库的稳定性强，兼容性好，主流的操作系统都可以安装，安全控制能力比较强，有一系列的安全控制机制，对大体量数据的处理能力强，运行速度较快，对数据有完整的恢复和备份机制，但其易用性和友好性方面没有 SQL Server 强，主要适用于大型项目的开发，目前在大型数据库市场上占据主流地位。

3. MySQL

MySQL 是一个跨平台的开源的关系型数据库管理系统，其结构简单、体积小、速度快、总体拥有成本低。尤其是源码开放这一特点，使许多中小型网站为了降低网站总体拥有成本而选择 MySQL 作为网站数据库，目前 MySQL 被广泛地应用在 Internet 上的中小型网站中。

4．Microsoft Access

Microsoft Access 数据库比较小，使用方便、快捷，用于小型项目的程序开发，便于部署。

10.1.2　MySQL 数据库

下面我们重点介绍 MySQL 数据库。

MySQL 是一个关系型数据库管理系统，由天才程序员 Monty Widenius 开发，是目前最受欢迎的开源数据库管理系统，并且已连续数年成功应用于高要求的生产环境。MySQL 提供了丰富而有用的功能集。它的连接性、速度、安全性使它非常适合应用于 Internet 上的数据库。MySQL 使用最常用的数据库管理语言——结构化查询语言（Structured Query Language，SQL）进行数据库管理。

1．通过命令行方式使用 MySQL

安装 MySQL 数据库后，可以通过点击"所有程序"→"MySQL"→"MySQL Server 8.0"→"MySQL 8.0 Command Line Client"，然后输入登录密码，进入命令行界面，如图 10.1 所示。在命令行界面可以正常使用 SQL 语句选择数据库、创建数据库，以及对表进行各项操作。

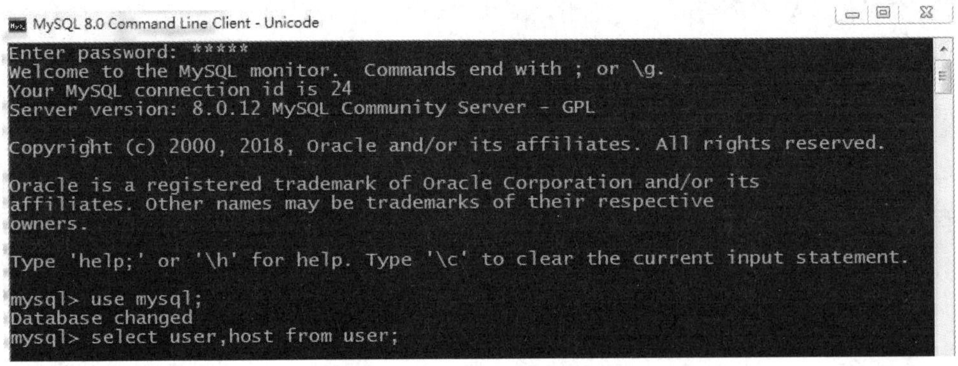

图 10.1　MySQL 命令行界面

2．使用 Navicat 管理 MySQL 数据库

Navicat 是一款专业的、功能强大的图形化数据库管理和开发工具，可以管理 MySQL、MariaDB、MongoDB、SQL Server、Oracle、PostgreSQL 和 SQLite 数据库，与国内外很多大型企业的云数据库兼容，对于新用户来说，也易于学习。Navicat Premium 可以用于管理相关数据库，其也有针对 MySQL 数据库的工具，如 Navicat for MySQL。Navicat for MySQL 能提供可视化的管理界面工具，有效降低开发成本，提升开发效率。

进入 Navicat 的官方下载页面，进行下载、安装，安装成功后，其运行主界面如图 10.2 所示。

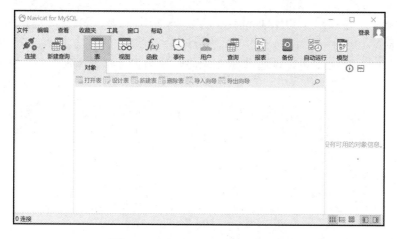

图 10.2　Navicat for MySQL 主界面

在图 10.3 中，选择"文件"→"新建连接"→"MySQL"，打开如图 10.4 所示 MySQL 服务器连接配置页面，输入连接名 mydatabase 和安装时设置的登录密码。配置成功后，单击"确定"按钮，就可以通过 Navicat for MySQL 登录到 MySQL 服务器进行相应操作。

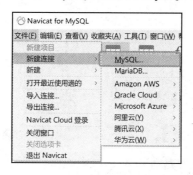

图 10.3　新建连接

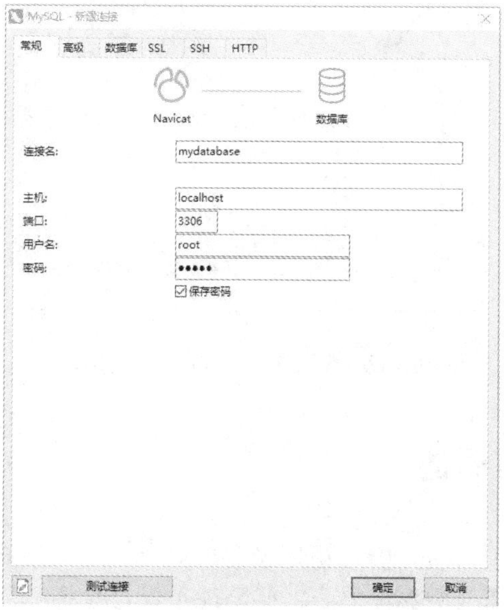

图 10.4　服务器连接配置页面

在 Navicat 中创建数据库 FirstDatabase，选择新建的连接 mydatabase，单击右键，选择"新建数据库"，如图 10.5 所示。在弹出的"新建数据库"窗口中输入数据库名 FirstDatabase，如图 10.6 所示。在 Navicat 中也可以通过 SQL 命令创建数据库、表和其他各项操作，在后面的内容中将详细介绍。

图 10.5　新建数据库

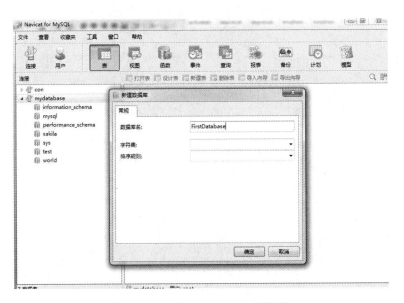

图 10.6　新建 FirstDatabase 数据库

10.2　SQL 语言概述

SQL（Structured Query Language，结构化查询语言）是关系数据库的标准语言，也是一个通用的、功能极强的关系型数据库语言。其功能不仅是查询，还包括数据库创建、删除和修改，以及数据的插入、删除、修改、数据安全性和完整性的定义和控制等。

10.2.1 SQL 的主要功能

（1）数据定义

定义数据库的逻辑结构，包括定义基本表、视图和索引，还包括对基本表、视图、索引的修改与删除。

基本表是数据库中独立存在的表，通常简称为表。在 SQL 中，一个关系就对应一个基本表，一个或多个基本表对应一个存储文件，一个基本表可以有多个索引，索引也保存在存储文件中。一个数据库中可以有多个基本表，视图则是由一个或多个基本表导出的表。

数据定义功能是通过数据定义语言（DDL）实现的，数据定义的 SQL 语言关键字包括 CREATE、DROP 和 ALTER。

（2）数据操作

主要包括数据查询和数据更新操作。数据查询是数据库应用中最常用、最重要的操作；数据更新则包括对数据库中数据的增加、修改和删除操作。

数据操纵功能是通过数据操纵语言（DML）实现的，数据操纵的关键字有 SELECT、INSERT、UPDATE 和 DELETE。

（3）数据控制

主要是对数据的访问权限进行控制，包括对数据库的访问权限设置、事务管理、安全性和完整性控制等。

数据控制功能是通过数据控制语言（DCL）实现的，数据控制的关键字包括 GRANT 和 REVOKE。

10.2.2 数据库与表的管理

数据库是用来存储数据对象的，是整个数据管理的基础，数据表、视图、索引和存储过程等所有对象都存储在数据库中。

1. 创建数据库

在 MySQL 中，是通过 SQL 语句 Create DATABASE 或 Create SCHEMA 命令来创建数据库的。

创建数据库的语法格式为：

```
CREATE DATABASE|SCHEMA    [IF NOT EXISTS] DB_NAME
[CHARACTER SET charset_name]
[COLLATE collation_name]
CHARACTER SET charset_name 指定字符集，默认不写；
COLLATE collation_name 校验规则，默认不写；
```

注意：数据库名称唯一，既不能重复，也不能使用数据库关键字。

【例 10.1】 创建一个名为 FirstDatabase 的数据库，SQL 语句如下：

CREATE DATABASE FirstDatabase 或 CREATE DATABASE IF NOT EXISTS FirstDatabase

如果不加 IF NOT EXISTS，再次创建同名数据库时会出错，加此语句后，先判断同名数据库是否存在，如果不存在了，再创建数据库就不会出现系统错误。在 mydatabase 连接中，双击任何数据库，然后选择工具栏中的"查询"→"新建查询"，在新建查询中输入上面的 SQL 语句，接着单击"运行"，界面如图 10.7 所示。

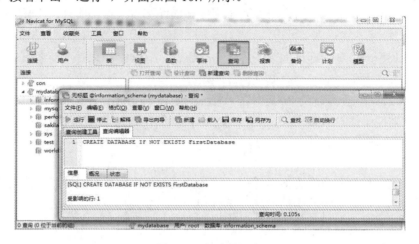

图 10.7　创建数据库

查看所有数据库的语法格式如下：

SHOW DATABASES

【例 10.2】　查看是否存在创建的 FirstDatabase 数据库，SQL 语句如下：

SHOW DATABASES

2．选择数据库

数据表是存储在数据库中的，由于 MySQL 服务器中可以同时存储多个数据库，因此在对数据表进行操作前，首先需要选择数据库。

其语法格式如下：

USE DB_NAME

参数 DB_NAME 为数据库名。

【例 10.3】　选择 FirstDatabase 数据库作为当前数据库，SQL 语句如下：

USE FirstDatabase

3．删除数据库

删除数据库是指将数据库系统中已经存在的数据库删除，删除数据库后，原来分配的空间将被收回。在删除数据库时，会删除数据库中的所有对象，因此，删除数据库时需要慎重。

删除数据库的语法格式如下：

DROP DATABASE [IF EXISTS] DB_NAME;

【例 10.4】　删除数据库 FirstDatabase，SQL 语句如下：

DROP DATABASE FirstDatabase 或 DROP DATABASE IF EXISTS FirstDatabase

4．创建表

数据库创建成功后，就需要创建数据表，数据表是数据库中的基本对象，需要注意的是，在设计表之前应该使用"USE 数据库"决定操作在哪个数据库中进行。表由列和行组成，列是表数据的描述，行是表数据的实例。一个表由若干字段组成，表的操作包括创建、修改和删除。

创建数据库表的 SQL 基本语法格式如下：

> CREATE TABLE 表名
>   （<列名> <数据类型>[<完整性约束条件>]
>   [，<列名> <数据类型>[<完整性约束条件>]] …
>   ）；

根据项目需要选择合适的数据类型和长度，完整性约束条件是指主键、外键或定义的用户约束。

【例 10.5】 在 FirstDatabase 数据库下创建一个用户信息 userinfo 表，有编号 ID 主码、姓名 Sname、电话 Tel 和邮箱 Email。

> USE FirstDatabase;
> CREATE TABLE userinfo(ID int auto_increment PRIMARY KEY, Sname CHAR(20),
> Tel CHAR(11), Email CHAR(30))

10.2.3　数据更新

1．插入数据

MySQL 数据库使用 INSERT 为指定字段插入数据。向表中插入数据的语法格式如下：

> INSERT INTO 表名（字段名 1,字段名 2,…,字段名 n）values(值 1,值 2,…,值 n)

【例 10.6】 为 userinfo 表中的部分列插入数据。

> INSERT INTO userinfo (ID,Sname, Email) values(3,'李欣欣', 'xinxili@zut.edu.cn')

2．更新数据

更新数据是指对表中的数据进行修改，这是数据库中常见的操作，比如某个用户修改了电话，就需要对他的电话信息进行修改，MySQL 使用 UPDATE 语句来更新表中的记录，基本的语法格式如下：

> Update 表名 SET 字段名 1=值 1，字段名 2=值 2, …[WHERE 条件表达式]

在上述表达式中，字段名 1，字段名 2 指用于修改的字段名，并设置修改后的字段值，如果没有 WHERE 条件，就修改所有的记录；如果有 WHERE 条件，则只修改符合条件的记录。

【例 10.7】 将李欣欣同学的电话号码由 13566666668 修改为 18566666668。

> Update userinfo set Tel='18566666668' WHERE Sname='李欣欣'

3．删除数据

删除数据也是数据库的常见操作，比如，某个用户不再使用系统了，就需要把他的信息从用户信息表中删除。在 MySQL 中使用 delete 语句来删除数据，语法格式如下：

DELETE FROM 表名
[WHERE 条件表达式]

如果没有 WHERE 条件，就把所有的记录删除；如果有 WHERE 条件，则只删除符合条件的记录。

【例 10.8】 删除用户名为"钱一"的用户的所有信息。

DELETE FROM userinfo WHERE Sname='钱一'

10.2.4 Select 语句的使用

1．查询语句结构

从数据表中查询数据的基本语句是 select，在 select 语句中可以根据对数据的需求使用不同的查询条件，其语法格式如下：

SELECT [ALL | DISTINCT]<目标列表表达式>[,<目标列表达式>]…
FROM<表名或视图名>[,<表名或视图名>…] | (SELECT 语句>)[AS]<别名>
[WHERE<条件表达式>]
[GROUP BY<列名 1>[HAVING<条件表达式>]]
[ORDER BY<列名 2>[ASC | DESC]]
[LIMIT 子句];

2．选择表中的若干列

选择表中的若干列，是指从列的角度来选择并完成数据的筛选。

（1）查询指定列

【例 10.9】 查询学生表中的个人信息编号和姓名。

SELECT ID,Sname FROM userinfo

（2）查询所有列

查询所有列有两种方式，一种是使用通配符"*"来查询，另外一种是列出该表中的所有字段名。

【例 10.10】 查询全部用户的详细记录。

SELECT * FROM userinfo
或者
SELECT ID,Sname,Tel,Email FROM userinfo

3. 选择表中的若干组

1）消除重复行

使用 DISTINCT 关键字，可以消除重复行。

2）条件查询

查询满足指定条件的元组，可以通过 WHERE 子句实现，WHERE 子句中常用的查询条件如表 10.1 所示。

表 10.1　查询条件谓词表

查询条件	谓词
比较	=，>，<，>=，<=，!=，<>，!>，!<；NOT+上述比较运算符
确定范围	BETWEEN AND，NOT BETWEEN AND
确定集合	IN，NOT IN
字符匹配	LIKE，NOT LIKE
空值	IS NULL，IS NOT NULL
多重条件（逻辑运算）	AND，OR，NOT

（1）BETWEEN…AND 查询

确定范围既可以使用>=或<=，也可以使用 BETWEEN…AND…和 NOT BETWEEN…AND。

【例 10.11】　查询编号在 2~4 之间的全部用户信息。

    SELECT * FROM userinfo WHERE ID>= 2 AND ID<=4
    SELECT * FROM userinfo WHERE ID BETWEEN 2 AND 4 //使用 BETWEEN…AND 方式

注意：BETWEEN…AND 既包括上限值，也包括下限值。

（2）IN 关键字查询

IN 关键字可以判断某个字段的值是否在指定的集合内，如果字段的值在集合中，则满足查询条件，记录将被查询出来；如果不在集合中，则不满足查询条件。

语法格式：

    SELECT 字段名,...FROM 表名或视图名
    WHERE 字段名 [NOT]IN（元素 1，元素 2,...,元素 n）

【例 10.12】　查询编号是 1、2、3 的全部用户的信息。

    SELECT * FROM userinfo WHERE ID IN(1, 2,3);

（3）字符匹配

谓词 LIKE 可以用来进行字符串的匹配。其一般语法格式如下：

    LIKE '<匹配串>'

其含义是查找指定的属性列值与<匹配串>相匹配的元组。<匹配串>可以是一个完整的字符串，也可以含有通配符"%"和"_"。其中%（百分号）代表任意长度（长度可以为 0）的

字符串。例如：a%b 表示以 a 开头，以 b 结尾的任意长度的字符串。如 acb、addgb 或 ab 等。_（下画线）代表任意单个字符。例如：a_b 表示以 a 开头，以 b 结尾的长度为 3 的任意字符串。如 acb、agb 等。

【例 10.13】 查询所有姓张的用户信息。

SELECT * FROM userinfo WHERE Sname LIKE '张%'

【例 10.14】 查询所有姓张且名字是一个字的用户信息。

SELECT * FROM userinfo WHERE Sname LIKE '张_'

4．ORDER BY 子句

用户可以用 ORDER BY 子句对查询结果按照一个或多个属性列（多个属性列用逗号隔开）的升序（ASC）或降序（DESC）排列，默认值为升序。

【例 10.15】 查询用户信息，按 ID 编号降序排列。

SELECT * FROM userinfo ORDER BY ID DESC

5．聚集函数

为了进一步方便用户，增强检索功能，SQL 提供了许多聚集函数，如表 10.2 所示。

表 10.2　SQL 提供的聚集函数

函数名	功能
COUNT(*)	统计元组个数
COUNT([DISTINCT|ALL]<列名>)	统计一列中值的个数
SUM([DISTINCT|ALL]<列名>)	计算一列值的总和（此列必须是数值型）
AVG([DISTINCT|ALL]<列名>)	计算一列值的平均值（此列必须是数值型）
MAX([DISTINCT|ALL]<列名>)	求一列值中的最大值
MIN([DISTINCT|ALL]<列名>)	求一列值中的最小值

【例 10.16】 查询用户总人数。

SELECT COUNT(ID) FROM userinfo

6．GROUP BY 子句

GROUP BY 子句可以将查询结果按某列的值分组，值相等的为一组。其语法格式如下：

GROUP BY 字段名

【例 10.17】 电话号码为办公室固定电话时，查询每个办公室固定电话下的用户数。

SELECT COUNT(ID) FROM userinfo GROUP BY Tel

10.3　C++数据库编程

10.3.1　C++数据库访问技术

C++提供了 4 种不同的技术来访问数据库：

- ODBC(Open Database Connectivity)
- DAO(Data Access Objects)
- OLE DB
- ADO (ActiveX Data Objects)

（1）开放数据库互联 ODBC 是微软公司开放服务结构中有关数据库的一个组成部分，它建立了一组规范，并提供了一组对数据库访问的标准应用程序编程接口 API（应用程序编程接口）。

一个基于 ODBC 的应用程序对数据库的操作不依赖于任何 DBMS，不直接与 DBMS 打交道，所有的数据库操作都由对应的 DBMS 的 ODBC 驱动程序完成。ODBC 的最大优点是能以统一的方式处理所有的数据库。但由于 ODBC 只能用于关系数据库，所以利用 ODBC 很难访问对象数据库及其他非关系数据库。由于 ODBC 是一种底层访问技术，因此，ODBC API 可以使客户应用程序从底层设置和控制数据库，实现一些高层数据库技术无法实现的功能。

（2）DAO 提供了一种通过程序代码创建和操纵数据库的机制。多个 DAO 构成一个体系结构，在这个结构中，各个 DAO 对象协同工作。

（3）OLE DB 基于 COM 接口。因此，OLE DB 对所有的文件系统（包括关系数据库和非关系数据库）都提供了统一的接口。这些特性使得 OLE DB 技术比传统的数据库访问技术更加优越。与 ODBC 技术相似，OLE DB 属于数据库访问技术中的底层接口。

（4）ADO 技术是基于 OLE DB 的访问接口，它继承了 OLE DB 技术的优点，并且 ADO 对 OLE DB 的接口做了封装，定义了 ADO 对象，使程序开发得到简化，ADO 技术属于数据库访问的高层接口。

上述各种技术各有优缺点，C++连接 MySQL 数据库除上面四种技术外还采用 Connector/C++和 MySQL 本身的 API 函数，从开发和运行效率方面来看，MySQL 本身的 API 函数开发过程更简单和高效。

下面介绍通过 MySQL 本身的 API 函数如何进行数据库连接和操作，以 Visual Studio 2019 配置数据库和编写代码为例。

10.3.2　Visual Studio 连接 MySQL 配置

（1）打开 Visual Studio 2019，将调试平台改为 x64，如图 10.8 所示。

（2）配置 MySQL 连接库。

右击"项目"→"属性"→"VC++目录"→"可执行文件目录"，找到数据库安装位置，将数据库安装路径下的 include 的路径复制到可执行目录中，将数据库安装路径下的 lib 路径复制到库目录下，如图 10.9 所示。

图 10.8　设置调试平台

（3）右击"项目"→"属性"→"C/C++"→"附加包含目录"，将数据库安装路径下的 include 路径复制到附加包含目录中，如图 10.10 所示。（注意：在本步骤中可能找不到"属性"下的"C/C++"选项，在项目中新建一个源文件，然后直接按下"Ctrl+F5"运行，这样会出现"C/C++"选项）。

（4）右击"项目"→"属性"→"链接器"→"常规"→"附加库目录"，将 lib 路径复制到附加库目录中，如图 10.11 所示。

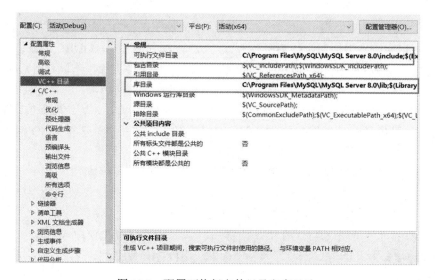

图 10.9　配置可执行文件目录和库目录

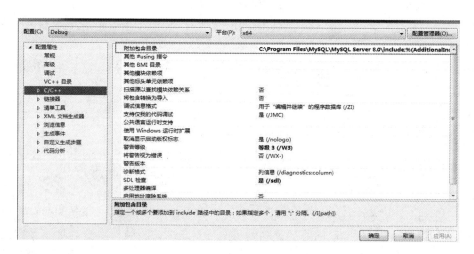

图 10.10　配置附加包含目录

图 10.11　附加库目录

（5）右击"项目"→"属性"→"链接器"→"输入"→"附加依赖项"，将 libmysql.lib 添加到附加依赖项中，如图 10.12 所示。

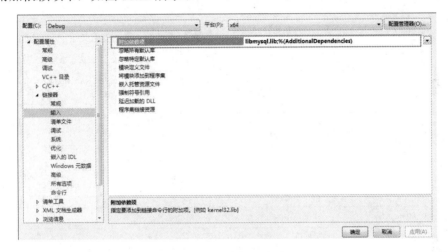

图 10.12　附加依赖项

10.3.3　MySQL 常用的 API 函数和变量类型

MySQL 常用的部分 API 函数如表 10.3 所示。

表 10.3　MySQL 常用的部分 API 函数

函数名	函数作用
mysql_real_connect()	连接一个 MySQL 服务器
mysql_close()	关闭一个服务器连接
mysql_affected_rows()	返回被最新的 UPDATE、DELETE 或 INSERT 查询影响的行数
mysql_change_user()	改变一个打开的连接上的用户和数据库
mysql_data_seek()	在一个查询结果集合中搜索任意行
mysql_drop_db()	删除一个数据库。不推荐该函数，可以使用 SQL 命令 DROP DATABASE

函数名	函数作用
mysql_eof()	确定是否已经读到一个结果集合的最后一行
mysql_error()	返回最近被调用的 MySQL 函数的出错消息
mysql_fetch_field()	返回下一个表字段的类型
mysql_fetch_field_direct ()	返回一个表字段的类型，给出一个字段编号
mysql_fetch_fields()	返回一个所有字段结构的数组
mysql_fetch_lengths()	返回当前行中所有列的长度
mysql_fetch_row()	从结果集合中取得下一行
mysql_field_seek()	把列光标放在一个指定的列上
mysql_field_count()	返回最近查询的结果列的数量
mysql_field_tell()	返回用于最后一个 mysql_fetch_field()的字段光标的位置
mysql_free_result()	释放一个结果集合使用的内存
mysql_info()	返回关于最近执行的查询的信息
mysql_init()	获得或初始化一个 MYSQL 结构
mysql_use_result()	初始化一个一行一行的结果集合的检索
mysql_thread_id()	返回当前线程的 ID
mysql_store_result()	检索一个完整的结果，集合给客户
mysql_stat()	返回作为字符串的服务器状态
mysql_shutdown()	关掉数据库服务器
mysql_list_fields()	返回匹配一个简单的正则表达式的列名
mysql_select_db()	连接一个数据库
mysql_real_query()	执行指定为带计数的字符串的 SQL 查询
mysql_query()	执行指定为一个空结尾的字符串的 SQL 查询
mysql_num_rows()	返回一个结果集合中行的数量
mysql_num_fields()	返回一个结果集合中列的数量

MySQL 操纵数据库所用到的变量类型如表 10.4 所示。

表 10.4 MySQL 操纵数据库所用到的变量类型

类型	解析
MYSQL	数据库句柄
MYSQL_RES	查询结果集
MYSQL_ROW	记录结果集结构体

10.3.4 C++通过 MySQL 的 API 函数操作数据的过程

前面已经创建数据库 FirstDatabase，并且在此数据库中创建了 userinfo 用户信息表，我们以此为例进行数据连接和相关操作。

扫描二维码查看 C++通过 MySQL 的 API 函数操作数据的 过程完整项目源代码

1．定义数据库连接

（1）C++操作 MySQL 数据库，需要首先初始化数据库句柄。

（2）为了避免中文乱码，设置字符编码格式。

（3）设置数据库连接，在连接时提供数据库服务器 IP、用户名、密码、连接的数据库名、端口号等信息。

（4）根据返回的数据库结果集 ret 是否为空，判断数据库连接是否成功。

```cpp
bool connectDB(MYSQL& mysql)
{
    mysql_init(&mysql);// 1.初始化数据库句柄
    mysql_options(&mysql, MYSQL_SET_CHARSET_NAME, "gbk");// 2.设置字符编码
    MYSQL* ret = mysql_real_connect(&mysql, "127.0.0.1", "root", "xf123", "firstdatabase", 3306, NULL, 0);// 3.连接数据库
    if (ret == NULL)
    {
        cout << "数据库连接失败！"<< mysql_error(&mysql);
        return false;
    }
    return true;
}
```

2．释放资源

操作完 MySQL 数据库后，需要释放一个结果集 C++使用的内存，关闭服务器连接。

```cpp
void FreeConnect()
{
    mysql_free_result(res);   //释放一个结果集使用的内存
    mysql_close(&mysql); //关闭服务器连接
}
```

3．数据查询

（1）连接 MySQL 数据库后，通过 mysql_real_query()执行 SQL 查询语句，获取结果集，也就是查询结果。

（2）输出显示时可以循环使用 mysql_fetch_row()，从结果集中取出一行（一个记录）输出。

（3）循环结束后释放内存资源，关闭服务器连接。

```cpp
bool selectData()
{
    MYSQL mysql;            //数据库句柄
    MYSQL_RES* res;         //查询结果集
    MYSQL_ROW row;          //记录结构体
    char sql[SQL_MAX];      // SQL 语句
    //连接数据库
    if (!connectDB(mysql))
    {
```

```
        return false;
    }
    snprintf(sql, SQL_MAX, "SELECT * FROM userinfo;");
    int ret = mysql_real_query(&mysql, sql, (unsigned long)strlen(sql));//执行查询语句
    if (ret)
    {
        cout << "数据查询失败！"<< mysql_error(&mysql)<<endl;
        return false;
    }
    res = mysql_store_result(&mysql);        //获取结果集
    while (row = mysql_fetch_row(res))       //获取数据
    {
        cout << atoi(row[0]);                //主键字段
        cout << " "<< row[1];
        cout << " "<< row[2];
        cout << " "<< row[3];
        cout << endl;
    }
    FreeConnect();
    return true;
}
```

4．插入数据

连接 MySQL 数据库后，通过 mysql_real_query()执行 SQL 插入语句，根据返回结果判断是否插入成功。

```
bool insertData(int id, char* sname, char* tel, char* Email)
{
    MYSQL mysql;
    char sql[SQL_MAX];
    if (!connectDB(mysql)) {return false;}
    snprintf(sql, SQL_MAX, "INSERT INTO userinfo VALUES(%d, '%s', '%s', '%s');", id, sname, tel,
    Email);
    cout<<"插入 sql 语句： "<< sql << endl;
    int ret = mysql_real_query(&mysql, sql, (unsigned long)strlen(sql));
    if (ret)
    {
        cout << "插入表数据失败！失败原因： " << mysql_error(&mysql);
        return false;
    }
    selectData();
    cout<<"插入表数据成功！ "<<endl;
    FreeConnect();
    return true;
}
```

5．修改数据

连接 MySQL 数据库后，通过 mysql_real_query()执行 SQL 更新语句，根据返回结果判断是否修改成功。

```
bool updateData(int id, char* tel)
{
        MYSQL mysql;
        char sql[SQL_MAX];
        if (!connectDB(mysql))
        {
            return false;
        }
        snprintf(sql, SQL_MAX, "UPDATE userinfo SET tel= '%s' WHERE id = %d;", tel, id);
        cout << "修改 sql 语句：" << sql << endl;
        int ret = mysql_real_query(&mysql, sql, (unsigned long)strlen(sql));
        if (ret)
        {
            cout << "数据修改失败！失败原因：" << mysql_error(&mysql) << endl;
            return false;
        }
        selectData();
        cout<<"修改表数据成功！";
        FreeConnect();
        return true;
}
```

6．删除数据

连接 MySQL 数据库后，通过 mysql_real_query()执行 SQL 删除语句，根据返回结果判断是否删除成功。

```
bool delData(int id)
{
    MYSQL mysql;
    char sql[SQL_MAX];
    if (!connectDB(mysql))
    {
        return false;
    }
    snprintf(sql, SQL_MAX, "DELETE FROM userinfo WHERE id = %d;", id);
    cout << "删除 sql 语句：" << sql << endl;
    int ret = mysql_real_query(&mysql, sql, (unsigned long)strlen(sql));
    if (ret)
    {
        cout << "删除表数据失败！失败原因：" << mysql_error(&mysql);
        return false;
    }
    selectData();
    cout<<"删除表数据成功！"<<endl;
    FreeConnect();
    return true;
}
```

7．项目头文件、主函数及相关定义

```cpp
#include <stdio.h>
#include <mysql.h> // mysql 文件
#include <iostream>
using namespace std;
#define SQL_MAX 512                // sql 语句字符数组最大值
MYSQL mysql;
MYSQL_RES* res; //这个结构代表返回行的一个查询结果集
bool connectDB(MYSQL& mysql);//连接数据库
void FreeConnect();//释放资源
bool selectData();//查询数据
bool insertData(int id, char* sname, char* tel, char* Email);// 插入数据
bool   updateData(int id, char* tel);//更新数据
bool delData(int id);// 删除数据
int main(void)
{
    selectData();
    cout << "数据查询成功！"<<endl;
    insertData(6, (char*)"小明",(char*)"136*", (char*)"xiao@163.com");
    updateData(6, (char*)"139*");
    delData(6);
    return 0;
}
```

程序运行结果如图 10.13 所示。

图 10.13　程序运行结果

10.3.5　C++通过 MySQL Connector/C++连接数据库的过程

还可以使用数据库 FirstDatabase 和 userinfo 用户信息表，通过
MySQL Connector/C++进行数据连接和相关操作，首先需下载
mysql-connector- c++-8.0.30。

扫描二维码查看 C++通过
MySQL Connector/C++连接
数据库的操作过程讲解

1．Connector/C++连接 MySQL 配置（以 Visual Studio 2019 和 mysql-connector-c++-8.0.30 为例）

（1）打开 Visual Studio 2019，选择"Release"方式，调试平台改为"x64"。

（2）新建源文件（新建后，按下"Ctrl+F5"运行），如图 10.14 所示。

图 10.14　新建源文件

（3）右击"项目"→"属性"，出现属性页，选择属性页中"配置属性"的"C/C++"→"常规"→"附加包含目录"选项，添加要包含的目录 include\jdbc 和 include，如图 10.15 所示。

图 10.15　添加要包含的目录

（4）选择属性页中"配置属性"下的"链接器"→"常规"→"附加库目录"，添加要包含的目录，这里选择上面安装后的 lib64 文件夹，如图 10.16 所示。

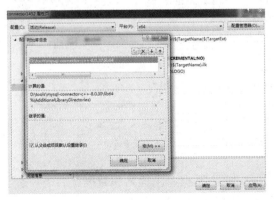

图 10.16　附加库目录

（5）选择属性页中"配置属性"下的"链接器"→"输入"→"附加依赖项"，添加依赖项 mysqlcppconn.lib、mysqlcppconn8.lib，如图 10.17 所示。

图 10.17　添加依赖项

（6）将 mysql-connector-c++-8.0.30 \include 目录下面的三个文件夹拷贝到自己的工程路径下，同时将 mysql-connector-c++-8.0.30 \lib64 目录下面所有的动态库拷贝到自己的工程路径下。

（7）将 mysql-connector-c++-8.0.30\lib64\vs14 目录下所有的静态库及动态库拷贝到自己的工程路径下。

（8）将 mysql-connector-c++-8.0.30\lib64 文件夹下面的.dll 文件全部复制到 c:/windows/system32 下。

2．MySQL Connector/C++连接数据库的具体代码及过程

定义命名空间和头文件等。

```
#include <iostream>
#include "mysql_driver.h"
#include "mysql_connection.h"
#include "cppconn/driver.h"
#include "cppconn/statement.h"
#include "cppconn/prepared_statement.h"
#include "cppconn/metadata.h"
#include "cppconn/exception.h"
using namespace std;
using namespace sql;
#pragma comment(lib, "mysqlcppconn.lib")
sql::Driver* driver;
sql::Connection* conn;
sql::Statement* stmt;
sql::ResultSet* res;
```

首先定义数据库的连接，输入数据库主机名和数据库名、登录名和密码获取连接，设置查询显示内容为 GBK 格式，判断连接是否成功。

```cpp
bool connectDB()
{
    try
    {
        driver = sql::mysql::get_mysql_driver_instance();
        conn = driver->connect("tcp://localhost:3306/firstdatabase", "root", "xf123");
        stmt = conn->createStatement();
        stmt->execute("set names 'gbk'");
        if (stmt == NULL)
        {
            cout << "connect failed" << endl;
        }
        else
        {
            cout << "connect    sucess" << endl;
        }
    }
    catch
    {
        cout << "connect failed" << endl;
    }
}
```

查询数据，首先连接数据库，执行查询语句，获取结果集，从结果集中取数据并显示。

```cpp
bool selectDB()//查询数据
{
    connectDB();
    res = stmt->executeQuery("SELECT * from userinfo"); // 标准 sql 语句
    while (res->next())
    {
        cout << "ID:";
        cout << res->getInt(1) << "    ";
        cout << "sname:";
        cout << res->getString(2) << "    ";
        cout << "tel:";
        cout << res->getString(3) << "    ";
        cout << "Email:";
        cout << res->getString(4) << endl;
    }
    cout << "select    sucess" << endl;
}
```

释放资源和连接。

```cpp
void freeResource()//释放资源
{
    delete stmt;
```

```
            delete res;
            delete conn;
        }
```

主函数，调用查询和释放资源函数。

```
        int main(void)
        {
            selectDB();
            freeResource();
        }
```

运行结果如图 10.18 所示。

图 10.18　运行结果

习题 10

一、简答题

1．C++访问数据的常见技术有哪些？

2．访问 MySQL 数据库的配置步骤有哪些？

3．在 MySQL 中，MYSQL、MYSQL_RES、MYSQL_ROW 分别表示什么意思？

二、选择题

1．MySQL 中连接服务器的 API 函数是＿＿＿＿＿。

（A）connectDB()　　　　　　　　　　　（B）mysql_real_connect()

（C）mysql_close()　　　　　　　　　　　（D）mysql_init()

2．MySQL 中 API 函数 mysql_num_rows()作用于＿＿＿＿＿。

（A）所有行　　　（B）所有列　　　　（C）所有数据　　　　（D）具体行

3．MySQL 中 API 函数 mysql_num_fields()作用于＿＿＿＿＿。

（A）所有行　　　（B）所有列　　　　（C）所有数据　　　　（D）具体列

三、编程题

已知 MySQL 数据库 FristDatabase，在其中建立项目表 items，并向表中插入几条项目相关记录。

```
        use FirstDatabase;
        CREATE TABLE items
            (tid　 int auto_increment PRIMARY KEY,
            tname　 CHAR(20),
            taddress varchar(40)
```

```
        )
        insert into items(tid,tname,taddress) valus(1,'飞天大厦','郑州'),
        insert into items(tid,tname,taddress) (2,'图书馆','北京'),
        insert into items(tid,tname,taddress) (3,'城墙','南京')
```

功能要求：

（1）显示表中所有记录；

（2）向表中增加记录并显示所有记录（请自行指定数据）；

（3）修改表中记录：查询条件 id=2，将 tname 修改为"冰雪馆"，修改完毕，显示所有记录；

（4）从表中删除刚增加的记录，并显示所有记录。

第11章

面向对象程序设计实例

面向对象分析与设计是一种以显示客观世界的概念为基础组织模型的分析与设计技术。面向对象分析的任务就是建立问题领域中的类和对象的模型，即未来创建的系统做什么；面向对象的设计任务就是实现类和对象模型，即针对系统描述系统是怎样实现的。本章主要通过实例——图书管理系统详细介绍 C++如何采用面向对象分析与设计技术解决实际问题。

通过对本章的学习，应该重点掌握以下内容：

➢ 面向对象分析的过程。
➢ 面向对象设计的过程。

扫描二维码观看第 11 章及附录全部内容

参 考 文 献

[1] 钱能. C++程序设计教程[M]. 北京: 清华大学出版社，1999.

[2] 徐建民. C 语言程序设计[M]. 北京: 电子工业出版社，2002.

[3] 谭浩强. C 程序设计[M]. 2 版. 北京: 清华大学出版社，1999.

[4] 李大友. C 语言程序设计[M]. 北京: 清华大学出版社，1999.

[5] 张富. C 及 C++程序设计[M]. 北京: 人民邮电出版社，2003.

[6] 张基温. C 语言程序设计案例教程[M]. 北京: 清华大学出版社，2005.

[7] 吕凤翥. C++语言基础教程[M]. 2 版. 北京: 清华大学出版社，2006.

[8] 吕凤翥. C 语言基础教程——基础理论与案例[M]. 北京: 清华大学出版社，2006.

[9] 周霭如，林伟健. C++程序设计基础[M]. 2 版. 北京: 电子工业出版社，2006.

[10] 林锐. 高质量程序设计指南——C++/C 语言[M]. 3 版. 北京: 电子工业出版社，2007.

[11] 郑莉，董渊，张瑞丰. C++语言程序设计[M]. 3 版. 北京: 清华大学出版社，2005.

[12] DETIEL M H, DETIEL P J. C++ How To Program[M]. 3rd ed. Pearson Education, Inc, 2002.

[13] ANTON ELIENS. Principles of Objected-Oriented Software Development[M]. 北京：机械工业出版社，2003.